“十五五”高等职业教育装备制造类新形态系列教材

3D 打印技术

主　编　毕艳茹　王　颖　谢楚雄
副主编　张　建　田　瀚　敖丹军
主　审　刘永利

中国铁道出版社有限公司
CHINA RAILWAY PUBLISHING HOUSE CO., LTD.

内 容 简 介

本书由教师和企业工程师“双元”合作开发。作者依据3D打印技术的流程安排项目顺序并组织内容,使本书结构体系清晰,便于读者学习和理解。

本书共8个项目,包含20个任务。按照项目概述、思维导图、任务导入、任务目标、知识准备、任务实施、任务练习、知识拓展的顺序编排体例结构。项目1介绍3D打印技术的概念及应用;项目2介绍3D打印成型原理与成型工艺;项目3介绍应用DeepSeek和即梦AI制作图片,应用Meshy将图片转换为三维模型的方法;项目4介绍3D打印材料的种类及性能;项目5介绍FDM机器和LCD光固化机器的切片参数设置;项目6介绍制作3D模型的方法;项目7介绍3D打印模型后处理的方法;项目8介绍制作3D打印模型过程中常见故障的产生原因及排除方法。

本书可作为高等职业院校增材制造技术、数字化设计与制造技术、模具设计与制造、机械设计与制造、机械制造及自动化、工业设计等专业的教材,也可作为技师学院、中等职业学校增材制造技术应用等专业的教材,还可以作为从事3D打印技术人员的培训教材或参考书。

图书在版编目(CIP)数据

3D 打印技术 / 毕艳茹, 王颖, 谢楚雄主编. -- 北京 : 中国铁道出版社有限公司, 2025. 8. -- (“十五五”高等职业教育装备制造类新形态系列教材). -- ISBN 978-7-113-32440-7

Ⅰ. TB4

中国国家版本馆 CIP 数据核字第 20258ZL293 号

书　　名:**3D打印技术**
作　　者:毕艳茹　王　颖　谢楚雄

策　　划:李志国　　　　编辑部电话:(010)63551926
责任编辑:杨万里
封面设计:刘　颖
责任校对:刘　畅
责任印制:赵星辰

出版发行:中国铁道出版社有限公司(100054,北京市西城区右安门西街8号)
网　　址:https://www.tdpress.com/51eds
印　　刷:河北宝昌佳彩印刷有限公司
版　　次:2025年8月第1版　2025年8月第1次印刷
开　　本:787 mm×1 092 mm　1/16　印张:14　字数:322千
书　　号:ISBN 978-7-113-32440-7
定　　价:49.00元

前　言

3D 打印技术已成为产品制作、开发和创新设计的一种重要手段，被广泛应用于机械工程、汽车、家电、航空航天、生物医学、建筑和文化创意等各个领域。随着越来越多企业将 3D 打印技术应用于新产品开发和制造中，企业对 3D 打印技术人才需求逐年增加。为培养更多 3D 打印技术技能型人才，满足经济社会发展对 3D 打印技术人才的需求，我们编写了本书。

本书在编写过程中，以 3D 打印技术应用为重点，包含必要的理论知识，遵循“项目引领、任务驱动”理念，以快速制作三维模型为出发点，依据 3D 打印工艺流程设计任务，强化技术应用，帮助读者掌握 3D 打印技术的基本知识和技术技能。

本书具有以下特色：

1. 工学结合能力本位，培养德技并重的人才

编写遵循“校企合作，工学结合”职教理念，充分调研企业用人、学生学习需求，将工作岗位能力所需，化为课堂学习内容，培养严谨认真、规范操作的职业精神。

2. 引入企业生产项目，开创引领作用明显

教师与企业工程师进行“双元”合作开发，内容载体选取贴近企业和竞赛需求，按照 3D 打印工作流程主线，构建“学基础、强技能、提素质”内容体系，具有开创引领作用。

3. 纳入人工智能技术，开发新产品

遵循将新技术、新工艺、新规范等产业先进元素纳入教学标准和教学内容的编写理念，将人工智能软件 DeepSeek 和 AI 图片、视频创作软件即梦 AI 与三维建模功能软件 Meshy 结合，设计功能产品。

4. 以制作产品流程为脉络，设计学习任务

按照模型制作流程：3D 打印材料选用→模型设计→模型切片→3D 打印设备→模型打印→模型后处理→设备维护与故障排除设计学习任务，在流程中反映任务，任务中体现流程，使其结构清晰，便于读者学习和理解。

5. 内容立体呈现，形成智慧功能书

本书配套教学计划、教案、课件等资源，以二维码形式分布在各任务中。

参加本书编写的有毕艳茹、王颖、谢楚雄、张建、田瀚、敖丹军、闫勃、吴平、于欣东、姜晓瑜、李登、王海军、刘军涛。其中李登、刘军涛编写项目1;敖丹军、王颖编写项目2;毕艳茹编写项目3;毕艳茹、王颖编写项目4;吴平、张建编写项目5;谢楚雄、姜晓瑜编写项目6;毕艳茹、田瀚、闫勃编写项目7;王颖、于欣东、王海军编写项目8。全书由毕艳茹统稿。

增材制造设备操作员国家职业技能标准撰写专家、第二届中华人民共和国职业技能大赛增材制造设备操作赛项裁判长刘永利教授担任本书主审,并对本书的编写提出了宝贵的建议和意见。参加本书编写的院校和企业有江苏电子信息职业学院、毕节工业职业技术学院、烟台城市科技职业学院、甘肃长风电子科技责任有限公司、深圳创想三维科技有限公司、天津博盛睿创科技有限公司等。

由于编者水平有限,书中难免存在疏漏及不足之处,恳请广大读者批评指正。

编　者

2025年4月

目　录

项目 1

走进3D打印技术

项目概述

学习笔记

3D 打印技术，又称增材制造，其发展历程充满创新与突破。这项技术通过逐层堆积材料构建三维物体，颠覆了传统减材制造模式，为各行业带来变革。

3D 打印技术的起源可追溯至 19 世纪。当时，美国开展的照相雕塑和地貌成型技术研究，为后来的 3D 打印技术奠定了基础，学界将其称为“快速成型技术”。1986 年，美国科学家查尔斯·赫尔(Charles W. Hull)取得重大突破，他利用光敏树脂这种液态材料，发明出世界上第一台 3D 打印机。随后，赫尔基于此技术创立了全球首家 3D 打印设备公司——3D Systems，并于 1992 年成功售出第一台商业化产品，这一里程碑事件标志着 3D 打印技术正式迈向市场。

20 世纪 90 年代，3D 技术迎来快速发展阶段。1989 年，美国得克萨斯大学的卡尔·戴克(Carl Deckard)提出选择性激光烧结(SLS)技术，该技术利用激光将塑料或金属粉末烧结成型；1990 年，麻省理工学院申请了“三维印刷技术”专利，推动 3D 打印技术不断革新。在这一时期，3D 打印技术逐渐从实验室走向实际应用，一些设计师、工程师和科学家开始利用它制造一次性机械产品及模型，通过一层一层堆积液体和粉末来生成物体。

资源

走进3D打印技术

进入 21 世纪，全球越来越多的公司投身 3D 打印制造领域。目前，已涌现出 Stratasys 公司和 3D Systems 等行业巨头。这一时期，3D 打印技术在应用方面取得显著进展，应用领域不断拓展。

在制造业领域，3D 打印技术大显身手。在汽车制造中，它可用于打印发动机缸体、内饰件等原型，助力产品设计验证与测试；在航空航天领域，它能打印复杂的航空发动机叶片等零部件，减轻重量、提升性能，还可制造飞机的一些非关键结构件，缩短生产周期。

医疗领域同样因 3D 打印技术发生深刻变革。医生利用它制造人体器官模型，用于手术规划和教学，提高手术准确性和成功率；定制化的医疗器械，如假肢、正畸牙套等也可通过 3D 打印完成，更好地满足患者个性化需求。此外，组织工程领域正积极探索利用 3D 打印技术制造人体组织和器官，有望缓解器官移植供体短缺的难题。

在建筑领域，3D 打印技术也崭露头角。它能够打印建筑构件，甚至整座房屋。通过该技术，可快速制造出复杂的建筑外立面、装饰构件等，提升施工效率，实现建筑的个性化设计。

在艺术设计领域，3D 打印技术成为艺术家和设计师实现创意的得力工具。他们借

学习笔记

此制作雕塑、珠宝饰品等个性化作品，突破传统制造工艺限制，创造出更复杂独特的造型。

近年来，3D 打印市场规模持续扩大。国家统计局数据显示，截至 2024 年底，我国 3D 打印设备产量实现同比两位数增长。中商产业研究院报告预计，到 2025 年，中国 3D 打印市场规模将超 630 亿元，过去 10 年实现了 30 倍增长。

展望未来，3D 打印技术将在材料、精度、速度等方面持续创新发展。材料方面，会有更多新型材料应用于 3D 打印，如具有特殊性能的合金、高性能复合材料等，拓展产品应用范围；精度和速度上，技术的改进将使打印出的产品更加精细，同时大幅缩短打印时间，提高生产效率。此外，随着技术成熟与成本降低，3D 打印有望从目前主要应用于高端制造和特定领域，逐步走向大众消费市场，像日常用品、家居装饰等领域都可能因 3D 打印技术发生改变，为人们的生活带来更多便利。

思维导图

本项目的主要学习内容如图 1-1 所示。

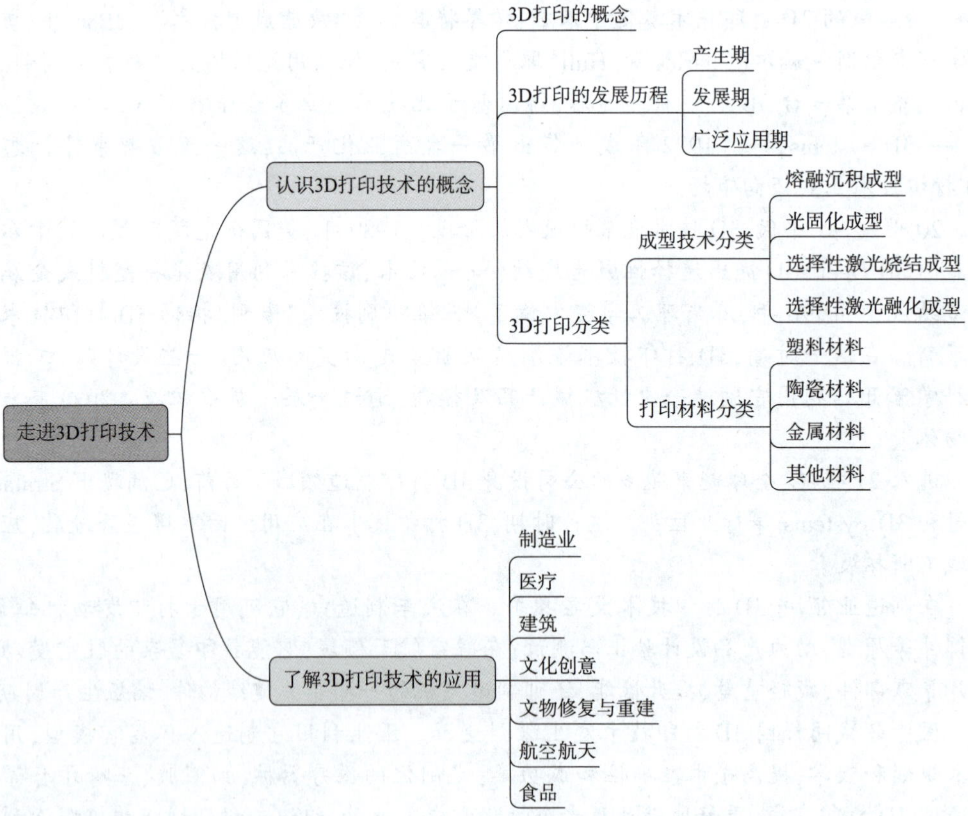

图 1-1　思维导图

学习笔记

任务 1.1　认识 3D 打印技术的概念

任务导入

3D 打印技术在我国应用广泛。电影《流浪地球 2》演员所穿戴的宇航服、智能量子计算机 MOSS、“数字生命卡”、“核弹起爆器”等道具均由 3D 打印制成，让我们感受到 3D 打印的神奇；在医疗领域，能打印个性化的植入物和器官模型，辅助手术规划与治疗；制造业中，用于制造复杂零部件的模具及直接生产部分零部件，提升生产效率与产品性能；建筑行业里，可打印建筑模型与小型建筑结构；教育领域也有所应用，通过打印教学模型，帮助学生更好地理解复杂的科学概念。此外，在文化创意产业，3D 打印助力艺术家和设计师实现独特创意，将虚拟设计转化为实体作品，推动了相关产业的发展。那么 3D 打印到底是什么样的一种制造技术呢？相对于传统制造技术，3D 打印技术有哪些优势，又有哪些不足之处？

任务目标

1. 知识目标

(1)掌握 3D 打印的概念、分类。

(2)了解 3D 打印的发展历程。

2. 能力目标

(1)掌握 3D 打印技术的概念及类型。

(2)通过查找资料了解 3D 打印技术。

3. 素质目标

(1)具有热爱科学、敢于探索的精神。

(2)做有理想、爱祖国的时代青年。

知识准备

1.1.1　3D 打印的概念

3D 打印(3D printing)技术属于快速成型技术(rapid prototyping)的一种，也称为增材制造技术。它是以数字模型文件为基础，运用粉末状金属或塑料等可粘结材料，通过逐层打印的方式来构造物体的技术。3D 打印常在模具制造、工业设计等领域被用于制造模型，后逐渐用于一些产品的直接制造，已经有使用这种技术打印而成的零部件。该技术在珠宝、鞋类、工业设计、建筑、工程和施工、汽车、航空航天、牙科和医疗产业、教育、地理信息系统、土木工程、枪支以及其他领域都有所应用。

1. 3D 与 2D 打印

通常人们很容易将 3D 打印技术和传统的平面打印技术联系起来，单从硬件结构上来看 3D 打印和我们传统打印设备的原理非常相似，但他们也有区别。

3D 打印和 2D 打印是两种不同的打印技术，它们的区别主要在于打印出来的物品的维度不同。3D 打印技术是通过对 X、Y、Z 三个轴的运动控制来完成打印材料的投送，最

学习笔记

终形成完整的三维立体产品。3D 打印技术可以制造出具有复杂几何形状的物体,例如人体器官、飞机零件、建筑模型等等。2D 打印是一种平面打印技术,它将图像或文字打印在纸张、布料等平面介质上。2D 打印的输出是一个平面图像,没有立体感。2D 打印技术通常用于制作海报、传单、名片、书籍等。

因此,3D 打印和 2D 打印的区别在于它们所能打印的物品的维度不同,3D 打印可以制造立体物体,而 2D 打印只能制造平面图像。3D 打印游戏《黑神话:悟空》如图 1-2 所示。

图 1-2　3D 打印游戏《黑神话:悟空》

2. 3D 打印与传统制造技术的区别

传统的制造方法有两种:一是采用车、铣、刨、磨等方法的减材制造;二是采用注塑、锻压等方法的等材制造。3D 打印技术属于增材制造,相对于传统制造,有更多优势:

(1)成本低、效率高。传统制造业采用“全球采购、分工协作”的方式,产品的不同部件在不同的地方生产,然后再运到同一地方进行组装。而 3D 打印“整体制造、一次成型”,省去了物流环节,节约了成本和时间。

(2)复杂产品更容易。传统制造业中,加工越复杂的部件所需要的时间和成本越高,但是 3D 打印采用数字化制造,对人工依赖性减弱,加工复杂产品与简单的产品相比难易程度相同,因此成本更低。

(3)绿色制造、节约成本。减材制造会产生大量无用的废料,3D 打印属于增材制造,很少有废料。

(4)数字化制造,实现个性化定制更加方便。

目前,3D 打印并不能完全取代传统制造,而是互补协作。在大批量制造等方面,传统制造更胜一筹。不少传统机床制造设备厂商进入到增材制造领域,推出了增减材一体设备,如日本马扎克推出了 INTEGREXI-400AM 增减材复合加工设备。

1.1.2　3D 打印技术的发展历程

1. 国外 3D 打印技术的发展历程

任何新技术都不是一蹴而就的,3D 打印从诞生到现在,已经跨越 3 个世纪,所以有句话称它为“上上个世纪的思想,上个世纪的技术,这个世纪的市场”。

3D 打印的概念早在 19 世纪末就已出现,1892 年美国学者约瑟夫 · 布兰瑟(Joseph Blanther)首次在公开场合提出使用层叠成型方法制作地形图的构想。这种堆叠薄层的方式制造三维形状物体的理念,也是 3D 打印的核心制造思想。布兰瑟的分层地形图如图 1-3 所示。

最早从事商业性 3D 打印制造技术的是美国发明家查尔斯 · 赫尔。1984 年赫尔发明了立体平板印刷技术 SLA(stereo lithography appearance),其原理是用光来催化光敏树脂,然后成型。后人把赫尔称为“3D 打印技术之父”,1986 年赫尔成立了 3D Systems 公司,研发了 STL 文件格式。将 CAD 模型进行三角化处理,成为 CAD/CAM 系统接口文件格式的工业标准之一。1988 年,公司在成立两年后,推出了世界上第一台基于立体光刻 SL 技术的 3D 工业级打印机 SLA-250。同年,斯科特 · 克伦普(Scott Crump)发明了另一种更廉价

学习笔记

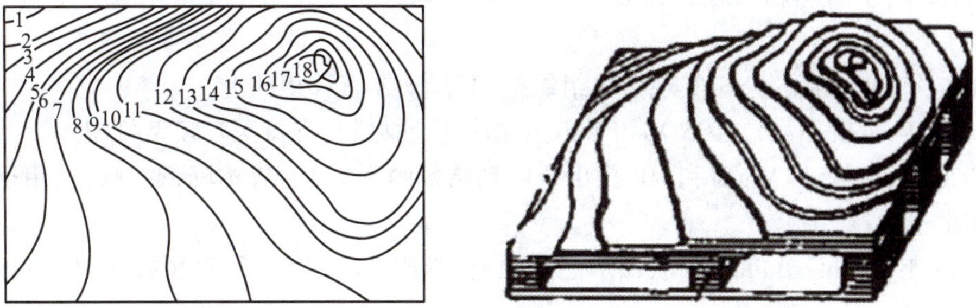

图 1-3　分层地形图

的 3D 打印技术:熔融沉积成型(FDM)技术,并于 1989 年成立了 Stratasys 公司。由此 3D 打印正式出现在大众面前。

1993 年麻省理工学院教授伊曼纽尔·萨谢(Emanual Saches)作为主要研发者和其他人共同发明了 3DP(three-dimensional printing),即三维印刷技术。此前还没有 3D 打印这个名称,那时比较为研究领域所接受的名称是“快速成型”。经过多次讨论和探索,结果想到利用当时已经普及的喷墨打印机。他们把打印机墨盒里面的墨水替换成胶水,用喷射出来的胶水来粘结粉末床上的粉末,结果可以打印出一些立体的物品。他们兴奋地将这种打印方法称作 3D 打印(3D printing),将他们改装的打印机称作 3D 打印机。此后,3D 打印一词慢慢流行,所有的快速成型技术都统称为 3D 打印。

20 世纪 90 年代以后,3D 打印技术在这一时期快速发展。1996 年,3D Systems 公司推出“Actua 2100”快速成型机,Stratasys 公司推出“Genisys”。1998 年,Optomec 公司成功开发激光工程化净成型(LENS)技术。1999 年,以色列 Objet 公司发明了聚合材料喷射(PolyJet)技术,提高了 3D 打印的成型精度和速度。2001 年,Solido 开发出第一代桌面级 3D 打印机。2005 年 Z Corporation 公司推出世界上第一台商用的高精度彩色 3D 打印机“Spectrum Z510”。2006 年,RepRap 开放源码项目启动,其目的是开发一种能进行自我复制的 3D 打印机。促进了 3D 打印行业普及与发展,成了大部分 3D 打印机的基础。2007 年,专注 3D 打印服务的公司 Shapeways 成立,提供给用户一个个性化产品定制的网络平台,标志着 3D 打印服务行业的诞生,3D 打印技术也由此被越来越多的行业所知所用。

21 世纪以后,随着 3D 打印技术的不断发展和成熟,3D 打印在各行各业开始了广泛应用。3D 打印行业在国内以飞快速度进入人们的视线,其广泛的应用令人对其未来的市场空间产生无限联想,被誉为是引领“第三次工业革命”的新兴产业。

2010 年 12 月,专注于生物打印的 Organovo 公司成功利用生物 3D 打印技术打印了完整的血管,并获取了相关的数据资源。该公司是 3D 打印在生物医疗应用技术方面的先行者。

2012 年 3 月,奥地利维也纳大学利用双光子光刻制作了一台 0.3 mm 的赛车模型,突破了当时 3D 打印的最小极限,赛车模型不论是从外观还有内部细节都能准确的呈现。同年 7 月,比利时的一家研究机构用 3D 打印制作了小型赛车,速度达到了 140 km/h。

2014 年,开源 3D 打印项目 RepRap 推动桌面级设备普及,价格降至数百美元,如 MakerBot 的 Cupcake CNC。

2015 年,Formlabs 推出经济型 SLA 打印机 Form 1,推动光固化技术商业化。

学习笔记

2016 年，GE 收购 Concept Laser 和 Arcam，加速金属激光熔化技术在航空发动机部件的应用。

2017 年，Organovo 公司实现活体组织打印，推动器官移植研究。

2019 年，Stratasys 推出 J5 Medi Poly 生物相容性材料，支持医疗模型打印。

2020 年，Desktop Metal 和 HP 推出金属粘结剂喷射系统，成本降低 50%，适用于汽车模具和批量生产。

2023 年，Mighty Buildings 获 3.7 亿元融资，推出 24 小时打印房屋技术，以应对住房短缺。

2024 年，3D Systems、EOS 等企业加速并购，推动工艺标准化。

2. 国内 3D 打印技术发展历程

研究起步阶段(20 世纪 90 年代—2000 年左右)：20 世纪 90 年代中期，3D 打印技术出现，它利用光固化和纸层叠等技术，是一种快速成型装置。1988 年，清华大学颜永年教授团队成立激光快速成型中心，成为国内首个 3D 打印研究机构。西安交通大学卢秉恒院士团队在 90 年代初研发出国内首台光固化快速成型机(SLA)，并推动快速成型技术在模具制造中的应用。到 2000 年左右，第一批商业化公司开始运营。

技术研发与初步应用阶段(2000 年—2015 年)：2000 年，北京航空航天大学王华明带领研究团队进入 3D 打印领域，围绕钛合金、超高强度钢等高性能金属，研制大型关键构件激光增材制造技术。2005 年，其研究成果开始应用于飞机制造。2012 年，王华明团队成功研制出大型钛合金结构件激光直接制造技术，使中国成为世界上唯一突破飞机钛合金大型主承力结构件激光快速成型技术并实现装机应用的国家。2015 年，工业和信息化部等三部委印发《国家增材制造产业发展推进计划(2015—2016 年)》，推动增材制造技术发展和产业规模形成。同年 7 月，由北京大学第三医院和北京爱康宜诚医疗器材有限公司联合研制的 3D 打印人工髋关节植入体获得国家食品药品监督管理局批准，这是中国首个 3D 打印人体植入物。

快速发展与应用拓展阶段(2016 年至今)：2016 年 7 月，基于三维精准构建技术研发的脊柱椎间融合器正式获得官方批准，是中国首例获得上市许可的金属 3D 打印椎间融合器产品。2022 年 11 月，央视军事报道我国 3D 打印技术在飞机上的应用已达到规模化、工程化，处于世界领先位置；同年，哈尔滨工业大学重庆研究院团队攻克陶瓷 3D 打印"定制化"关键技术。2024 年 2 月 1 日起施行的《产业结构调整指导目录(2024 年本)》明确鼓励发展增材制造装备和专用材料。2024 年 4 月，混凝土 3D 打印车棚在中国南京江北新区研创园现场安装落地；同月，我国 3D 打印贮箱首次实现在轨应用。

如今，我国已在连续纤维 3D 打印、多材料打印、纳米级打印等技术方面实现重大突破，达到世界先进水平。3D 打印应用场景不断拓展，在航空航天、汽车制造、生物医疗等领域均有应用，产业也呈现出技术突破快、应用广、融合强的新特性，进入快速成长期。

1.1.3 3D 打印分类

1. 按照 3D 打印的成型工艺分类

按照 3D 打印的成型工艺不同分为：熔融沉积成型、光固化成型、选择性激光烧结和选择性激光熔化等。

(1)熔融沉积成型。熔融沉积成型(fused deposition modeling)，简称 FDM。其技术原

理是挤出机将耗材送至喷头组件，并在喷头里熔化；然后将熔融状态的耗材经喷嘴挤出，同时喷头根据零件截面轮廓信息，做 *X-Y* 平面的运动。挤出的耗材迅速固化，形成一层轮廓。一层成型完成后，平台下降一层高度，再进行下一层打印。如此循环，最终形成三维实体产品。FDM 工艺的成型精度相对较低，表面较粗糙，打印速度慢。

（2）光固化成型。光固化成型最早是由赫尔提出，其原理是光敏树脂材料遇到紫外线照射后会产生光化学反应而固化，每固化完一层，平台上升或下降一层高度，层层固化，最终形成三维实体产品。常用紫外线波长是 405 nm，常用耗材是光敏树脂。

光固化成型技术有立体光固化技术（SLA）、数字光处理技术（DLP）、选择性区域光固化（LCD）。

（3）选择性激光烧结。选择性激光烧结（selected laser sintering）技术，简称 SLS。于 1989 年由美国人 Carl Deckard 研制成功。SLS 技术采用波长较长（9.2~10.8 μm）的 CO_2 激光器作为热源来烧结粉末材料，打印前，先用氮气将成型室的氧气置换出来，然后给成型室升温，并保持在粉末的熔点以下。打印时，送粉缸上升一层，铺粉滚筒移动并在工作平台上铺一层粉末材料，然后激光按照零件截面轮廓对粉末进行选择性烧结，使粉末融化继而形成一层固体轮廓。一层烧结完后，工作平台下降一层的高度，再铺上一层粉末，进行下一层烧结，依次循环，从而形成所打印的模型。

（4）选择性激光熔化。选择性激光熔化（selective laser melting）技术，简称 SLM。其成型原理和 SLS 类似，主要区别是为了更好地熔化金属，采用金属有较高吸收率的激光束作为光源，通常是波长较短的 Nd-YAG 激光器（1.064 μm）和光纤激光器（1.09 μm）。

2. 按照打印材料分类

按照 3D 打印的材料不同分为：塑料材料、陶瓷材料、金属材料和其他材料等。

（1）塑料材料。塑料材料包括 ABS、PLA 等热塑性材料，它们具有耐热、耐腐蚀、耐冲击等特点。

（2）陶瓷材料。陶瓷材料如氧化铝、氧化锆等，可以在高温下制造出更为坚硬耐用的产品。

（3）金属材料。金属材料如钛合金、不锈钢等，可以用于制造各种高强度耐腐蚀的产品，而且在高温下它们也能保持很好的稳定性。

（4）其他材料。如生物材料、食品材料等，用于特殊领域的 3D 打印需求。

任务实施

3D 打印技术是一种基于数字化模型的增材制造技术，通过逐层堆叠可粘结材料（如金属粉末、塑料、树脂等）构建三维实体。与传统制造技术相比，其核心优势体现在以下方面。

复杂结构制造能力：突破传统工艺限制，可直接打印内部镂空、多材料复合、仿生结构等复杂几何体。例如，航空航天领域的钛合金叶轮、医疗领域的多孔仿生骨骼均可通过 3D 打印实现。

快速定制化生产：无需模具即可完成个性化产品制造。如《流浪地球 2》中的宇航服道具采用 3D 打印实现复杂曲面设计，医疗领域可定制患者专属的植入物。

材料利用率提升：增材制造模式使材料损耗降低至 5% 以下，显著优于传统减材制造

学习笔记

的 30%~70% 废料率，符合绿色制造理念。

分布式制造模式：通过数字化模型传输，实现“全球设计—本地生产”，减少物流成本。例如，偏远地区可远程获取医疗植入物设计文件进行本地打印。

任务 1.2　了解 3D 打印技术的应用

任务导入

周末，小帅跟着妈妈来到商场闲逛。走着走着，小帅发现前方一台机器前排起了长长的队伍，好奇心驱使他连忙跑过去一探究竟。原来，叔叔阿姨们正用这台机器购买造型精美的巧克力。小帅满脸疑惑，忍不住向旁边的阿姨问道：“阿姨，这些巧克力怎么能做得这么好看呀？”阿姨笑着解释：“小朋友，这是一台巧克力 3D 打印机哦。你只要扫描机身上的二维码，就可以在手机上挑选食材和造型，要是有创意也能自己 DIY。付完钱后，稍微等 3~5 分钟，就能拿到可以吃的巧克力啦，可有趣啦，你也快去试试。”请思考一下在生产生活中，哪些东西是 3D 打印出来的？

任务目标

1. 知识目标

(1) 了解 3D 打印技术应用的场合。

(2) 独立认识 3D 打印技术的新型应用。

2. 能力目标

(1) 了解 3D 打印技术的典型的应用领域及场景。

(2) 了解日常生活中由 3D 打印制作的物品。

3. 素质目标

(1) 通过学习拓展阅读，提升对我国 3D 打印技术发展水平的认可，从而激发文化自信。

(2) 养成崇尚、热爱科学的习惯。

知识准备

3D 打印技术是一种快速、灵活、精确的制造技术，它的应用领域非常广泛，涉及制造业、医疗、航空、建筑、文化创意、文物修复、航空航天、食品等领域。

1. 制造业

3D 打印技术是基于现代科技产生的，在机械制造领域的应用较为广泛，而在实际应用的过程中也具有较为明显的优势。3D 打印技术可以制造出各种物品，包括机器零部件、汽车零部件、飞机零部件等，如图 1-4 所示。

2. 医疗领域

3D 打印技术可以制造出各种医疗器械和人体器官模型，用于手术前的模拟和器官移植等。

在生活中因为各种各样的意外事故导致肢体上的残缺，严重的影响患者生活以及工

学习笔记

作的正常进行。3D 打印假肢，通过 3D 扫描仪器扫描残缺部位获取到三维数据，并通过测量身高等数据经计算机模拟出实际需要接触位置并建模，再通过 3D 打印的方式成型，最后经过组装和后处理完成整体假肢的制作，如图 1-5 所示。

图 1-4　金属 3D 打印零件

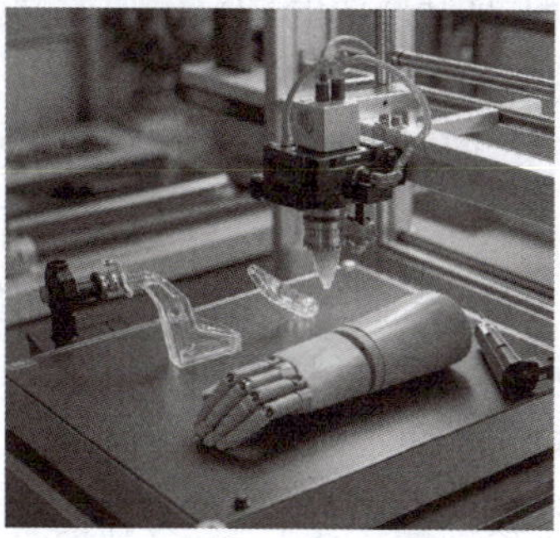

图 1-5　3D 打印假肢

3. 建筑领域

3D 打印技术可以制造出各种建筑模型，包括房屋模型、桥梁模型等，能结合设计师的实际需要，改变原本周期较长的手工制模模式，快速地将完成设计的零件进行打印制作、呈现，如图 1-6 所示。

4. 文化创意领域

个性化的创意制作是现在用户数量最大的 3D 打印应用领域之一，对用户而言：

(1)3D 打印可以完成自身想象力直观呈现，快速将创作灵感转化为实际作品，从而满足个人爱好发展。

(2)通过 3D 打印，可以对自己喜爱又不易获得的动漫原型进行复刻。

(3)将自己喜爱或者有纪念意义的物品、人物造型等通过 3D 打印的方式进行再复制，来满足个人喜好及心灵寄托，如图 1-7 所示。

图 1-6　3D 打印建筑模型

图 1-7　3D 打印文化创意

5. 文物修复与重建

众所周知，文物的保存以及修复十分困难，尤其是室外的文物经过千百年的风吹日晒，其外表结构已经开始风化。而且随着时间的推移其风化所造成的损害也会越来越严

学习笔记

重，若是无法及时修复或者采集其造型数据，可能在未来的某一天它将会损坏殆尽，消失在历史的长河中。通过 3D 影像技术和 3D 成型技术，可以将支离破碎的文物起死回生，使其以三维数字模型或者 1∶1 复制的形式重新出现在人们的视线中。除了在形状上的完全复制以外，通过最新的 3D 扫描方式甚至可以复制其表面的颜色纹理。这样一套文物的 3D 修复流程对于传统的手工仿制或者修复至少可以节约一半以上的时间和成本。3D 打印复制的“四羊方尊”如图 1-8 所示。

6. 航空航天

2020 年 5 月，长征五号 B 运载火箭首次在太空中开展连续纤维增强复合材料的 3D 打印实验，为未来复合材料 3D 打印的应用奠定了重要的技术基础。想象一下如果我们具备了在空间站打印东西的能力，航天员就可以按需制造，航天器的发射重量也可以大大减轻。太空微重力环境下 3D 打印陶瓷样件如图 1-9 所示。

图 1-8　3D 打印复制的“四羊方尊”

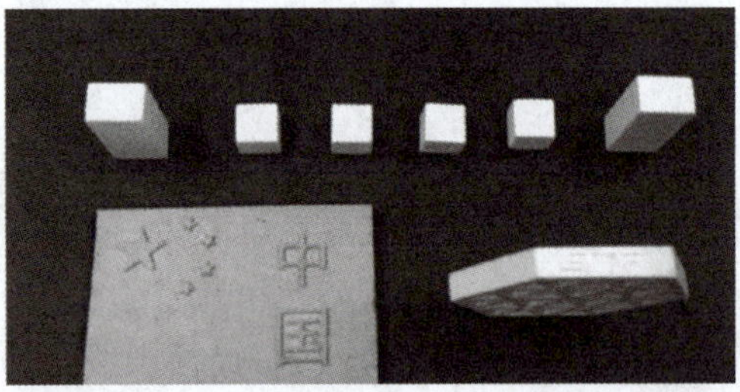

图 1-9　太空微重力环境下 3D 打印陶瓷样件

7. 食品领域

3D 打印技术可以制造出各种食品模型，包括巧克力、糖果等，可以用于食品设计和制造。英国埃克塞特大学研究人员自 2011 年推出世界首台 3D 巧克力打印机原型机后不断改进，将成熟产品推向市场。巧克力爱好者可以制作专属巧克力，如图 1-10 所示。

图 1-10　3D 打印技术制作的巧克力

学习笔记

任务实施

随着3D打印技术的发展,3D打印产品越来越多地走进人们的生产生活中。3D打印技术可以制造各种机械零件和工业组件,如气缸、泵体、齿轮、轴承等;各种医疗器械和医疗模型,如牙齿矫正器、义肢、心脏支架、人体器官模型等;各种航空航天零部件,如燃气轮机叶片、发动机喷嘴、涡轮叶片等;各种汽车配件和汽车模型,如汽车零部件、轮毂、车身模型等;各种艺术品和装饰品,如壁画、雕塑、手办等;各种建筑模型,如桥梁、房屋、城市规划等;各种食品和烹饪器具,如糖果、面包、巧克力、餐具等。

项目自我评估

一、填空题

1. 3D打印技术又称为＿＿＿＿＿,其核心原理是通过逐层堆积材料构建三维物体。

2. 世界上第一台3D打印机由查尔斯·赫尔于1986年发明,采用的是＿＿＿＿＿技术。

3. 选择性激光烧结(SLS)技术使用＿＿＿＿＿作为热源,主要用于烧结粉末材料。

4. 3D打印技术的优点包括＿＿＿＿＿、＿＿＿＿＿、绿色制造和个性化定制。

5. 中国首个获得官方批准的3D打印人体植入物是＿＿＿＿＿。

二、选择题

1. 以下哪项不属于3D打印技术的分类?(　　)

A. 熔融沉积成型(FDM)　　B. 光固化成型(SLA)

C. 数控车削(CNC)　　D. 选择性激光熔化(SLM)

2. 3D打印技术在医疗领域的应用不包括(　　)。

A. 定制假肢　　B. 手术规划模型

C. 器官移植　　D. 药品生产

3. 3D打印技术的发展历程中,"3D打印"一词首次由哪所大学提出?(　　)

A. 麻省理工学院　　B. 斯坦福大学

C. 哈佛大学　　D. 剑桥大学

4. 以下哪项是3D打印技术的缺点?(　　)

A. 适合复杂产品制造　　B. 适合大规模生产

C. 材料利用率低　　D. 依赖传统模具

5. 中国首台3D打印混凝土车棚于哪一年落地?(　　)

A. 2020年　　B. 2022年　　C. 2024年　　D. 2025年

三、判断题

1. 3D打印技术属于减材制造,与传统车削工艺原理相同。(　　)

2. 熔融沉积成型(FDM)技术使用光敏树脂作为耗材。(　　)

3. 3D打印技术可以完全取代传统制造业。(　　)

4. 国内首台大型立式数控整形机由徐立平团队研发。(　　)

5. 3D打印技术在航空航天领域可用于制造轻量化零部件。(　　)

学习笔记

四、简答题

1. 简述3D打印技术与传统减材制造的主要区别。
2. 列举3D打印技术在文化创意领域的三个应用场景。
3. 说明选择性激光熔化(SLM)技术与选择性激光烧结(SLS)技术的异同。
4. 分析3D打印技术在医疗领域的优势。
5. 简述中国3D打印技术发展的三个阶段及标志性事件。

知识拓展

数字工匠·时代先锋

——记中国兵器工业集团马小光的数字工匠之路

在国防装备制造领域,有一位以0.01 mm精度铸就大国重器的“数控铣工大师”——中国兵器工业集团北京北方车辆集团有限公司马小光。作为国家级技能大师工作室带头人、中国兵器首席技师,他用二十多年扎根一线的坚守,将传统工匠的精湛技艺与现代数字技术深度融合,为我国特种车辆智能化升级注入强劲动能。

1998年,18岁的马小光从北方车辆技校毕业,成为一名石墨钳工。面对机床轰鸣的车间,他以“当好兵工人”为信念,从画线、锉削、打磨等基础技能练起,逐步掌握数控编程、三维建模等前沿技术。2002年,北方车辆集团引进首台数控机床,面对无人能操作的困境,他主动请缨,捧着仅有的一本说明书自学代码指令,自费购买计算机学习绘图软件,仅用3个月便实现从手工到数控的跨越。2009年,他在全国数控技能大赛中一举夺魁,成为行业标杆。

作为国家级技能大师工作室负责人,马小光将“授人以渔”视为使命。他创建“数控加工工艺优化”培训体系,开发虚拟仿真教学平台,累计培养30余名技术骨干,其中12人获全国技术能手称号。他主导的“马小光技能大师工作室”年均解决现场难题20余项,节创价值200万元以上,成为行业人才培养的“黄埔军校”。

二十多年的坚守,马小光斩获全国劳动模范、中华技能大奖等20余项国家级荣誉,获得国家专利10项,完成工艺创新20项,累计节创价值超千万元。他的“听声辨技”绝活——仅凭机床噪声便能判断刀具磨损状态,为企业节省数百万元刀具成本。正如他在工作室墙上写下的誓言:“勤技强国守正创新,以匠人赤诚之心铸国防利器之魂”,这正是新时代产业工人的精神写照。

从普通铣工到大国工匠,马小光用数字技术重塑传统制造,以匠心守护国防安全。他的故事不仅是个人成长的传奇,更是中国制造业向智能化转型的缩影,彰显着“数字工匠”在强国征程中的时代价值。

项目 2

3D打印成型原理与工艺认知

项目概述

用我国伟大的哲学家、思想家老子的诗句“合抱之木，生于毫末；九层之台，起于垒土；千里之行，始于足下”来描述3D打印的原理和过程是非常贴切的，即从细微特征开始，通过不断累积的方式制造出三维物体。3D打印技术是一种基于离散和堆积原理的崭新快速制造技术。它将零件的三维CAD模型按一定方式离散，将其转变成为可加工的离散面、离散线和离散点，然后采用多种物理或化学方式，将这些离散面、线段和点进行逐层堆积，最终形成零件的实体模型。它与从毛坯上去除多余材料的切削加工方法完全不同，也与借助模具锻造、冲压、铸造和注塑等成型技术有异，是一种自由成型的逐层快速制造技术。

学习笔记

资 源

3D打印成型原理与工艺认知

思维导图

本项目的主要学习内容如图2-1所示。

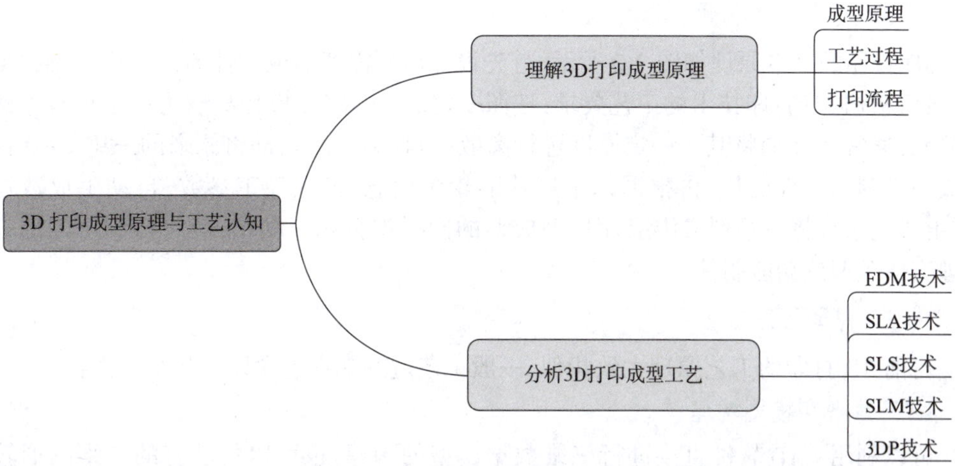

图 2-1 思维导图

学习笔记

任务 2.1　理解 3D 打印成型原理

任务导入

午休时间,小张窝在宿舍床上刷网课,手机支架突然"散架",手机"啪"地砸在脸上。眼看到了上课时间,来不及买新支架,他决定自己用 3D 打印制作手机支架。请帮他梳理一下用 3D 打印制作手机支架的基本流程。

任务目标

1. 知识目标

(1)理解 3D 打印的基本原理。

(2)了解 3D 打印机的类型。

(3)掌握 3D 打印的工艺过程。

(4)掌握 3D 打印的基本流程。

2. 能力目标

(1)掌握导出 STL 格式的能力。

(2)熟练掌握 3D 打印基本流程。

3. 素质目标

(1)具有勤奋好学的态度。

(2)提高创新意识。

知识准备

2.1.1　3D 打印基本原理

3D 打印的基本原理如图 2-2 所示,首先设计出所需产品或零件的计算机三维数据模型;然后根据 3D 打印技术的工艺要求,按照一定的方式将该模型离散为一系列有序的二维单元,通常在 Z 向将其按一定厚度进行离散(也称为分层),即将原来的三维 CAD 模型变成一系列的二维层片;再根据每个层片的轮廓信息,输入加工参数,自动生成数控代码;由成型系统将一系列二维层片自动成型的同时进行相互粘结,最终得到所需的三维物理实体模型或功能制件。

2.1.2　3D 打印工艺过程

目前 3D 打印的工艺原理大致相似,一般工艺过程基本包含以下几个方面:

1. 三维数字模型构建

可以利用 CAD 软件直接进行三维数据模型的构建,也可以将已有的二维图形转换成 3D 模型;或利用逆向工程原理,对产品实体进行三维反求,得到三维的点云数据,然后借助相关软件对其进行修改及再设计,构造出所需的 3D 模型。

2. 三角网格的近似处理

构成产品的表面往往有一些不规则的自由曲面,加工前要对模型进行近似处理,将 3D 数据转换为快速成型技术接受的数据,即三角网格面片资料。

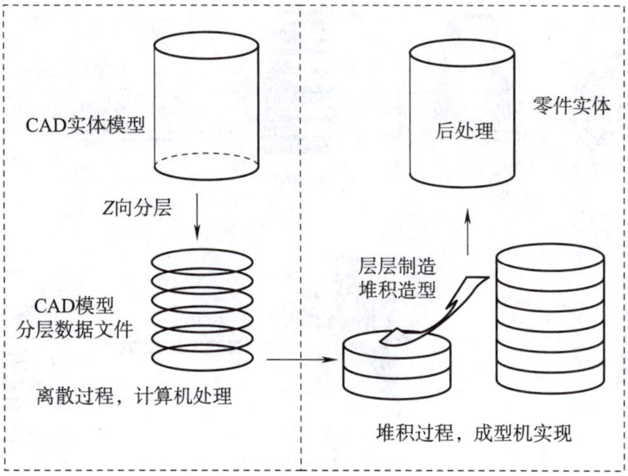

图 2-2 3D 打印基本原理

3. 三维模型切片处理

根据需要选择合适的加工方向,在成型高度方向上用一系列一定间隔平面切割近似处理后的三角网格模型,提取出一系列二维截面轮廓信息。

目前,3D 打印能接受以下几种中间数据格式:IGES、SETP、DXF、STL、SLC、CLI 等,其中 STL 文件格式几乎被大多数快速成型系统所接受,因此被认为是快速成型数据的标准。表 2-1 介绍了几种常用 CAD 软件 STL 文件的导出方法。

表 2-1 STL 文件的导出方法

CAD 软件	STL 文件导出方法
ProE	Flie→Save a Copy→选择 * . STL
SolidEdge	Flie→Save AS→选择文件类型为 STL
SolidWorks	Flie→Save AS→选择文件类型为 STL

4. 3D 打印产品原型

根据二维切片轮廓信息,成型头按照各截面轮廓信息做二维扫描运动,同时工作台做纵向移动,从而在工作台上一层层堆积材料,然后将各层粘结,最终得到产品原型。

5. 3D 打印后处理

对成型件进行打磨、抛光、涂挂等后处理,或放在高温炉中进行后烧结,进一步提高其强度。

2.1.3 3D 打印基本流程

3D 打印工作过程是依据计算机设计的三维模型(设计软件可以是常用的 CAD 软件,例如 SolidWorks、ProE、UG、中望 3D 等,也可以是通过逆向工程获得的计算机模型),将复杂的三维实体模型“切”成设定厚度的一系列片层,从而变为简单的二维图形,逐层加工,层叠增长,如图 2-3 所示。3D 打印基本流程如图 2-4 所示。

学习笔记

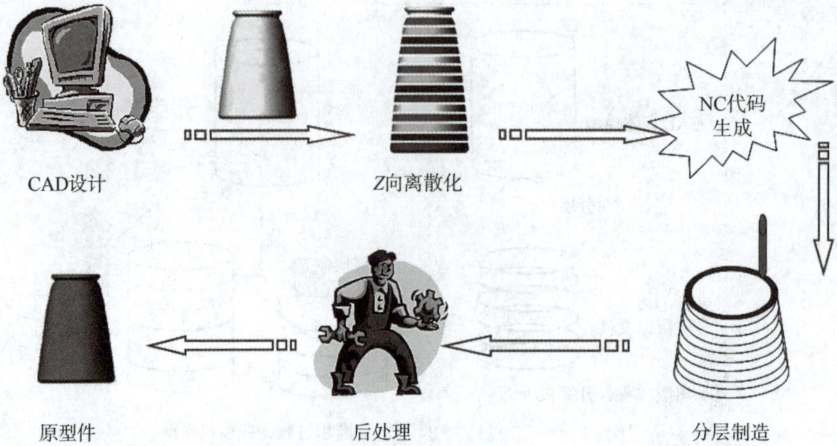

图 2-3　3D 打印制作原型工作过程

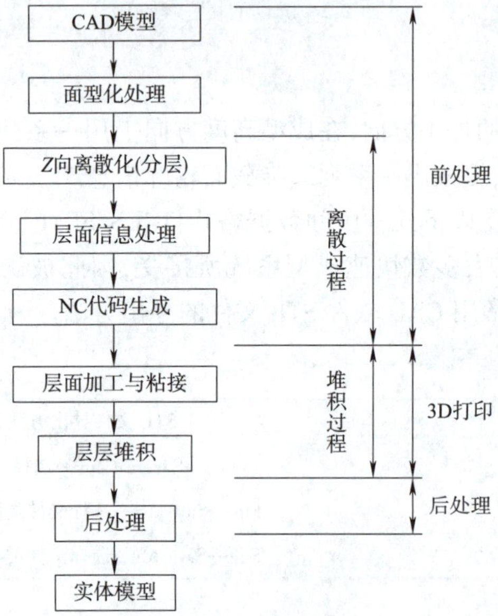

图 2-4　3D 打印基本流程

任务实施

小张同学选择 3D 打印技术快速制作一个手机支架，该技术不需要传统的机械加工、夹具和模具，能够快速制造出各种形状复杂的原型或零件，其设计制造一体化，具有高度的柔性和适应性，从零件设计到零件制造完毕，只需要几十分钟至几个小时。可以使生产周期大大缩短，生产成本大幅度降低，是一种非常有前景的新型快速制造技术。小张选择 3D 打印技术制作手机支架不仅快速，而且可以实现个性化定制。其制作的基本流程如图 2-5 所示。

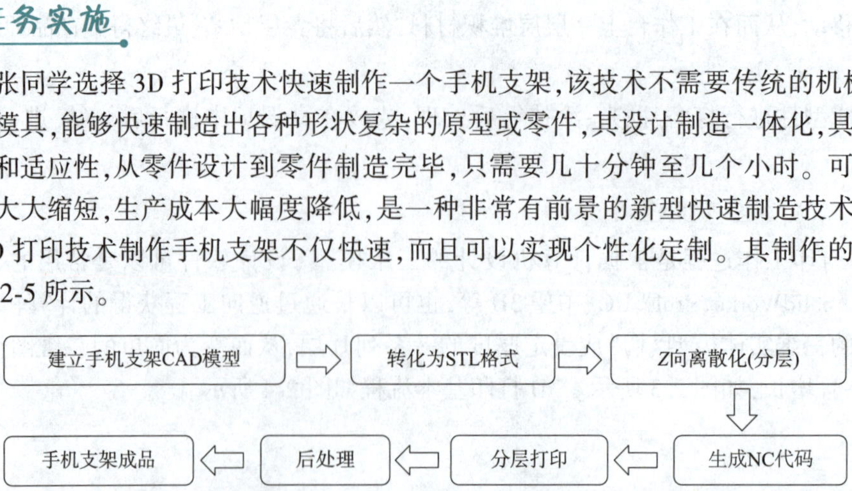

图 2-5　3D 打印手机支架流程图

学习笔记

任务2.2 分析3D打印成型工艺

任务导入

小张同学平时最喜欢绿色的物品了,他已经梳理好了3D打印手机支架的基本流程,面对FDM、SLA、SLS等多种打印技术,他犯了难。请问他选择哪一种3D打印技术打印手机支架更合适呢?

任务目标

1. 知识目标

(1)理解3D打印典型工艺概念。

(2)掌握3D打印典型工艺的成型原理。

(3)了解3D打印典型工艺的工艺特点。

2. 能力目标

(1)能够熟知典型3D打印工艺。

(2)能够分析各种3D典型3D打印工艺成型原理。

3. 素质目标

(1)提高科学归纳能力。

(2)具有积极进取的人生态度。

知识准备

3D打印技术是集CAD技术、数控技术、材料科学、机械工程、电子技术和激光等技术于一体的综合技术,是实现零件或产品设计从二维到三维实体快速制造的一体化系统技术。3D打印技术有多种快速成型的工艺方法,目前较为成熟并广泛采用的有光固化成型工艺、选择性激光烧结成型工艺、熔融沉积成型工艺、三维打印成型工艺、选择性激光熔化成型工艺等。

2.2.1 熔融沉积成型(FDM)

1. 成型原理

熔融沉积成型(fused deposition modeling,简称FDM)是目前应用最广泛的技术,该技术不涉及激光、高温、高压等危险环节,是成本较低的3D打印技术。FDM技术的原理是将丝状的热塑性塑料通过加热棒加热到熔融状态并从打印头底部带有小孔(直径一般为0.4 mm)的喷嘴中挤出,而打印头在计算机控制下根据3D模型的分层数据移动,将熔融状态的材料按照自动生成的路径挤出并粘结在工作台上,后续熔融状态的材料被挤出后沉积在前一层已经冷却固化的材料上,这样通过材料按照分层数据逐层堆积形成最终制件,如图2-6所示。

2. 成型过程

FDM技术用材料一般为热塑性塑料,如ABS、蜡、PC、尼龙等都以丝状供料。丝状的成型材料和支撑材料都由供丝机构送至各自相对应的喷丝头,然后在喷丝头中被加热至

学习笔记

熔融状态；此时，加热喷头在计算机的控制下，按照事先设定的截面轮廓信息做 *X*-*Y* 平面运动；与此同时，经喷头挤出的熔体均匀地铺撒在每一层的截面上。此时，喷头喷出的熔体迅速固化，并与上一层截面相粘结。每一个层片都是在上一层上进行堆积而成，同时上一层对当前层又起到定位和支撑的作用。随着层的高度增加，层片轮廓面积和形状都会发生一些变化，当形状有较大的变化时，上层轮廓就不能给当前层提供足够的定位与支撑作用，这就需要设计一些辅助结构（即“支撑”结构），这些支撑结构能对后续层提供必要定位和支撑，保证成型过程的顺利实现。这样成型材料和支撑材料就被有选择性铺覆在工作台上，快速冷却后就形成一层层截面轮廓。当一层成型完成后，工作台就会下降事先设定好的一层截面层的高度，然后喷头再进行下一层的铺覆，如此循环，最终形成三维实体产品或模型，如图 2-7 所示。

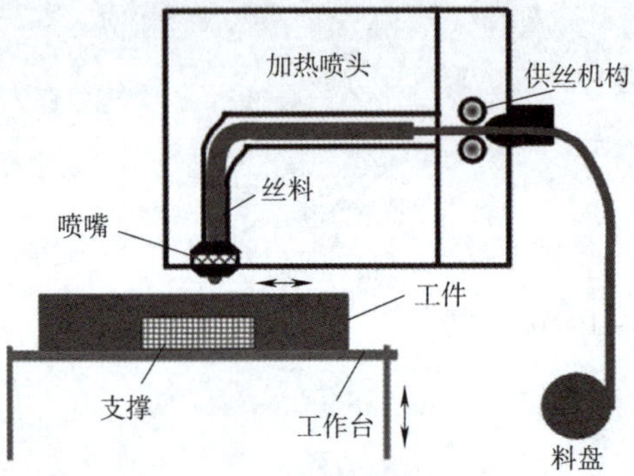

图 2-6　FDM 成型原理

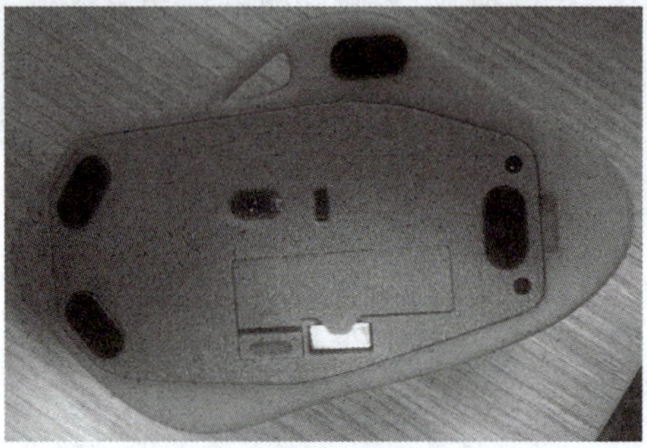

图 2-7　FDM 成型件

3. 工艺特点

（1）优点

①成本低。FDM 的工艺设备中，不需要激光器、扫描振镜等昂贵部件，所以其成本很低。

②采用水溶性支撑材料，使得去除支撑结构简单易行，可快速构建复杂的内腔、中空零件以及一次成型的装配结构件。

③原材料以卷轴丝的形式提供，易于搬运和快速更换。

④可选用多种材料，如各种色彩的工程塑料 ABS、PC、PPS 以及医用 ABS 等。

⑤原材料在成型过程中无化学变化，制件的翘曲变形小。

⑥用蜡成型的原型零件，可以直接用于熔模铸造。

⑦FDM 系统无毒性且不产生异味、粉尘、噪声等污染。

⑧材料强度、韧性优良，可以进行装配功能测试。

（2）缺点

①原型的表面有较明显的条纹，制作的物品普遍存在“台阶效应”。

②与截面垂直的方向强度小。

③需要设计和制作支撑结构。

④成型速度相对较慢，不适合构建大型零件。

⑤喷头容易发生堵塞，不便维护。

学习笔记

2.2.2　立体光固化成型(SLA)

1. 成型原理

立体光固化成型(stereo lithography apparatus,简称 SLA 或 SL),主要是使用光敏树脂作为原材料,利用液态光敏树脂在一定波长的紫外线照射下会快速固化的特性,通过扫描振镜使紫外线按照由点到线、由线到面的顺序凝固光敏树脂,从而完成一个层面的固化工作,层层叠加,最后完成一个三维实体的打印工作,如图 2-8 所示。

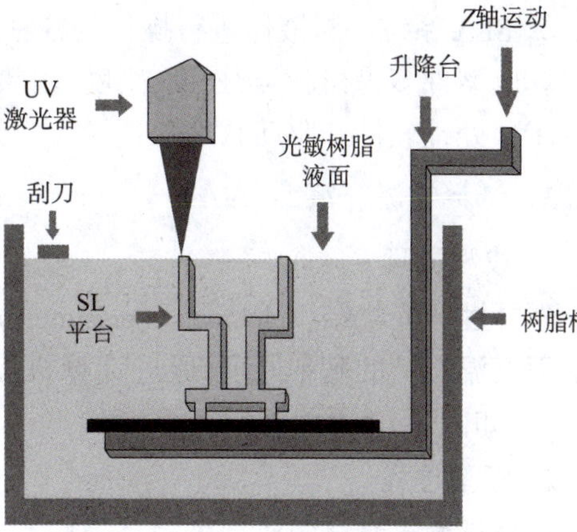

图 2-8　SLA 成型原理

2. 成型过程

工作时,在液槽中盛满液态光固化聚合物,带有很多小孔洞的可升降工作台在步进电动机的驱动下,沿 Z 轴方向做往复运动。激光器为紫外激光器,扫描系统由一组定位器组成,它能依据计算机控制系统发出的指令,按照每一层截面的轮廓信息做高速往复运动,使得激光器发出的激光束反射后聚焦在液槽里液态聚合物的表面上,同时沿此面做 X-Y 平面的扫描运动。当一层液态光固化聚合物受到紫外激光束照射时,其就会快速地固化且形成相应的一层固态的截面轮廓。当一层固化完毕后,工作台就会下移事先设定好的一个层厚的距离,然后在原固化好的表面再铺覆上一层新的液态树脂,用刮刀将树脂液面刮平,再进行下一层轮廓的扫描加工。此时新固化的一层牢固地粘结在前一层的表面上,如此循环,直至整个零件加工制造完毕,就得到一个三维实体产品或模型,如图 2-9 所示。

图 2-9　SLA 成型件

3. 工艺特点

(1)优点

①光固化成型法是最早出现的快速原型制造工艺,经过时间的检验,成熟度高。

②由 CAD 数字模型直接制成原型,加工速度快,产品生产周期短,无需切削工具与模具。

③可以加工结构、外形复杂或使用传统手段难以成型的原型和模具。

④使 CAD 数字模型直观化,降低错误修复的成本。

⑤为实验提供试样,可以对计算机仿真计算的结果进行验证与校核。

⑥可联机操作、远程控制,利于生产的自动化。

⑦表面质量较好。

⑧成型精度较高,精确度达到了 25 μm。

⑨系统分辨率较高。

学习笔记

(2)缺点

①SLA 系统造价高昂,使用和维护成本过高。

② SLA 系统是对液体进行操作的精密设备,对工作环境要求苛刻。

③成型件多为树脂类,强度、刚度、耐热性有限,不利于长时间保存。

④预处理软件和驱动软件运算量大,与加工效果关联性较高。

2.2.3 选择性激光烧结(SLS)

1. 成型原理

选择性激光烧结(selective laser sintering,简称 SLS)技术主要是利用粉末材料在激光照射下高温烧结的基本原理,通过计算机控制光斑移动实现精确定位,然后逐层烧结堆积成型,如图 2-10 所示。

2. 成型过程

选择性激光烧结的成型过程是采用激光器对粉末状材料(如塑料粉、金属与粘结剂的混合物、陶瓷与粘结剂的混合物、树脂砂与粘结剂的混合物等)进行烧结和固化。与 SLA 工艺所使用的激光器不同,SLS 是利用红外激光烧结粉末的。其工作过程是:首先在工作台上用刮板或辊筒铺覆上一层粉末状材料,再将其加热至略低于其熔化温度,然后在计算机控制下,激光束按照事先设定好的分层截面轮廓,对原型制件的实心部分进行粉末扫描,并使粉末的温度上升至熔化点,致使激光束扫描到粉末熔化,粉末间相互粘结,从而得到一层截面轮廓。位于非烧结区的粉末则仍呈松散状,可作为工件和下一层粉末的支撑部分。当一层截面轮廓成型完成后,工作台就会下降一个截面层的高度,然后再进行下一层的铺料和烧结动作。如此循环往复,最终形成三维产品或模型,如图 2-11 所示。

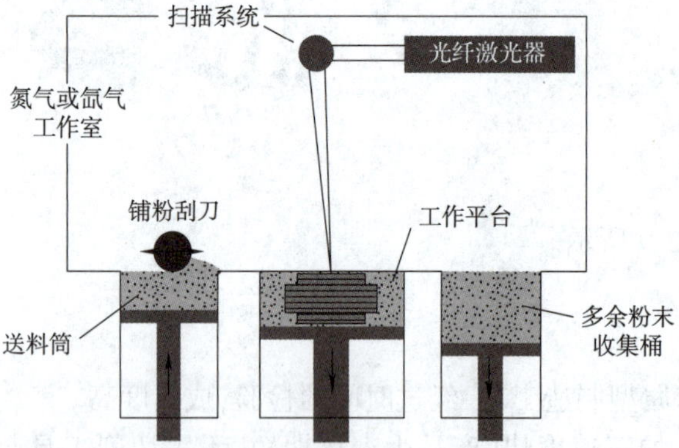

图 2-10 SLS 成型原理

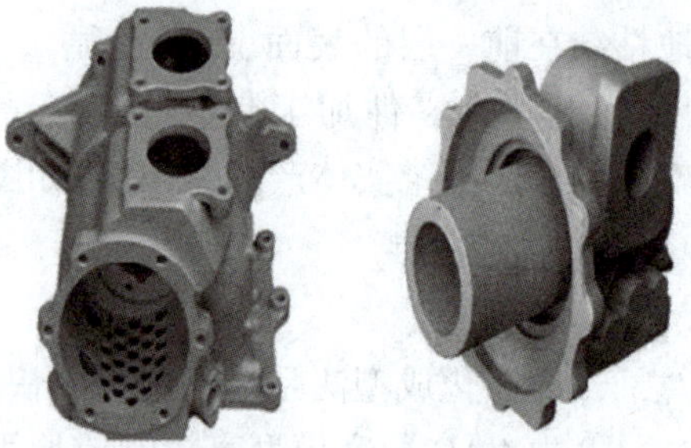

图 2-11 SLS 成型件

3. 工艺特点

(1)优点

①能生产较硬的模具。

②耗材来源广泛,包括类热塑性塑料、蜡、热熔性金属、覆膜砂、陶瓷等。

③SLS 并未完全熔化粉末,仅是将其烧结在一起,制造速度较快。

④无需设计和构造支撑。

(2)缺点

①有激光损耗,需要专业实验室环境,使用及维护费用较高。

②烧结过程中存在半熔合未熔的粉末,导致制件孔隙度高,力学性能差,特别是延伸率低,打印完成后需要热固化、热等压或侵入粘结剂等处理。

③成型表面受粉末颗粒大小及激光光斑的限制。

④加工室需要不断充氮气防止制件氧化,加工成本高。

⑤成型过程产生有毒气体和粉尘,污染环境。

2.2.4　选择性激光熔化(SLM)

选择性激光熔化(stereo laser melting,简称 SLM)技术,是金属 3D 打印领域最重要的工艺,其采用精细聚焦光斑快速熔化 300~500 目的预置粉末材料,几乎可以直接获得任意形状以及具有完全冶金结合的功能零件。致密度可达到近乎 100%,尺寸精度达 20~50 μm,表面粗糙度值达 *Ra* 20~30 μm,是一种极具发展前景的快速成型技术,其应用范围已拓展到航空航天、医疗、汽车、模具等领域。

1. 成型原理

SLM 技术的工作原理与 SLS 相似,如图 2-12 所示。SLM 是将激光的能量转化为热能使金属粉末成型,它们的主要区别在于,SLS 在制造过程中,金属粉末并未完全熔化,而 SLM 在制造过程中,金属粉末加热到完全熔化后熔接成型。

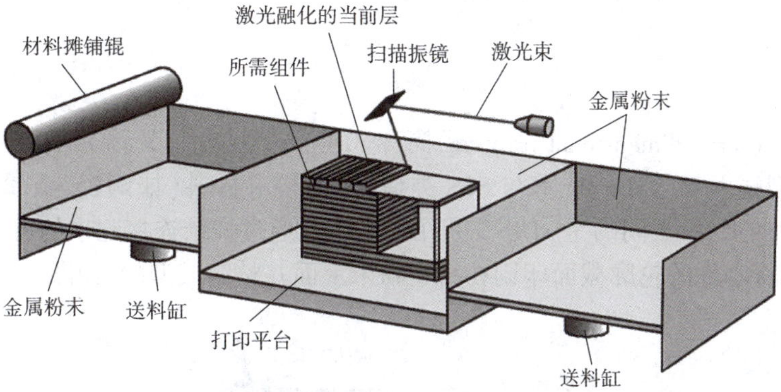

图 2-12　SLM 成型原理

2. 成型过程

SLM 工作流程为:打印机控制激光在铺设好的粉末上方选择性地对粉末进行扫描熔化,按照分层数据完成一层的扫描熔化后,成型槽工作台下降一个层厚的距离,送料槽底板上升一个层厚,铺粉装置将突出的金属粉末铺撒在已熔化成型的当前层之上,设备按照第二层的数据进行激光熔化,与前一层成型截面粘结,如此逐层循环直至整个物体成型。需要注意的是,SLM 的整个加工过程都是在惰性气体保护的加工室中进行的,以避免金属在高温下氧化,如图 2-13 所示。

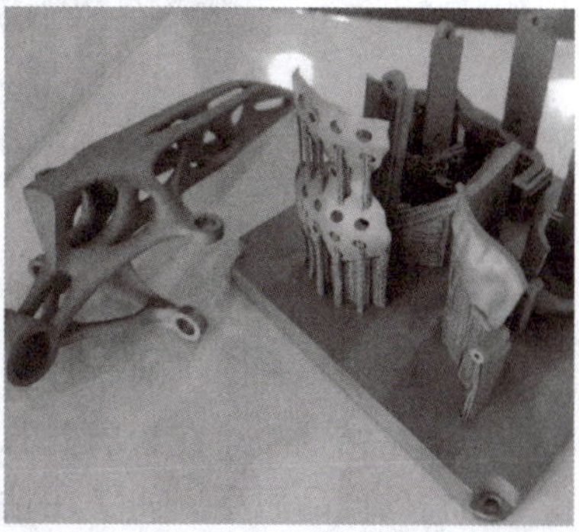

图 2-13　SLM 成型件

学习笔记

3. 工艺特点

(1)优点

①由于激光直接将金属粉末熔化后粘结,所以 SLM 成型的金属零件致密度高,可达 90%以上。

②采用该工艺打印的制件抗拉强度等力学性能指标优于铸件,甚至可达到锻件水平。

③金属粉末在打印过程中完全熔化,不存在后处理变形问题,因此尺寸精度较高。

④与传统金属减材制造相比,可节约大量材料,尤其是难加工金属材料如钛合金等,这一优势更加明显。

(2)缺点

①SLM 工艺的缺点是成型速度较低,为了提高加工精度,需要用更薄的加工层厚,加工小体积零件所用时间也较长,因此难以应用于大规模制造。

②制件的表面粗糙度和精度有待提高,制件完成后仍需要线切割取件和喷砂表面处理。

③整套设备昂贵,熔化金属粉末需要更大功率的激光器和配套冷却装置,能耗较高。

④金属瞬间熔化与凝固(冷却速率约 10 000 K/s),温度梯度很大,会产生极大的残余应力,如果基板刚性不足则会导致基板变形,因此基板必须有足够的刚性抵抗残余应力的影响。去应力退火能消除大部分的残余应力。

2.2.5 三维印刷

1. 成型原理

三维印刷(three-dimensional printing,简称 3DP)成型技术,又称为喷墨粘粉技术、粘结剂喷射成型技术等。3DP 技术与 SLS 类似,采用粉末材料(如陶瓷、金属、石膏、塑料等)进行成型加工,所不同的是 3DP 工艺用粉末不是通过烧结连接起来的,而是通过喷头喷出粘结剂,将零件的轮廓截面印刷在材料粉末上面并粘结成型的,如图 2-14 所示。

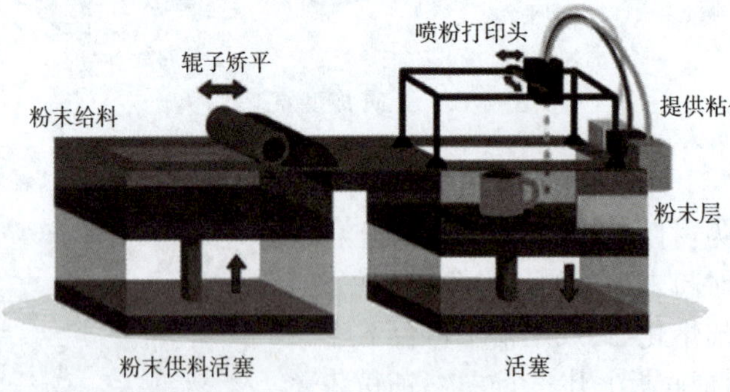

图 2-14 3DP 成型原理

其原理与喷墨打印机的原理近似,首先在工作仓中均匀地铺粉,再用喷头按指定路径将液态的粘结剂喷涂在粉层上的指定区域,待粘结剂固化后,除去多余的粉尘材料,即可得到所需的产品原型。如果在粘结粉末材料的同时,加上有颜色的颜料,就可以打印出彩色的产品,3DP 技术是目前比较成熟的彩色 3D 打印技术,其他技术一般难以做到全

学习笔记

彩色打印。此技术也可以直接逐层喷涂陶瓷或其他材料的粉浆,固化后得到所需的产品原型,如图 2-15 所示。

图 2-15　3DP 成型件

2. 成型过程

3DP 工艺设备在打印工艺系统的控制下,铺粉装置需要先在打印平台均匀地铺上一定厚度的粉末,待粉末的远端边缘填充完整且平整后,喷墨打印头便在电动机和同步带的驱动下,按照模型切片得到的截面数据打印,并有选择地进行粘结剂和彩色墨水的组合喷射,最终构成平面图案,这一过程与普通喷墨打印机的打印过程完全一致。在完成单个截面图案之后,工作台下降一个分层厚度的距离,同时铺粉装置进行一层铺粉操作,接着喷墨打印头再次进行下一个截面的打印。如此周而复始地送粉、铺粉和喷射粘结剂,最终完成三维成型件,如图 2-16 所示。

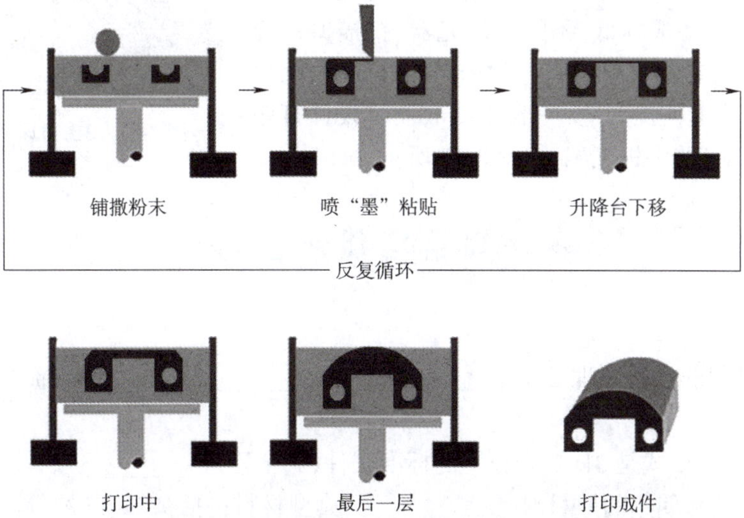

图 2-16　3DP 成型过程

3. 工艺特点

(1)优点

①可使用多种粉末材料,也可采用各种色彩的粘结剂,可以制作彩色原型,是该工艺最具竞争力的特点之一。

②3DP 的打印头可以进行阵列式(2D array)扫描而非激光点扫描,因此打印速度快,能够实现大尺寸零件的打印。

③没有激光器等昂贵部件,设备价格一般较低。

④不需支撑,成型过程不需单独设计与制作支撑,多余粉末的支撑去除方便,因此尤其适用于做内腔复杂的原型制件。

学习笔记

(2)缺点

①精度和光洁度不理想,不适合制作结构复杂和细节较多的薄型物件。

②3DP 技术打印出的工件为粉末粘接而成,粘结剂的粘接能力有限,经常需要保温固化和喷涂增强剂等后处理,而且相比之前的 3D 打印工艺,其强度比较低。

③该技术的打印头在喷射彩色墨水和粘结剂后,容易在层与层之间出现墨水混合的现象,导致打印的轮廓不清晰。

④应用 3DP 技术制作金属制件时需要经历繁琐的后处理过程,比如烧结,因此与很多金属直接制造成型技术相比可能没有优势。

任务实施

结合手机支架的功能和要求,其制作要求能实现手机支架的功能,外形美观、价格低廉。综合以上学习的几种典型 3D 打印技术的工艺特点,选择 FDM 技术制作手机支架比较合适。首先,FDM 技术的原材料是热塑性塑料(ABS、FLA、TPU、PEEK 等),本案例选择可降解 PLA 环保材料,且该材料有多重颜色可供选择,其次,FDM 技术设备成本低、不需要激光器、扫描振镜等昂贵部件,其制造成本低;第三,FDM 工艺原理也比较简单,可实现快速便捷制造,一般 2~3 h 便可设计打印出一个独一无二的手机支架,如图 2-17 所示。

图 2-17　3D 打印手机支架

项目自我评估

一、填空题

1. 3D 打印的核心原理是基于__________和__________,通过逐层堆积材料构建三维物体。

2. STL 文件格式是 3D 打印技术的标准文件,其全称是__________。

3. FDM 技术使用的原材料是__________,典型材料包括 ABS、PLA 等。

4. SLA 工艺中,液态光敏树脂在__________照射下固化成型。

5. 选择性激光熔化(SLM)技术的致密度可达__________以上。

二、选择题

1. 以下哪项不属于 3D 打印工艺过程的步骤?(　　)

A. 三维建模　　B. 切片处理　　C. 注塑成型　　D. 后处理

2. 小张制作手机支架时选择 FDM 技术,主要因为其(　　)。

A. 成本低且支持彩色材料　　B. 成型精度最高

C. 适合金属打印　　D. 无需支撑结构

3. SLA 工艺的主要缺点是(　　)。

A. 设备成本高　　B. 表面粗糙

C. 材料利用率低　　D. 无法打印复杂结构

学习笔记

4. 3DP 技术的独特优势是(　　)。

A. 高致密度　　B. 彩色打印

C. 无需后处理　　D. 适合金属打印

5. SLM 技术与 SLS 技术的主要区别在于(　　)。

A. 是否使用激光　　B. 材料是否完全熔化

C. 是否需要支撑　　D. 打印速度

三、判断题

1. 3D 打印工艺中,STL 文件的导出需要设置精度参数(如弦高、角度控制)。(　　)

2. FDM 技术需要设计支撑结构,而 SLS 技术无需支撑。(　　)

3. SLA 工艺的成型精度可达 0.025 mm。(　　)

4. 3DP 技术打印的金属零件无需后处理即可直接使用。(　　)

5. SLM 技术的打印过程需在惰性气体环境中进行以防止氧化。(　　)

四、简答题

1. 简述 3D 打印的基本流程。

2. 比较 FDM 和 SLA 工艺的优缺点。

3. 为什么 SLM 技术适合制造航空航天领域的金属零件?

4. 3DP 技术的彩色打印原理是什么?

5. 小张选择 FDM 技术制作手机支架的原因有哪些?

知识拓展

结构之美,文明之基

——记中国现代桥梁之父茅以升奋斗之路

在 20 世纪的中国,有一位如璀璨星辰般闪耀的桥梁专家,他就是被誉为“中国现代桥梁之父”的茅以升。在那个风雨飘摇的年代,他凭借非凡的智慧和坚毅的品格,为中国桥梁事业书写了壮丽的篇章。

20 世纪 30 年代,我国的桥梁建设技术严重依赖国外,而在钱塘江上架设一座现代化大桥的需求迫在眉睫。茅以升毅然肩负起主持建造钱塘江大桥的重任。钱塘江,不仅有汹涌澎湃的江潮,其江底复杂的地质状况,也为建桥带来了巨大的挑战。此外,日军的空袭炸弹随时可能落下。

面对重重困难,茅以升没有丝毫退缩。他深入研究,反复试验,凭借精湛的专业技艺和创新思维,采用“射水法”“沉箱法”,成功解决了建桥过程中的诸多难题。在他的带领下,无数建设者齐心协力,一座凝聚着中国人智慧与汗水的双层铁路、公路两用桥终于横跨钱塘江两岸。这座由中国人自行设计建造的大桥,不仅打破了国外专家“在钱塘江上架桥不可能”的谬论,更极大地增强了民族自信心。

然而,好景不长,大桥通车不久,为了阻挡日军的进攻,茅以升不得不忍痛下令将其炸毁。望着弥漫的硝烟和崩塌的桥梁,他的心中满是不甘与悲愤,但他并未因此一蹶不振。抗战胜利后,茅以升又投身到大桥的修复工作中,让这座承载着无数希望的桥梁重新焕发生机。

学习笔记

新中国成立后，茅以升继续发光发热，参与武汉长江大桥的建设。在他的指导下，这座万里长江上的第一座大桥顺利建成，成为新中国建设的重要里程碑。如今，武汉长江大桥仍在服役，见证着中国桥梁事业的辉煌成就。

茅以升的一生，是为桥梁事业奋斗的一生。他不仅为中国交通文明的发展作出了不可磨灭的贡献，更以其坚韧不拔的精神，激励着一代又一代的桥梁建设者。在他的影响下，中国的桥梁建设技术不断创新，取得了举世瞩目的成就。

项目 3

攻克DeepSeek+即梦AI+Meshy三维创新建模技术

学习笔记

项目概述

随着人工智能与三维可视化技术的深度融合，基于 AI 驱动的三维建模工具正成为数字内容创作的核心生产力。本项目聚焦 DeepSeek（深度求索）、即梦 AI（3D 建模软件）与 Meshy（网格处理工具）的协同应用，系统学习如何通过多模态交互、生成式 AI 与网格优化技术实现高效三维建模。旨在通过“AI 生成+精细建模+智能优化”的技术链，培养学生高效创建高质量三维模型的能力。

资源

攻克DeepSeek+即梦AI+Meshy三维创新建模技术

1. 应用软件

①概念设计阶段：DeepSeek-R1，AI 生成工具，用于生成文本描述提示词。

②2D 渲染阶段：即梦 AI，是国产 3D 建模软件，用于基础建模与渲染。

③3D 建模阶段：Meshy，AI 驱动的 3D 模型生成/优化工具，支持文本/图像生成 3D 模型、自动拓扑或贴图生成。

2. 建模流程

（1）概念设计阶段

首先，打开 DeepSeek-R1 软件，开始对话，准备让 DeepSeek 生成自己想要设计的产品。

其次输入设计要求：例如打开 DeepSeek，提出要求：“请帮我设计一款咖啡机，要高端大气上档次，不锈钢 SUS304 金属外观，装饰件拉丝银，锅炉加压高温蒸汽打奶泡，同时生成一段适合在即梦里做文生图的提示词，以外观描述为主，并让背景色是白色的。”

最后输出提示词：高端意式咖啡机/拉丝不锈钢 SUS304 机身/多面几何切割造型/航空合金旋转蒸汽喷嘴/全息蓝光触控界面/黄铜外露压力表/悬浮暖杯台/白色大理石基座/戏剧化定向照明/超细节工业设计渲染/8K 产品摄影/纯白背景。

（2）2D 渲染阶段

首先创建主体结构：利用 Deepseek 生成的提示词，复制到即梦 AI 中，用文生图生成图片，可以增添自己的设计要求。

然后添加细节：根据图片需要，调节细节参数，如模型版本、清晰度、图片比例、图片尺寸等，选择一款需要的图片下载保存。

学习笔记

(3)3D 建模阶段

首先导出 3D 模型：将刚在即梦保存下来的图形，导出到 Meshy 中，用图片生成模型。

其次 Meshy 自动优化：上传模型至 Meshy，选择自动拓扑（retopology）功能，减少面数并优化结构，并保存为 obj、fbx、STL（3D 打印）、glb（Web 展示）或 fbx（游戏/动画）格式。

最后通过结合 DeepSeek 的创意生成、即梦 AI 的二维建模和 Meshy 的三维精准模型，可高效完成 3D 模型设计从概念到落地。

思维导图

本项目的主要学习内容如图 3-1 所示。

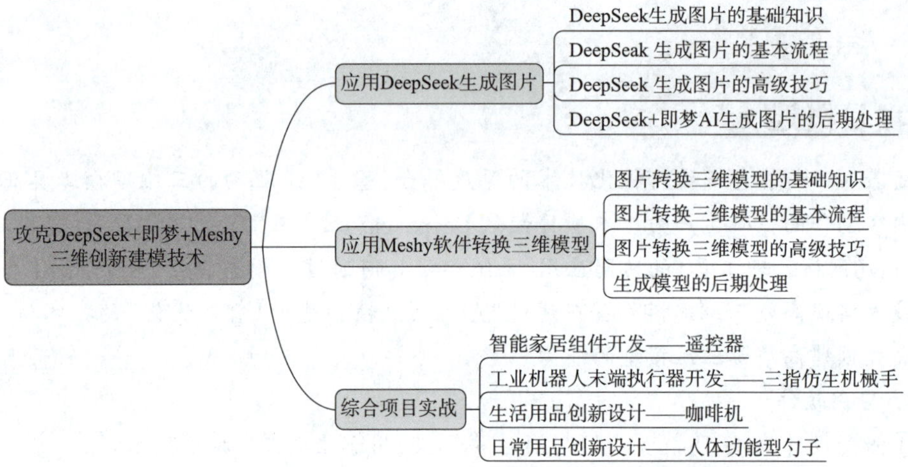

图 3-1 思维导图

任务 3.1 应用 DeepSeek 生成图片

任务导入

在传统的 3D 打印流程中，设计师需要耗费大量时间在建模、结构优化和参数调试上。你是否想过，如果一台机器不仅能“打印”物体，还能“思考”如何设计物体。当人工智能与 3D 打印相遇，一场关于“创造力”的革命悄然展开——DeepSeek 智能设计正是这场革命的核心引擎。

任务目标

1. 知识目标

(1)理解 DeepSeek 技术核心原理。

(2)熟悉生成流程与工具使用。

(3)掌握图像质量评估标准。

2. 能力目标

(1)培养精准需求描述与参数调整能力。

学习笔记

(2)培养跨工具协作与问题解决能力。

3. 素质目标

(1)提高创新思维与跨学科应用意识。

(2)养成技术伦理与版权意识。

知识准备

3.1.1 DeepSeek 生成图片的基础知识

DeepSeek 是三维建模的起点,先通过提示词,生成符合需求的 2D 图像,作为集梦和 Meshy(3D 重建)的输入源。

提示词可以进行风格控制,通过文本或参数定义物体结构、材质、光影,降低 3D 建模的试错成本。同时也可以多视角生成,可生成同一物体的不同视角(如正视图、侧视图),辅助 3D 模型拓扑。

DeepSeek 的图片生成能力建立在其多模态模型架构与文本优化算法的双重基础上。虽然 DeepSeek-R1 模型本身并非原生多模态模型,但通过"文本预处理-格式转换-外部协作"的三层架构设计,实现了独特的图片生成路径,如图 3-2 所示。

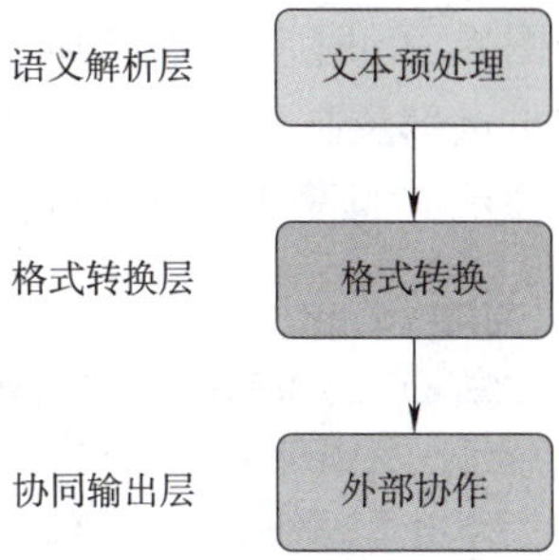

图 3-2 DeepSeek 生成图片的整体架构设计图

其核心逻辑可分为三个阶段:

①语义解析层。R1 模型通过深度思考模式解析用户需求,采用"背景+需求+约束条件"的万能提问模板进行文本优化。例如用户输入"制作机械手臂",模型会自动补充配色方案、版式设计等视觉要素,如图 3-3 所示。

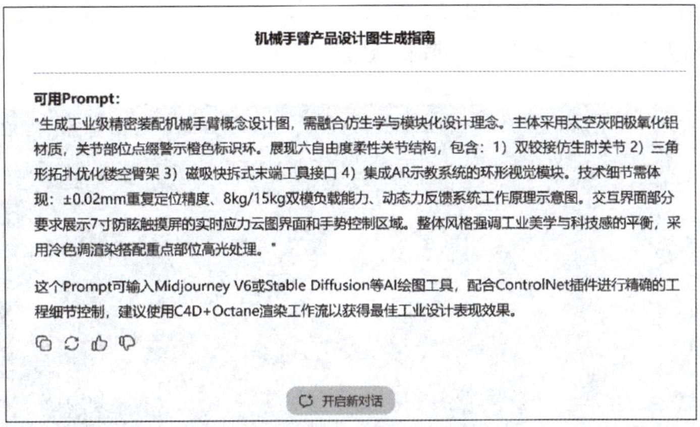

图 3-3 输入"制机械手臂"后,DeepSeek 自动补充视觉要素

②格式转换层。将优化后的文本转换为 SVG 矢量图代码或第三方 AI 绘图工具可识别的提示词(prompt)。该过程涉及自然语言到结构化代码的映射转换,如将"工业生产线精密装配应用、六自由度柔性关节(最大伸展半径 1 500 mm)、模块化末端执行器接口(支持真空吸盘/精密夹爪/激光焊接头快速切换)、动态力反馈系统(检测范围 0.1~20 N,

学习笔记

分辨率 0.01 N)、视觉引导系统(配备 1 080 p@120 fps 工业相机+深度学习识别算法)、基座尺寸:ϕ400 mm×600 mm、配色方案:太空灰(RAL 9007)主体+警示橙(RAL 2008)关节标识、表面处理:阳极氧化铝 + 激光蚀刻品牌标识、动态指示灯:环形 RGB LED 状态指示环(关节处)、仿生关节设计(参考人体肘关节双铰接结构)”转换为提示词“生成工业级精密装配机械手臂概念设计图,需融合仿生学与模块化设计理念。主体采用太空灰阳极氧化铝材质,关节部位点缀警示橙色标识环。展现六自由度柔性关节结构,包含:双铰接仿生肘关节;三角形拓扑优化镂空臂架;磁吸快拆式末端工具接口;集成 AR 示教系统的环形视觉模块。技术细节需体现:±0.02 mm 重复定位精度、8 kg/15 kg 双模负载能力、动态力反馈系统工作原理示意图。交互界面部分要求展示 7 寸防眩触摸屏的实时应力云图界面和手势控制区域。整体风格强调工业美学与科技感的平衡,采用冷色调渲染搭配重点部位高光处理。”以上提示词是以制造机械臂为例的。并且,DeepSeek 还给出了关于提示词的设计要点解析,帮助用户更好的理解提示词,如图 3-4 所示。

可用Prompt:

"生成工业级精密装配机械手臂概念设计图,需融合仿生学与模块化设计理念。主体采用太空灰阳极氧化铝材质,关节部位点缀警示橙色标识环。展现六自由度柔性关节结构,包含:1)双铰接仿生肘关节 2)三角形拓扑优化镂空臂架 3)磁吸快拆式末端工具接口 4)集成AR示教系统的环形视觉模块。技术细节需体现:±0.02mm重复定位精度、8kg/15kg双模负载能力、动态力反馈系统工作原理示意图。交互界面部分要求展示7寸防眩触摸屏的实时应力云图界面和手势控制区域。整体风格强调工业美学与科技感的平衡,采用冷色调渲染搭配重点部位高光处理。"

这个Prompt可输入Midjourney V6或Stable Diffusion等AI绘图工具,配合ControlNet插件进行精确的工程细节控制,建议使用C4D+Octane渲染工作流以获得最佳工业设计表现效果。

图 3-4 DeepSeek 将文本描述转换成第三方 AI 工具能理解的提示词

③协同输出层。通过调用即梦 AI 等第三方工具完成最终成像。此阶段的关键在于参数映射,如将以上提示词转换为实际的图像,如图 3-5 所示。

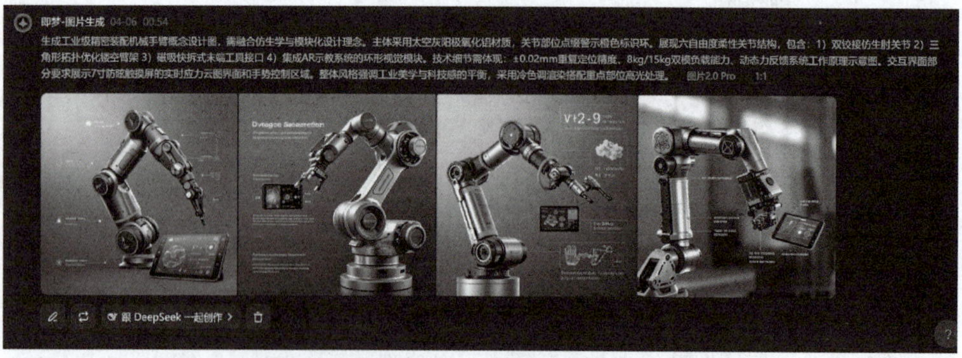

图 3-5 利用即梦 AI 使用提示词生成机械臂

3.1.2 即梦 AI 软件基本介绍

1. 软件基本介绍

即梦 AI(Dreamina)是字节跳动旗下深圳市脸萌科技有限公司开发运营的一款 AI 创

学习笔记

作平台，于 2024 年 5 月上线网页版，它以人工智能技术为核心，旨在降低创作门槛，激发大众的创意表达，在图片与视频生成领域表现卓越。即梦 AI 的特色及基本功能如下：

①强大的文生图功能。在图像生成方面，用户只需输入简单的提示词或详细描述，就能生成对应场景的图片，风格涵盖动漫、写实、摄影、插画等。还可对现有图片进行创意改造，如背景替换、风格联想等，且能保留人物或主体的形象特征。比如输入“阳光沙滩上的椰树”，就能得到相应风格的图片。无论是奇幻的想象场景，如“在充满粉色云朵的天空中，有一座悬浮的金色城堡，城堡周围环绕着闪烁着五彩光芒的精灵”，还是现实中的具体事物，像“一个放在木质餐桌上的红色苹果，苹果表面有晶莹的水珠”，都能精准生成。

②丰富的风格选择。提供多种艺术风格供用户挑选，涵盖了赛博朋克、古风、中国画、素描、卡通、写实等。比如你想要生成一幅具有中国画风格的山水图，只需在生成过程中选择中国画风格，软件就会按照该风格特点生成带有水墨韵味、意境悠远的山水图片。

③支持局部重绘与扩图。智能画布也是即梦的一大特色功能，它集成了 AI 拼图生成、局部重绘、一键扩图、图像消除和抠图等功能，可实现多元素无缝拼接，保证创作风格统一。当用户想要将多张图片拼合，并对其中某一部分进行修改时，智能画布就能派上用场。

当生成的图片部分区域不符合预期时，局部重绘功能可以让用户对特定区域进行重新绘制修改。例如生成的人物面部表情不理想，使用局部重绘功能，重新描述面部表情，即可对人物面部进行调整。扩图功能则可以对生成的图片进行尺寸扩展，满足用户不同场景下对图片大小的需求，如将一张小尺寸的产品图扩展为大幅宣传海报尺寸。

④多比例图片生成。根据不同平台和使用场景的需求，即梦能够生成各种比例的图片，常见的如适合社交媒体分享的 9∶16 竖屏比例、用于电脑桌面壁纸的 16∶9 横屏比例、适合印刷海报的 3∶4 比例等，方便用户将生成的图片直接应用于不同地方。

⑤即梦软视频生成功能。用户输入文案或图片，即可快速生成视频片段，动效效果连贯性强、流畅自然。支持从剧本构思到视频成片的一站式服务，包括故事分镜生成、镜头组织管理、编辑等功能，还能轻松操控运镜和调节速度变化。

2. 即梦 AI 的使用方法

(1)下载与注册

前往官方应用商店(手机端)或即梦 AI 官方网站(电脑端，如图 3-6 所示)下载即梦 AI 软件。在应用商店中搜索“即梦 AI”，找到对应的应用点击下载并安装；在电脑端浏览器中输入即梦 AI 官网地址，进入官网后根据提示下载软件。

安装完成后，打开即梦软件，可选择使用手机号、微信或 QQ 等方式进行注册登录。

(2)文生图具体操作步骤

首先进入 AI 作图界面，登录成功后，在软件主界面单击“AI 作图”按钮，接着在弹出的子菜单中选择“图片生成”选项，即可进入文生图页面。然后输入提示词，这是生成图片的关键步骤，提示词的质量直接影响生成图片的效果。建议采用“主体描述+场景细节+风格/氛围+质量词”的公式来撰写提示词，如图 3-7 和图 3-8 所示。具体操作步骤如下：

学习笔记

图 3-6　即梦 AI 电脑端首页

图 3-7　AI 作图与图片生成

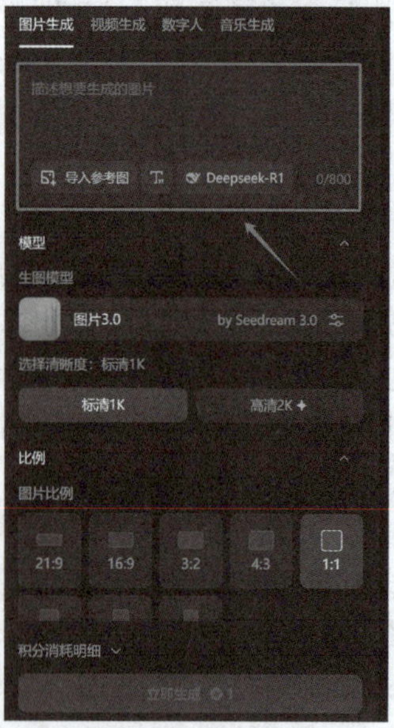

图 3-8　输入提示词

学习笔记

第一步：优先详细描述主体的外貌、服饰、动作等特征。比如描述一个人物，可写成“一位穿着白色连衣裙，长发披肩，面带微笑的年轻女性”；描述一个动物，可写成“一只浑身雪白，眼睛湛蓝，正趴在草地上的猫咪”。

第二步：添加场景相关的细节描述，让画面更丰富。如“在一个阳光明媚的花园里，周围有五颜六色的花朵和飞舞的蝴蝶”“古老的街道上，街边有斑驳的墙壁和昏暗的路灯”。

第三步：明确想要的风格或营造的氛围，像“赛博朋克风格”“浪漫温馨的氛围”“充满神秘色彩的”等。

第四步：明确质量词，如“超清晰”“4K 画质”“细节丰富”等，提升图片的质量效果。例如想生成一幅赛博朋克风格的城市夜景图片，提示词可以写成“在赛博朋克风格的未来城市中，高楼大厦闪烁着霓虹灯，街道上有飞驰的汽车，超清晰，4K 画质”。撰写提示词时，注意用逗号分隔关键词，避免使用复杂句式，使软件能更好地理解需求。

(3)参数设置

对于新手，推荐选择“图片 2.0”或“图片 3.0”模型，这两个模型在生成效果和稳定性上表现较为均衡，能满足大部分常规需求。随着对软件的熟悉和不同创作需求，可尝试其他模型。

并且，根据图片的最终用途选择合适的比例。若用于抖音短视频封面，可选择 9∶16 的竖屏比例；若用于电脑壁纸，16∶9 的横屏比例较为合适；若是用于打印明信片，可选择 3∶4 等比例。

建议将精细度设置在 6~8 之间，这个范围能够在保证生成速度的同时，获得质量较高的图片。数值越高，生成图片的细节越丰富，但生成时间可能会相应延长；数值过低，图片质量可能会受到影响。

(4)生成与优化

完成提示词输入和参数设置后，单击“立即生成”按钮，软件会依据设置生成 4 张图片。仔细查看生成的图片，若对某张图片整体满意，但局部存在一些问题，如人物手部姿势怪异、画面某个角落有多余元素等，可使用“局部重绘”功能。单击“局部重绘”按钮后，在图片上框选需要修改的区域，重新输入针对该区域的描述词，软件会对框选区域进行重新绘制。若觉得生成的图片尺寸太小，可使用“扩图”功能，选择想要扩展的方向和尺寸，软件将对图片进行扩展，如图 3-9 所示。

图 3-9　生成图像后的优化

学习笔记

3. 即梦 AI 的使用技巧

(1)优化提示词

首先,尽量使用具体词汇来描述,避免使用过于模糊抽象的词汇。例如,不要只说“美丽的花”,而是“鲜艳的红色玫瑰,花瓣层层叠叠,带有清晨的露珠”,这样软件能更准确地理解并生成符合你想象的画面。

第二,增加修饰词和限定词。通过添加修饰词和限定词来细化描述。比如描述建筑,“一座具有哥特式风格,高耸的尖塔,彩色琉璃窗户的大教堂”比简单说“一座大教堂”能让软件生成更具特色的建筑图片。

第三,参考优秀案例提示词。在即梦软件的社区或其他相关平台上,查看其他用户分享的优秀作品及其对应的提示词,学习借鉴他们的描述方式和思路,应用到自己的创作中。

(2)合理利用风格组合

除了选择单一风格,还可以尝试将多种风格进行组合。例如,“古风与赛博朋克融合风格,一位身着古装的侠客,手持散发着蓝色光芒的科技武器,站在充满霓虹灯的古代街道上”,这种独特的风格组合可能会生成令人眼前一亮的图片。

(3)尝试多次微调

生成图片后,如果没有完全达到预期效果,不要轻易放弃。可以在原有提示词和参数基础上进行微调,如稍微改变一下主体的描述、调整场景细节或更换风格,再次生成,通过多次尝试找到最符合需求的结果。例如,生成的人物图片表情不够生动,可在提示词中添加“表情生动活泼,眼神灵动”等描述,重新生成图片。

(4)可以结合其他工具

若对生成的图片还需要进行更复杂的后期处理,如添加文字、进行图像合成等,可以将即梦生成的图片导出,结合 Photoshop、醒图等专业图像编辑软件进行进一步加工,发挥不同软件的优势,提升最终作品的质量。

通过以上对即梦 AI 软件功能、使用方法及使用技巧的介绍,希望能帮助同学们熟练掌握即梦文生图功能,创作出满意的图片作品。在后续内容中还会以案例的形式再次演示操作步骤。

3.1.3 DeepSeek 生成图片的基本流程

1. 需求分析与前期准备

(1)明确生成目标

需求分析与 prompt 编写:prompt 公式为[主体]+[风格]+[细节]+[构图]+[质量关键词]。

在使用 DeepSeek 生成图片前,用户需明确创作意图,确定生成物体的类别。主体:画面主体,例如“女孩”“机器人”等;风格:画面的风格设定,如“人物 CG”“美漫风格”等;细节:对画面主体的修饰,如“黑色短发”“精致的五官”等;构图:影响画面构图的因素,如“鱼眼镜头”“全身镜头”等;质量关键词:提升生成图像质量的关键词,如“大师作品”“最好画质”等。

案例:赛博朋克风格女孩角色设计。

主体:赛博朋克风格女孩。

风格：未来科技感 CG 渲染。

细节：机械义眼(左眼闪烁着幽蓝数据流)；半透明发光神经束从后颈延伸至太阳穴；哑光皮革紧身衣搭配可变形战术腰带；右耳佩戴全息投影耳钉(投射微型星图)。

构图：低角度仰拍突出机械义眼特写；身体呈半蹲战斗姿态(右腿金属护膝反射冷光)；背景霓虹都市建筑群形成对角线构图。

质量关键词：8K 超写实渲染；全局光照下的金属质感；发丝级粒子特效；环境光遮蔽增强立体感

完整 prompt：赛博朋克风格女孩，机械义眼闪烁幽蓝数据流，后颈延伸半透明发光神经束，哑光皮革紧身衣配战术腰带，全息投影耳钉。低角度仰拍展示战斗姿态，背景霓虹都市对角线构图，8K 超写实渲染，全局光照金属质感，发丝粒子特效，环境光遮蔽增强立体感。

(2)选择模型模式

DeepSeek 提供两种核心模型：

①V3 模式：响应快，适合简单描述生成基础图片。

②R1 模式：即深度思考模式，逻辑性强，可优化复杂需求并生成细节丰富的文本描述。

两个不同的模型有不同的适用场景，若需快速生成草图，选择 V3 模式；若需精细化调整，如需要强调光影效果、材质质感等，建议切换至 R1 模式。R1 模式能针对图像的更多细节进行生成描述文本。

2. 输入优化与提示词设计

(1)结构化输入模板

使用 DeepSeek 生成提示词的时候，应该遵循“背景+需求+约束”的输入逻辑向 DeepSeek 描述想要生成的图像，用户可通过以下模板分点进行描述提升生成效果，结构化输入模板见表 3-1。

表 3-1　输入逻辑模板

背景	我需要生成一张用于__________的图片
需求	图片需包含__________，风格为__________，具体要求包括__________
约束	格式需为__________，尺寸__________，其他限制条件为__________

示例

①背景：我需要生成一张用于小红书平台的“春日野餐”主题图片。

②需求：画面中心为藤编野餐篮，内置法棍面包、草莓和红酒，背景为樱花树和草地，风格为日系清新。

③约束：图片格式为 JPG，尺寸 1 080×1 350(竖屏)，避免出现品牌标识。

(2)提示词润色与转换

通过结构化模板输入待生成图像的描述，DeepSeek 可将中文描述转化为适配图像生成 API 的中英文提示词，核心流程包括：

①输入图片描述模板：输入预设提示词模板。

②描述补充与优化：模型自动润色文本，自动添加细节描述，如光影明暗、材质质感等。

学习笔记

③中英转换与参数嵌入：将优化后的中文转换为中英文的 prompt，直接复制其中英文的 prompt 粘贴到即梦 AI 或 Midjourney 等第三方 AI 绘图软件，采用 AI 作图里的图片生成功能，将提示词生成相应的图片，如图 3-10 所示。

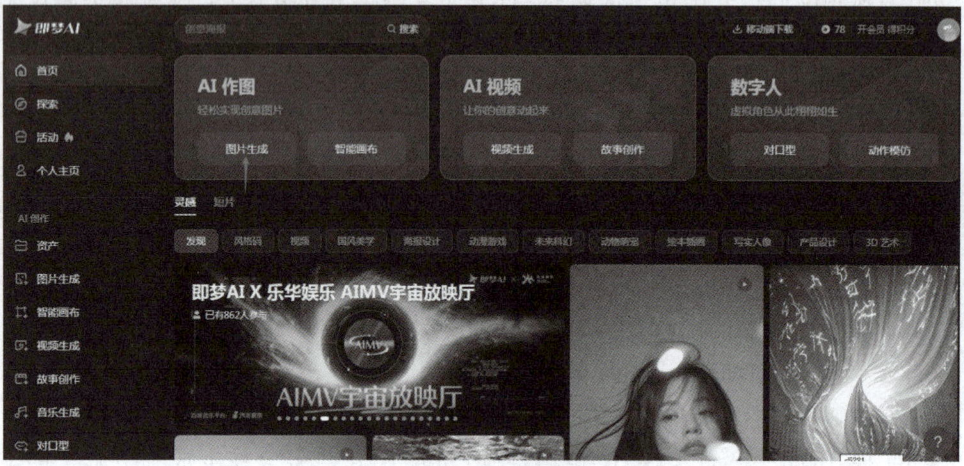

图 3-10　即梦 AI

(3)实际案例

用户想要生成一张“雪地奔跑的老虎”的图片，输入“雪地奔跑的老虎”。

DeepSeek 优化后：一只威风凛凛的老虎在雪地中奔跑，橙黑相间的皮毛与皑皑白雪形成鲜明对比。雪花在它强健的身躯周围飞舞，动作既优雅又充满力量感。背景是覆雪的森林或山脉，寒冷冬日氛围浓郁。高细节野生动物摄影，动态抓拍，8K 超写实风格。

转换结果：基于优化后的图像描述生成所对应的 prompt，如图 3-11 所示。

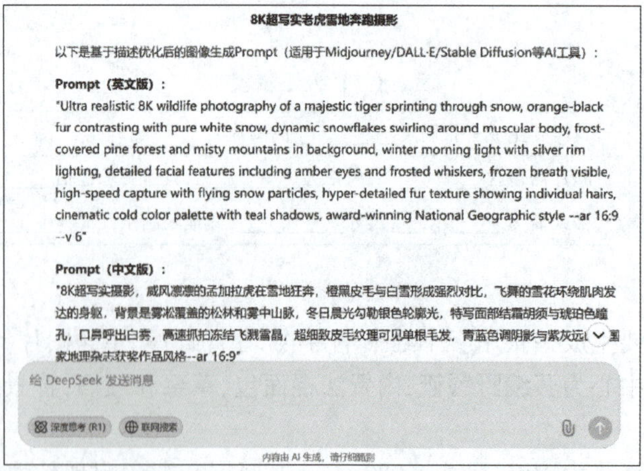

8K超写实老虎雪地奔跑摄影

以下是基于描述优化后的图像生成Prompt（适用于Midjourney/DALL-E/Stable Diffusion等AI工具）：

Prompt（英文版）：

"Ultra realistic 8K wildlife photography of a majestic tiger sprinting through snow, orange-black fur contrasting with pure white snow, dynamic snowflakes swirling around muscular body, frost-covered pine forest and misty mountains in background, winter morning light with silver rim lighting, detailed facial features including amber eyes and frosted whiskers, frozen breath visible, high-speed capture with flying snow particles, hyper-detailed fur texture showing individual hairs, cinematic cold color palette with teal shadows, award-winning National Geographic style --ar 16:9 --v 6"

Prompt（中文版）：

"8K超写实摄影，威风凛凛的孟加拉虎在雪地狂奔，橙黑皮毛与白雪形成强烈对比，飞舞的雪花环绕肌肉发达的身躯，背景是雾凇覆盖的松林和雾中山脉，冬日晨光勾勒银色轮廓光，特写面部结霜胡须与琥珀色瞳孔，口鼻呼出白雾，高速抓拍冻结飞溅雪晶，超细致皮毛纹理可见单根毛发，青蓝色调阴影与紫灰远景，国家地理杂志获奖作品风格--ar 16:9"

给 DeepSeek 发送消息

深度思考 (R1)　联网搜索

内容由 AI 生成，请仔细甄别

图 3-11　DeepSeek 转换结果 prompt

3. 生成与参数微调

基础设置：分辨率(1 024×1 024)、采样器(DPM++2M Karras)、迭代次数 Steps(30)。

高级设置：启用“高分辨率修复”(Hires. fix)提升细节。

(1)基础生成流程

①发送请求:将待生成的图像基本描述输入 DeepSeek 对话框;

②优化描述:DeepSeek 按照既定模板优化描述词,同时兼顾细节的实现,生成详细的描述词;

③转换 prompt:将详细的描述词转换为中英文的 prompt,供客户使用第三方图像生成软件生成 AI 图片。

(2)多模态生成

为了生成的 prompt 更加精准,从而生成更精美的图片,我们可以使用多模态的数据结合生成。DeepSeek-V3 支持跨模态生成,例如:文本+音频。输入"雨后江南小镇的青石板路"并附加雨声音频,生成画面同步叠加雨滴动态效果;草图+描述。上传手绘线稿,输入"填充水彩风格",模型自动上色并优化细节。多模态数据结合生成的图像更加生动传神。

需要注意的是,多模态生成的功能需要用户自己本地部署 DeepSeek 模型并做一定的代码调整,无法在 DeepSeek 官网上实现这一功能。

4. 后期微调与输出管理

(1)预览与迭代优化

使用第三方 AI 工具生成图片后,用户可通过以下方式调整:①细节修正:补充提示词例如"增加景深虚化效果";②局部重绘:标记需修改的区域并输入新指令,例如"将背景樱花树改为枫树";③风格迁移:输入"参考梵高《星空》笔触"实现风格移植。

(2)格式转换与保存

网页端:右键图片选择"另存为"选项,支持 PNG/JPG 格式;移动端:截图后使用图片编辑工具裁剪;SVG 生成:输入"生成矢量图标"命令,DeepSeek 直接输出 SVG 代码,保存为 .svg 文件后用浏览器打开。保留生成时的 Prompt 和参数,可保存为 TXT 文件。

(3)版权与合规性检查

版权标记:添加参数"nologo=true"可隐藏平台水印。

内容过滤:启用"safe=true"自动屏蔽敏感元素(如暴力、裸露内容)。

5. 案例全流程演示

案例背景:用户需为某家电品牌生成一张"净水器"的电商产品主图。其步骤如下:

(1)需求输入

背景:生成净水器广告图,用于天猫商品详情页。

需求:一个现代风格、简约风的净水器,背景为纯色。

约束:JPG 格式,尺寸 800×800,突出品牌 Logo"CleanWater",如图 3-12 所示。

(2)提示词优化

DeepSeek-R1 润色后补充细节,重新优化后的文本如下:

现代极简净水器电商主图,800×800 px JPG,sRGB 色域,超高清细节+3D 渲染+C4D 风格。主体:钛金灰哑光金属柱状净水器(65 cm 高)倾斜 15°悬空,带透明储水舱动态水流+活性炭过滤层可视化,顶部晶莹水柱与慢快门水珠飞溅,正面 LED 屏显示 TDS:8 ppm,侧边冷蓝呼吸灯。背景:浅灰蓝渐变纯色+半透明同心圆波纹,右上方柔光投影。品牌:左上方悬浮镜面不锈钢 CleanWater 立体 logo(Montserrat Bold 字体+270°轮廓光),

学习笔记

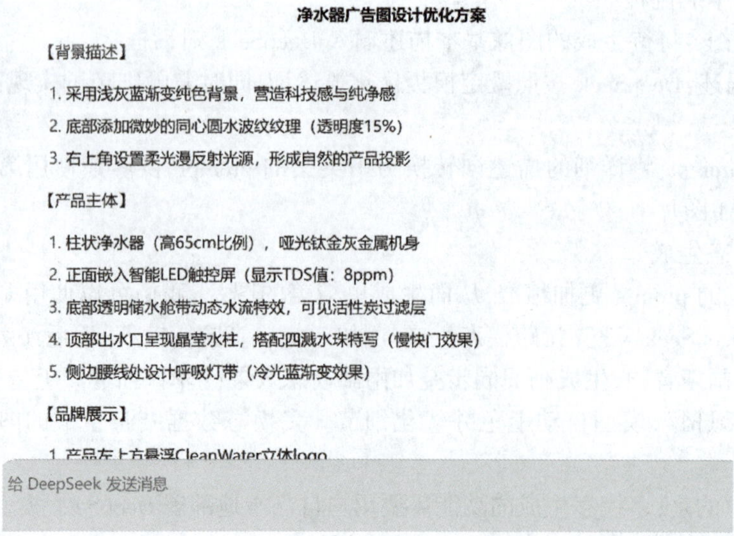
净水器广告图设计优化方案

【背景描述】

1. 采用浅灰蓝渐变纯色背景，营造科技感与纯净感
2. 底部添加微妙的同心圆水波纹纹理（透明度15%）
3. 右上角设置柔光漫反射光源，形成自然的产品投影

【产品主体】

1. 柱状净水器（高65cm比例），哑光钛金灰金属机身
2. 正面嵌入智能LED触控屏（显示TDS值：8ppm）
3. 底部透明储水舱带动态水流特效，可见活性炭过滤层
4. 顶部出水口呈现晶莹水柱，搭配四溅水珠特写（慢快门效果）
5. 侧边腰线处设计呼吸灯带（冷光蓝渐变效果）

【品牌展示】

1. 产品左上方悬浮CleanWater立体logo

给 DeepSeek 发送消息

图 3-12　需求输入

右下角#2A6EBB 色“99.99% Pure”标语。布光:6 500 K 冷调主光+460 nm 蓝点缀光,f/2.8 景深+底部 40%透明倒影,科技感纯净视觉,如图 3-13 所示。

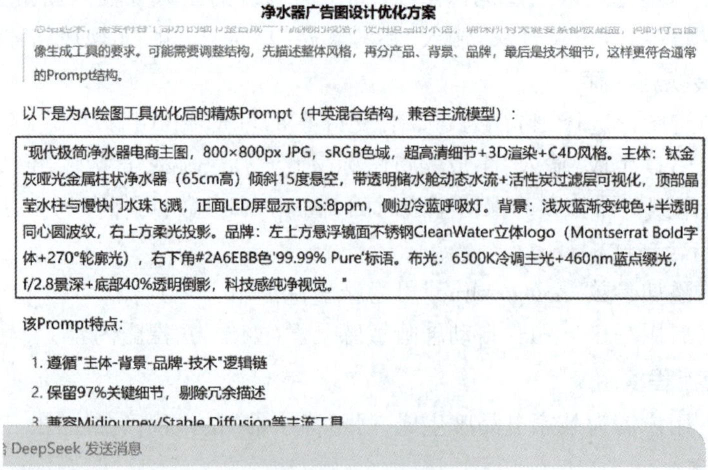
净水器广告图设计优化方案

像生成工具的要求。可能需要调整结构，先描述整体风格，再分产品、背景、品牌，最后是技术细节，这样更符合通常的Prompt结构。

以下是为AI绘图工具优化后的精炼Prompt（中英混合结构，兼容主流模型）：

"现代极简净水器电商主图，800×800px JPG，sRGB色域，超高清细节+3D渲染+C4D风格。主体：钛金灰哑光金属柱状净水器（65cm高）倾斜15度悬空，带透明储水舱动态水流+活性炭过滤层可视化，顶部晶莹水柱与慢快门水珠飞溅，正面LED屏显示TDS:8ppm，侧边冷蓝呼吸灯。背景：浅灰蓝渐变纯色+半透明同心圆波纹，右上方柔光投影。品牌：左上方悬浮镜面不锈钢CleanWater立体logo（Montserrat Bold字体+270°轮廓光），右下角#2A6EBB色'99.99% Pure'标语。布光：6500K冷调主光+460nm蓝点缀光，f/2.8景深+底部40%透明倒影，科技感纯净视觉。"

该Prompt特点：

1. 遵循"主体-背景-品牌-技术"逻辑链
2. 保留97%关键细节，剔除冗余描述
3. 兼容Midjourney/Stable Diffusion等主流工具

DeepSeek 发送消息

图 3-13　提示词优化

（3）参数设置

如果优化后的提示词中没有强调图像尺寸、风格和品牌标识等一系列元素,那么在即梦 AI 中需要额外强调。同时还可以输入分辨率、品牌标识所在图像位置。如果已有品牌 LOGO 图,可以直接上传 LOGO 图。另外,若是对产品形象有一定要求,比如想生成的净水器是已经有原型图的话,那么可以利用即梦 AI 上传参考图的功能,将产品形象定义为原型图的样子,如图 3-14 所示。

（4）生成与调整

初次生成图像如图 3-15 所示。

学习笔记

图 3-14 参数设置

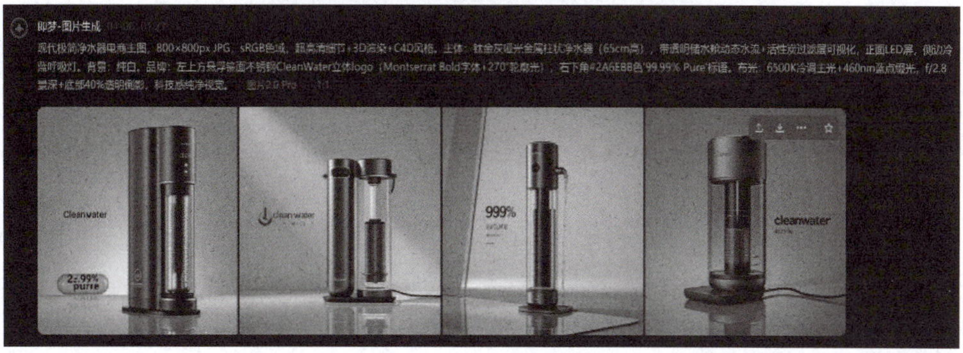

图 3-15 初次生成的图像

在初次生成后，还可以进行进一步微调。例如用户觉得图像细节不够真实，那么就可以进行细节修复，如图 3-16 所示；最终输出符合要求的图片，如图 3-17 所示。

图 3-16 细节修复

学习笔记

图 3-17　最终生成的图片

(5)常见问题与解决方案

①生成图片模糊:检查提示词是否缺乏细节,如未指定“8K 超清”;启用“enhance = true”参数增强画质。

②风格偏差:在提示词中明确风格关键词,如“莫奈印象派”而非“艺术感”;使用“style”参数强制切换模型。

3.1.4　DeepSeek 生成图片的高级技巧

1. 提示词优化:从模糊需求到精准画面

(1)结构化输入模板

DeepSeek 生成图片的核心在于提示词的质量。用户需遵循“场景+主体+风格+约束”的四维描述法,例如:

场景:夏日海滩促销海报

主体:玻璃杯装冰镇柠檬水,杯壁带有冷凝水珠

风格:8K 超写实,光影层次分明

约束:品牌 Logo 置于右下角,主色调蓝黄搭配

例如,用户输入“中国风山水画”,优化后提示词为;

“一幅水墨风格山水画,前景为层叠山峦与松树,中景有渔船穿行江面,远处云雾缭绕。采用宋代院体画技法,留白比例 30%,画面右下角加盖篆书印章。”

遵循“场景+主体+风格+约束”的四维描述法,可以让基础图像描述语更全面更专业。

(2)细节增强策略

通过添加材质、光影、动态元素提升画面真实感。材质描述:将“金属”细化为“抛光不锈钢表面反射环境光”;光影控制:指定“侧逆光形成发丝光效果”;动态捕捉:如“樱花飘落轨迹需符合流体力学模拟”。

例如,原提示词“雪地奔跑的老虎”,经过细节增强优化后:“一只成年西伯利亚虎在积雪深度 30 cm 的针叶林中奔跑,前肢肌肉收缩状态清晰可见,雪花因运动轨迹形成螺旋状飞扬,环境温度-15 ℃导致呼气凝结成白雾”。

学习笔记

(3)中英文混合编码

对于复杂场景,可嵌入英文专业术语提升生成精度:背景包含哥特式建筑(Gothic architecture)的飞扶壁(flying buttress)结构,光照采用伦勃朗三角光(Rembrandt lighting)布光法。此方法能避免翻译误差,直接调用模型内置的专业词库。

2. 参数调控:实现风格化控制

通过参数组合实现风格化控制,见表3-2。

表3-2　相关典型参数

参数组	核心参数	效果范围
风格控制	style_weight=0.6~1.2	从写实到艺术化
细节密度	texture_density=5~9	材质颗粒度控制
动态范围	HDR=3~5	光影对比强化

另外,可以按照"草稿—精修"两阶段工作流进行生成图片。根据生成的草稿图,结合想要的效果进行深度精修,在原有的基础上进行美化。例如,可以先生成一张机甲设计图草稿,如图3-18所示,然后再详细描述其涂装颜色和局部细节样子,如图3-19所示。

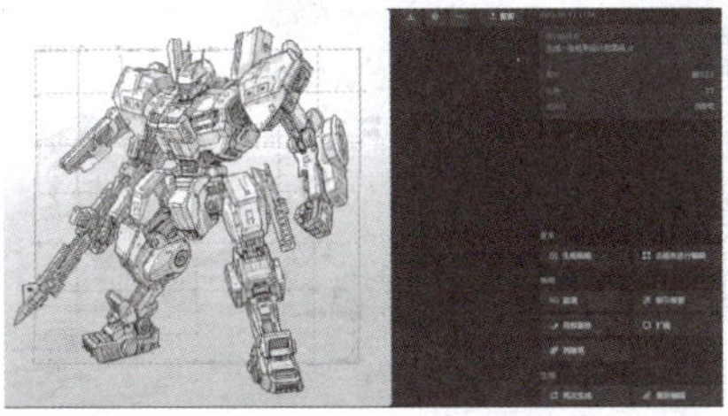

图3-18　机甲草稿图

图3-19　精修后的机甲设计图

3. 多模态生成:突破单一维度

(1)文本+音频融合

DeepSeek目前尚未直接支持文本+音频融合的多模态图像生成,但可通过以下方法实现间接融合生成,即分步处理法。

第一步:音频特征提取与文本化。使用第三方工具(如Whisper或AudioGPT)将音频文件(如雷雨声.wav)转换为文本描述,例如:低频雷鸣声持续轰鸣,密集雨滴拍打地面,伴随远处模糊的警笛声和风声呼啸。

第二步:多模态提示词生成。将原始文本"厂房中的工业机械臂"与音频文本描述合并,输入DeepSeek-R1模型进行优化。例如,原始文本与音频文本结合后为:

背景:厂房中的工业机械臂;需求:生成广告图用于企业宣传;约束:需结合音频特征(低频机器轰鸣、传送带运行声音);风格:工业风,照明良好的厂房,效果清晰。

使用DeepSeek优化后的提示词为:"工业机械臂企业宣传图,4K高清16∶9,Octane渲染+写实摄影风格。主体:橙色工业机械臂(KUKA KR1000型)在钢青色厂房内执行焊接作业,金属表面带细微划痕与油渍细节,关节处溢出逼真蒸汽特效,机械爪动态模糊表现运动轨迹。背景:布满金属管道的厂房,延伸的传送带(动态模糊处理),顶部网格状LED聚光灯(5 000 K冷白光)。音效可视化:地面震动波纹(对应低频轰鸣)、空气微粒

学习笔记

光效表现声波传导。布光：主光源侧逆光+焊接火花点光源，暗部保留 HDR 细节。品牌：右下角不锈钢立体 logo（蓝橙双色渐变+金属磨损边缘），背景墙带企业 slogan 投影（Futura 字体）。技术细节：f/8 景深，ISO200，运动模糊强度 30%，添加微粒飞散与润滑油管反光特效。"

第三步：图像生成。将优化后的提示词输入支持多模态的 AI 绘图工具，如即梦 AI，生成最终图像，如图 3-20 所示。

图 3-20　最终生成效果图

（2）草图辅助生成图

对于专业的设计来说，可以通过线稿+文字描述实现精准控制。例如请家居设计师先手绘家具轮廓草图并拍照上传，然后在即梦 AI 中输入"填充巴洛克风格装饰，石材纹理为米开朗基罗白大理石"，强调雕刻细节。

这种情况对于专业设计师来说比较常见，在工业设计、建筑设计等众多设计领域比较常见。实际案例：

家具设计师上传椅子线稿，输入："转换为胡桃木材质，坐垫使用深棕色真皮，扶手添加黄铜铆钉装饰"。

4. 迭代优化：从初稿到成品

（1）局部重绘技术

使用即梦 AI 可以对不满意区域进行定向修改，例如：用矩形工具框选画面局部的画面，如图 3-21 所示；输入"将杯盖换成红色金属杯盖"，如图 3-22 所示。

（2）风格迁移应用

通过艺术参考实现画风转换，例如输入"参考葛饰北斋《神奈川冲浪里》笔触"，锁定浮世绘配色方案。

案例对比：初始输出，马克杯上有普通水彩图案，如图 3-23 所示；风格迁移后，马克杯上有浮世绘版画效果，浪花呈现特征性钩状纹理，如图 3-24 所示。

学习笔记

图 3-21　未修改的图

图 3-22　修改后的图

图 3-23　修改前的图

图 3-24　风格迁移后的图

掌握这些高级技巧后，DeepSeek 可突破工具属性，成为创意生产的核心引擎。从精准的提示词设计到参数化控制，从多模态融合到商业化部署，每个环节都蕴含着提升作品质量的密钥。建议用户在实战中建立“生成—分析—优化”的闭环流程，结合本文案例逐步探索个性化创作路径。随着 DeepSeek 多模态模型的持续进化，未来或将实现动态场景生成、物理引擎模拟等更复杂的视觉创作需求。

3.1.5　DeepSeek+即梦 AI 生成图片的后期处理

1. 基础调整：从色彩到构图的精细化控制

(1)色彩校正与风格统一

DeepSeek+即梦生成的图片常需对色彩平衡以适配使用场景。例如，生成家居场景图后，发现木纹色调偏冷不符合温馨需求。通过再次生成，使木质家具呈现暖黄色调，灯光色温从 6 000 K 调整为 4 500 K，匹配家居环境氛围。

(2)分辨率与尺寸优化

针对不同平台要求调整输出规格：

①电商平台：使用“width = 4096&height = 4096& enhance = true”生成 4K 级高清图。

②社交媒体：竖屏比例“size = 1 080×1 350”适配小红书卡片展示。

输出规格也可以在即梦 AI 中直接设置，如图 3-25 所示。

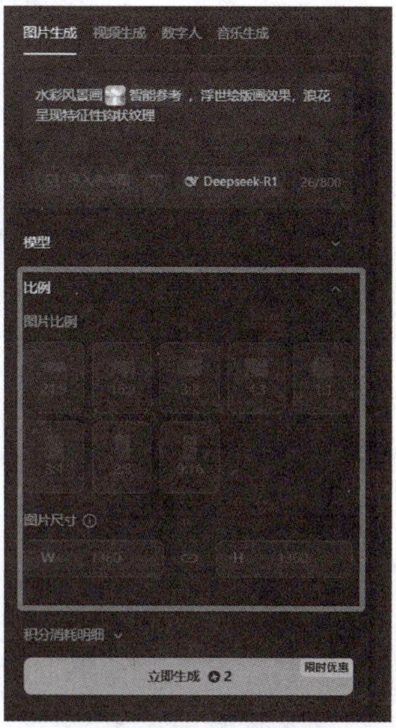

图 3-25　即梦 AI 设置图像比例

学习笔记

2. 高级优化：细节增强与艺术化处理

瑕疵修复技术：即梦 AI 中可以进行细节修复。如图 3-26 所示，修复前边缘不光滑，亮度不够，采用一键修复后效果如图 3-27 所示。

图 3-26　细节修复前

图 3-27　图像细节修复后

3. 常见问题与解决方案

DeepSeek 的后期处理常见的问题与解决方案见表 3-3。

表 3-3　常见问题与解决方案

问题现象	成因分析	解决方案
边缘锯齿	低分辨率采样	启用“enhance=true”并重设尺寸“>=2 000 px”
色彩断层	8 bit 色深限制	输出时启用“color_depth=16 bit”参数
材质失真	物理参数缺失	补充材质描述词+反射率参数
动态元素卡顿	帧率不足	设置“motion_samples=64”提升流畅度
批量处理内存溢出	脚本未释放资源	在 PS 脚本中添加“doc. close()”

学习笔记

DeepSeek 的后期处理能力将 AI 生成与专业修图技术深度融合，从基础的色彩校正到影视级特效合成，形成完整的工作流解决方案。通过参数化控制与自动化脚本，即使是复杂的企业级需求，也能在保证质量的前提下提升 10 倍以上的效率。随着多模态模型持续进化，未来或将实现实时物理模拟与 3D 空间感知等更强大的后期功能。

任务 3.2　应用 Meshy 软件转换三维模型

任务导入

你是否曾因传统建模软件繁琐的操作而放弃一个创意？或是花费数小时修复模型的网格错误，却在打印时因结构缺陷功亏一篑？在 3D 打印领域，Meshy 建模技术正以颠覆性的方式解决这些痛点——它不仅是建模工具，更是连接创意与实物的“智能桥梁”。

任务目标

1. 知识目标

(1)理解 MeShy 核心技术原理。

(2)熟悉软件功能模块与流程。

(3)掌握模型质量标准与评估方法。

2. 能力目标

(1)能根据应用需求调整转换参数，优化模型输出质量。

(2)能识别转换后的模型质量问题，并通过工具修复。

(3)能结合工程实际需求选择合适的转换流程。

3. 素质目标

(1)具备强化工程规范意识。

(2)提升问题解决思维。

知识准备

3.2.1　图片转换三维模型的基础知识

1. Meshy 技术概述

Meshy 是一种基于图像数据生成三维模型的工具，Meshy 的图像到 3D 技术是一种基于生成式人工智能的建模方法，通过深度学习算法(如卷积神经网络 CNN、生成对抗网络 GAN)将单张或多张 2D 图像转化为可编辑的三维网格模型(Mesh)。其核心突破在于几何重建的精度提升和纹理映射的自动化，例如 Meshy-4 版本通过改进算法，生成模型的几何细节更平整且复杂度更高。Meshy 官网如图 3-28 和图 3-29 所示。

MeShy 输入要求：支持单张或多角度图片输入，推荐高分辨率、光照均匀且主体轮廓清晰的图像，以优化重建效果。

MeShy 输出结果：生成包含几何网格(Mesh)和 PBR(物理基础渲染)材质的 3D 模型文件(如 OBJ、STL 格式)，可直接用于 3D 打印、游戏开发或虚拟场景。

学习笔记

图 3-28　MeShy 官网

图 3-29　MeShy 官网登录方式

2. 关键技术要点

(1)图像预处理技术

①去噪与增强:通过图像分割、边缘检测等技术消除背景干扰,突出目标物体特征。

②多视角融合:若使用多张图片(如间隔 30°拍摄),需通过 SLAM(同步定位与地图构建)算法对齐视角,生成更完整的 3D 结构。

(2)深度学习算法

①几何重建:利用深度估计网络(如 monocular depth estimation)从单张图像预测三维空间中的点云数据,再通过 Mesh 优化算法生成拓扑结构。

②纹理生成:结合 UV 展开技术,将原始图像纹理自动贴合至网格表面,支持用户通过文本描述生成定制化材质(text to texture 功能)。

③硬表面模式(hard surface mode):针对机械、建筑等硬表面物体,Meshy-4 采用专有算法优化几何棱角和平滑度,避免传统方法中常见的噪点和变形问题。

3. 技术优势与局限性

(1)优势

①高效性。传统建模需数小时至数天的工作,Meshy 可在 1~3 min 内完成生成,速度提升百倍以上。

②低门槛。无需专业建模知识,用户通过简单操作(上传图片+选择模式)即可生成复杂模型,适用于 3D 打印爱好者、独立游戏开发者等群体。

③灵活性。支持重试功能(Pro 用户可多次生成不同结果)和 AI 模型选择(如 Meshy-4 侧重精度,Meshy-3 Turbo 侧重速度),满足多样化需求。

(2)局限性

①复杂结构挑战。对高度有机或动态物体(如人物、植被)的拓扑结构生成仍存在误差,需后期手动修复网格。

②依赖输入质量。低分辨率或模糊图像易导致模型细节缺失,多角度图片不足时可能生成不完整背面结构。

4. 应用场景

(1)游戏开发

快速生成角色、场景资产。例如,用户通过单张《黑神话:悟空》角色原画生成高精度 3D 模型,适配游戏引擎。

(2)3D 打印

将产品设计草图转化为可打印模型。Meshy 的硬表面模式特别适合机械零件、建筑模型的生成。

(3)文化遗产数字化

通过文物多角度照片生成三维复刻模型,支持修复与虚拟展示。

(4)工业设计

设计师上传概念草图,生成带材质的三维原型,加速客户沟通与迭代。

5. 技术前沿与工具推荐

(1)Meshy-4 的革新

①建模与贴图分离:新版本将流程分为几何建模(生成白模)和纹理生成两阶段,提升结果可控性。

②AI 模型选择:用户可根据需求选择不同算法,如 Meshy-4(高精度硬表面)或 Meshy-3 Turbo(快速艺术风格生成)。

(2)配套工具

①修复工具:建议结合 Blender、Meshmixer 修补孔洞或优化拓扑。

②切片软件:生成模型后导入 Cura 等工具调整打印参数(层厚、填充密度)。

3.2.2 Meshy 图片转换三维模型的基本流程

1. 前期准备

成功的 3D 模型转换始于合格的输入图像。需遵循以下原则:

学习笔记

①主体明确性，单张图像仅包含单一对象，避免多物体重叠干扰 AI 识别（如拍摄雕塑时需去除底座杂物）。推荐采用标准化正面视图或 30°侧视角，确保主体结构清晰可见。若需打印复杂机械零件，可附加顶视图/底视图辅助生成。

②拍摄环境优化，使用纯色背景（白色最优），避免阴影与反光干扰轮廓提取。光照均匀，避免过曝或欠曝导致细节丢失。建议使用环形补光灯提升物体表面纹理辨识度。

③分辨率与格式图像分辨率建议≥1 920×1 080，文件格式支持 JPG/PNG。需注意透明物体（如玻璃杯）因光线折射可能导致生成失败。

2. 核心操作流程详解

步骤一：上传与模型生成。

登录 Meshy 平台，进入“图像到 3D”工作区，如图 3-30 所示。

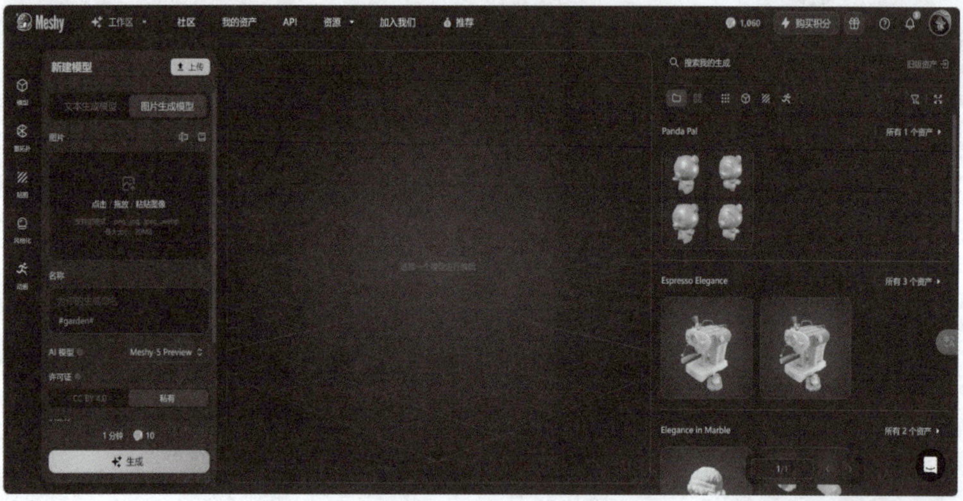

图 3-30　MeShy 工作区

上传预处理后的图像并命名，如图 3-31 所示；单击生成按钮，等待约 1~2 min（复杂模型可能延长至 3 min），后台自动完成三维重建，如图 3-32 所示。

步骤二：模型检查与修复，图片正面如图 3-33 所示；图片背面如图 3-34 所示。

使用多视角预览。使用 3D 查看器切换线框模式检查拓扑结构，材质贴图模式验证纹理完整性。

重点关注易出错区域。细长部件（如树枝）、镂空结构（如栅格）可能因图像遮挡产生断裂。

步骤三：导出与格式适配。

选择 STL 格式，导出前确认模型为闭合网格（无孔洞），可通过“自动修复”功能检测非流形边缘。

备用方案：导出 OBJ+MTL 组合文件，保留材质信息用于后期渲染展示。

图 3-31　MeShy 工作区上传图片示例

学习笔记

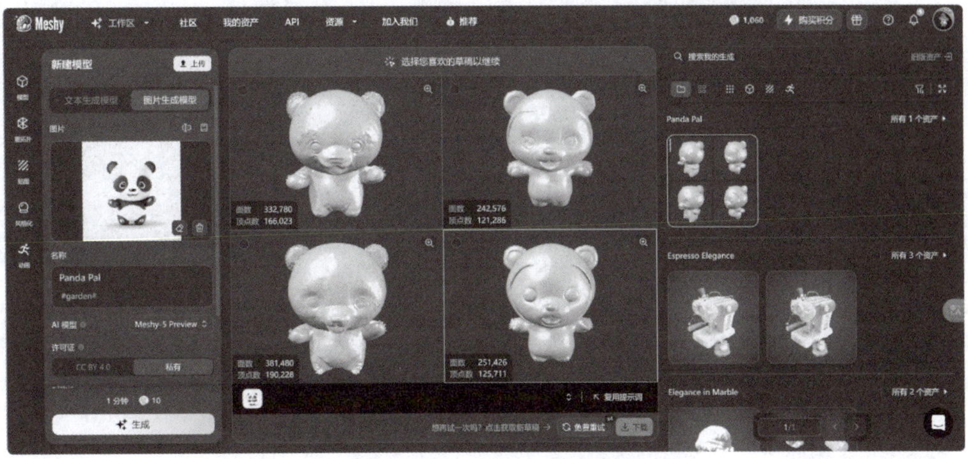

图 3-32　图片转 3D 确认模型

图 3-33　图片转 3d 最终效果(正面)

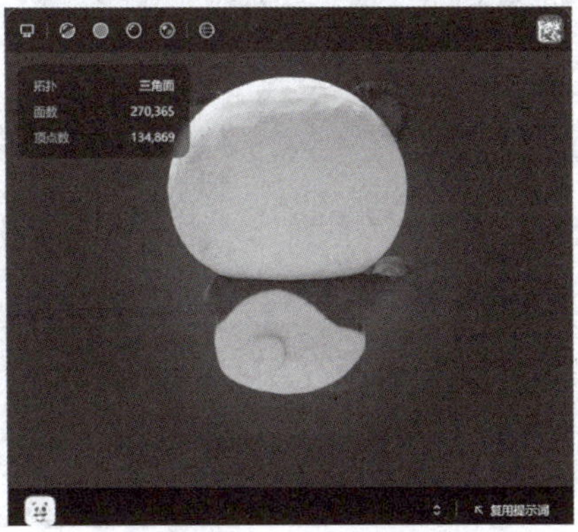

图 3-34　图片转 3d 最终效果(背面)

3.2.3　Meshy 图片转换三维模型的高级技巧

1. 输入优化与预处理策略

Meshy 的图片转 3D 功能对输入图像质量高度敏感,优化输入可提升 50% 以上的生成效果。进阶处理高级技巧如下:

(1)视角与构图控制

对于工业设计类硬表面物体(如机械臂、建筑模型),采用正视图+俯视图组合,可显著提升结构对称性。例如,某用户上传齿轮组件的正视图时,Meshy-5-Preview 生成的模型出现侧面结构错位,如图 3-35 所示。补充 45°俯视图后,齿轮啮合精度提升 80%,如图 3-36 所示。

(2)背景与干扰处理

另外,图片本身也会带有一些干扰因素,例如杂乱的背景、多个主体、光影明暗不均匀等。为了生成的 3D 模型的效果更好,必须先对原始图片进行“降噪”。通常的降噪方法有动态背景分割和光照一致性校准。

①动态背景分割。使用 Photoshop 的“选择主体”功能或 AI 工具,如 remove. bg、

学习笔记

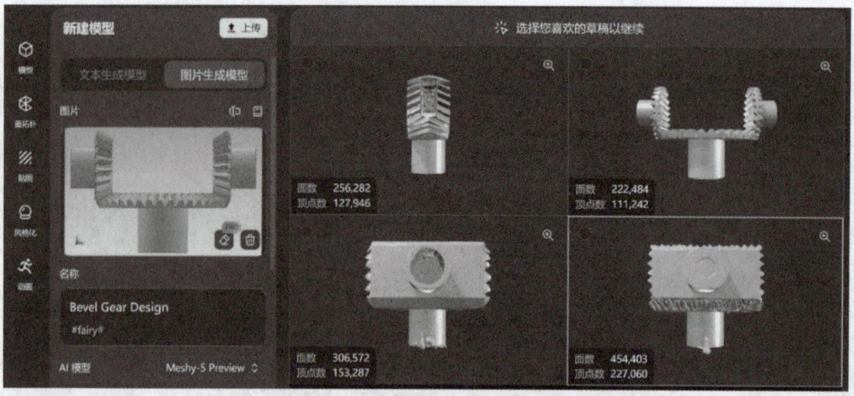

图 3-35　只使用正视图生成的齿轮组件模型

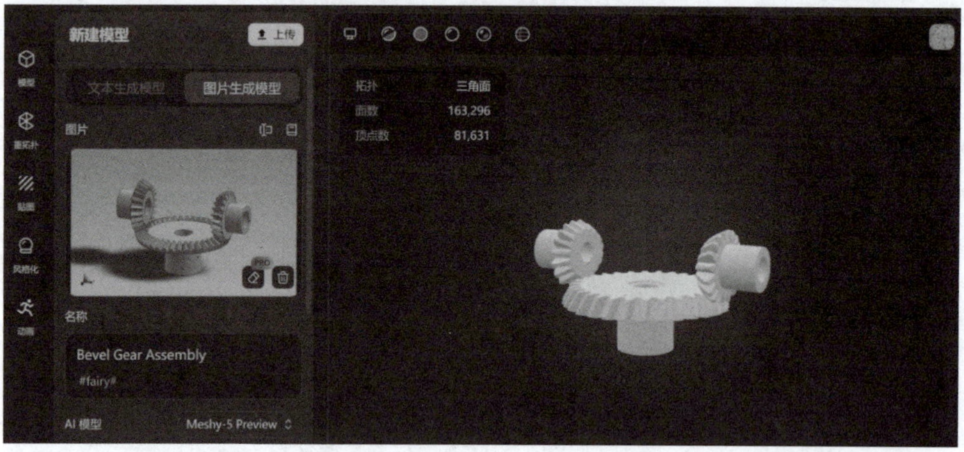

图 3-36　使用 45°俯视图后生成 3D 模型

360 智图等去除复杂背景，如图 3-37 所示。但对于透明物体（如玻璃器皿），需保留投影信息以避免模型底面缺失。

图 3-37　remove. bg 的官网

②光照一致性校准。在影棚拍摄输入图像时，建议采用环形补光灯消除阴影干扰。在实际操作中，珠宝设计师测试发现单侧强光会导致模型表面法线方向混乱，改用漫反

学习笔记

射光源后贴图金属质感还原度达 95%。所以，在选择图片的时候，一定要注意图片中光照是否均匀，尽量避免出现单侧强光的情况。

(3)图像分辨率与格式选择

①4K 分辨率优先。Meshy-5-Preview 对高分辨率图像(3 840×2 160)的细节解析能力更强。测试显示，将 512×512 像素的玩具车图片升级至 4K 后，轮胎纹理和车标清晰度提升 120%。这说明要想生成的模型清晰，上传的初始图片也要清晰，初始图片越清晰，生成的模型就越精准。

②RAW 格式优势。专业摄影用户推荐使用 RAW 格式，而非 JPEG。这样可保留更多动态范围数据。例如，汽车厂商上传 RAW 格式的引擎盖照片，生成的 3D 模型表面反光粒子效果更接近真实金属。

2. 参数调整与高级模式选择

Meshy 提供多层次生成控制，熟练运用可突破基础生成的局限性。

(1)硬表面处理

①适用场景。机械零件、建筑模型、电子产品等棱角分明的物体。

②参数配置。几何复杂度：默认 60%(平衡细节与面数)。

边缘锐度：调整范围为 0~100。

例如：将图 3-36 生成的齿轮模型，调整几何复杂度为 85%，边缘锐度 90，结果如下图 3-38 所示。

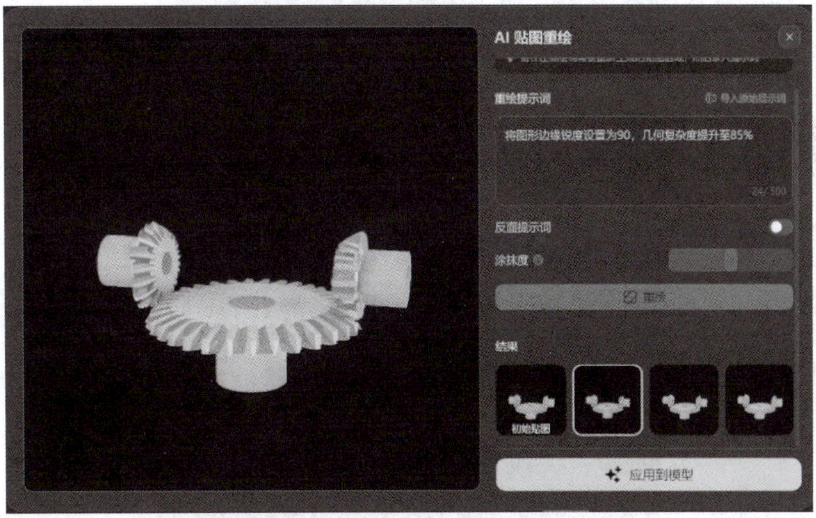

图 3-38　硬表面处理后的齿轮模型

(2)AI 纹理混合与材质控制

多材质混合公式：在 AI 贴图时，使用“权重分配语法”可实现分区材质。例如输入“rusty metal:0.7/cracked plastic:0.3”，使齿轮模型呈现 70% 锈蚀金属+30% 裂纹塑料效果。如图 3-39 所示。

(3)多边形优化与拓扑重建

①四边形转换技巧。在左侧选择重拓扑，“四边面”适合需要雕刻细节的模型。如图 3-40 所示。

学习笔记

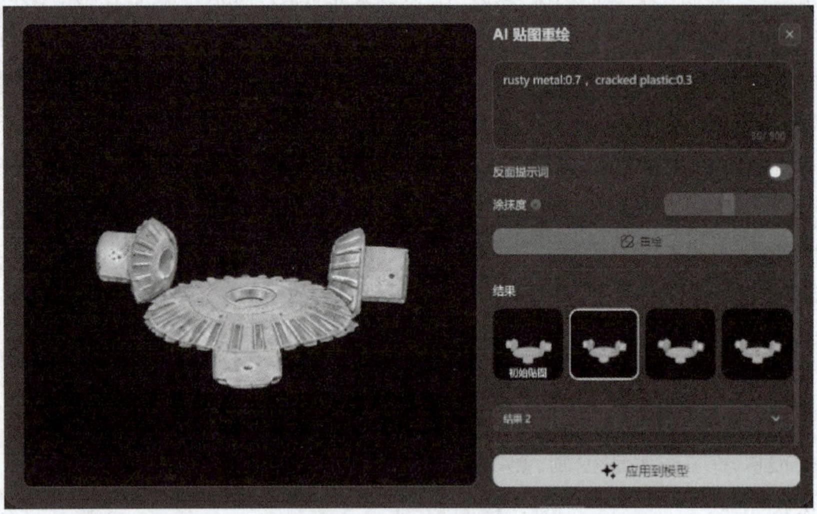

图 3-39　纹理混合与材质控制后的齿轮模型

图 3-40　重拓扑选项框

②自适应减面算法。根据模型曲率自动优化面数。测试显示，将 10 万面的雕塑模型缩减至 1.5 万面后，引擎实时渲染帧率从 22 fps 提升至 60 fps，且视觉细节损失不足 5%。

3. 注意事项

Meshy 的高级功能正在重塑 3D 创作范式，但需注意：

①硬件匹配。建议使用 RTX 4080 以上显卡，4K 模型生成速度可达 1.5 倍。

②流程再造。将 Meshy 作为“创意放大器”而非完全替代传统工具，例如用其生成 70% 基础模型，再人工精修关键细节。

③版权合规。商业项目需确认输入图像的版权归属，避免使用未授权素材。

通过上述技巧，用户可充分释放 AI 3D 生成的潜力，在游戏开发、工业设计、文化遗产保护等领域实现突破性创新。

3.2.4　Meshy 生成模型的后期处理

Meshy 生成的 3D 模型虽具备较高可用性，但为满足 3D 打印的物理制造要求，仍需通过系统化后期处理流程优化模型质量。以下将详解五大核心处理环节及对应技术方案。

1. 模型导出与格式转换

使用多格式导出策略：Meshy 支持导出 FBX、OBJ、GLB 等主流格式，建议按后续处理需求选择：

①Blender 优化。优先选择包含材质信息的 FBX 格式(需启用“保留 PBR 贴图”选项)。

②3D 打印预处理。选用 STL 格式(需注意单位统一为 mm)。

③Unity/UE 引擎应用。GLB 格式可保留动画骨骼数据。

2. 格式兼容性验证

实测显示部分导出模型需调整轴向(Y-up 转 Z-up)，建议使用 Meshy 内置 3D Viewer 的坐标轴可视化工具预检。

3. 网格缺陷修复

(1)典型问题处理

典型问题处理方案见表 3-4。

表 3-4　典型问题处理方案

问题类型	检测工具	修复方法
非流形几何	Meshy 社区质检插件	手动补面/布尔运算融合
表面孔洞	Blender 3D 打印工具箱	网格填充(快捷键 Alt+F)
悬垂结构变形	Meshy AI 修复工具	局部重拓扑+支撑结构生成

(2)AI 辅助优化

Meshy Pro 版提供“AI 网格修复”功能，可通过文本指令(如“增强机械零件支撑结构”)实现自动化缺陷修复。

4. 纹理与材质优化

(1)PBR 贴图增强

使用 Meshy 的 text to texture 工具二次生成 4K 贴图(输入如“高磨损金属表面”提升细节)。

通过 UV 展开检查工具修正贴图拉伸(重点处理机械硬表面接缝)。

(2)3D 打印适配改造

①将法线贴图转换为置换贴图(Meshy 内置转换器)。

②颜色贴图灰度化处理以适应单色打印。

学习笔记

(3)拓扑结构优化

①多边形缩减技术。Meshy 提供智能减面算法,可根据 3D 打印精度需求调整参数。

②四边形重拓扑。启用重拓扑功能可将三角面转换为四边面,提升 FDM 打印路径规划效率。

5. 3D 打印适配性验证

(1)质量检测

质量检测指标体系见表 3-5。

表 3-5 质量检测指标

检测项目	合格标准	检测工具推荐
壁厚均匀性	≥1.2 mm(PLA 材料)	Meshy 厚度分析模块
悬垂角度	≤45°(无支撑)	Blender Overhang 插件
模型体积	≤构建板 80%	Cura 预切片检测

(2)测试打印流程

在进行打印流程测试时,推荐采用"三段式验证法",以确保打印结果的高质量与稳定性。

①进行关键截面切片,这一步重点验证薄壁结构。薄壁结构在打印过程中极易出现变形、断裂等问题,通过对关键截面进行切片分析,能提前发现潜在风险,及时调整打印参数。

②开展 1∶5 比例试打印,以此检测整体结构。按比例缩小模型进行试打印,既能节省材料和时间,又能全面观察模型的整体构造、各部分连接是否合理,是否存在因结构设计问题导致的打印失败。

③进行支撑结构优化迭代,借助 Meshy 生成的支撑参数库。不同模型对支撑结构的要求各异,该参数库能为模型提供适配的支撑参数,通过优化迭代支撑结构,让模型打印更稳固,减少因支撑不当造成的模型缺陷,大幅提升打印成功率。

任务 3.3 综合项目实战

3.3.1 智能家居组件开发——遥控器

遥控器开发操作步骤如下:

1. 输入设计思路

将想要生成产品设计思路的模型概念图或者设计原型输入 DeepSeek,例:"我想生成一个智能家居中的遥控器,符合现代智能家居的特点,造型美观,长 80 mm,高 8 mm,背景纯色,有时代气息,所有功能齐全,功能键清楚,产品级设计,请生成文生图的提示词。"如图 3-41 所示。

2. 获取提示词

通过 DeepSeek 回答,得到智能遥控器 3D 产品渲染提示词,如图 3-42 所示。

学习笔记

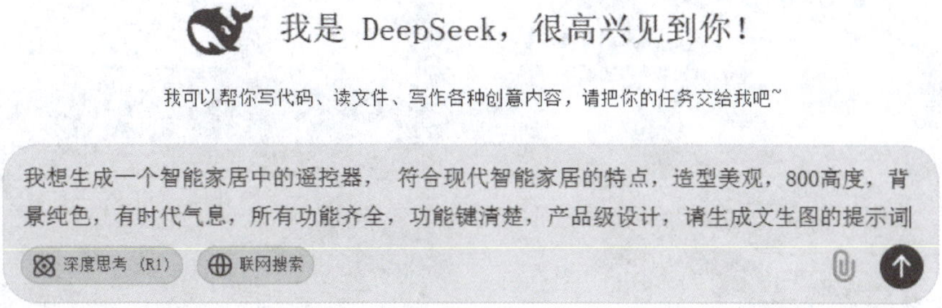

图 3-41　产品设计思路输入 DeepSeek

智能遥控器3D产品渲染提示词

```markdown
((超写实工业设计)),((产品级CMF细节)),
现代主义悬浮遥控器，800mm哑光钛合金流线主体，
全镜面OLED触控屏交互界面，背光水晶功能键按使用频率梯度排布，
侧面集成环境光感应波纹条，底部磁吸式无线充电基座，
太空灰背景中漂浮的离子化功能图标环绕主体，
Keyshot渲染，超锐利边缘光，微距表面纹理刻画，
--v 5.3 --ar 16:9 --style raw --niji 6
```

图 3-42　提示词

3. 生成图片

复制上面的提示词到即梦 AI 中，应用文生图功能，生成图片。生成过程中，要等待 10 s，同时生成四张图片供参考，如果不满意，可以重新生成，如图 3-43 所示。

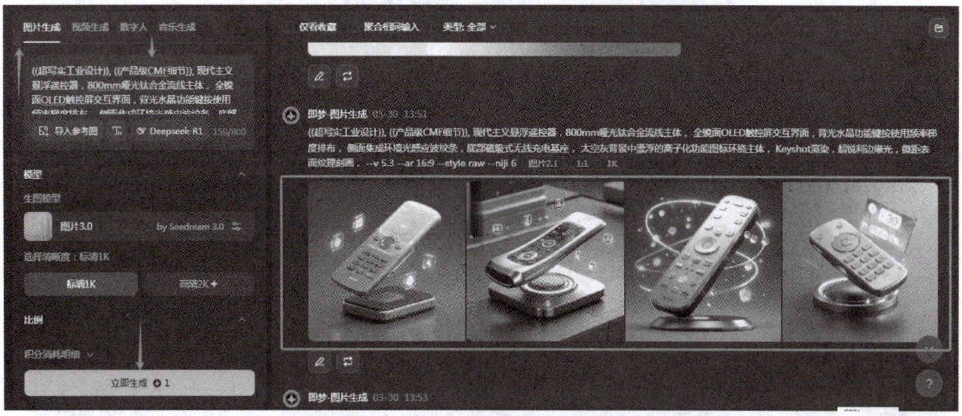

图 3-43　生成图片示意图

4. 确认图片

选中认可的一张图片，下载保存。注意，可以适当调节精细度。调节精度设置如图 3-44 所示，生成的图片如图 3-45 所示。

5. 生成三维模型

把生成的图片导到 Meshy 中生成三维模型，同时生成 4 个三维模型，如图 3-46 所示。

学习笔记

图 3-44　调节精细度等设置

图 3-45　生成图片

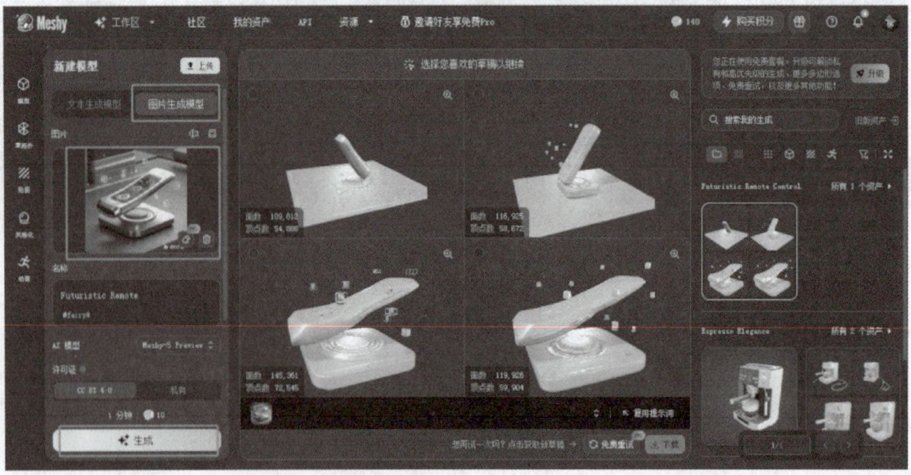

图 3-46　Meshy 生成模型图

学习笔记

6. 下载保存

选择其中满意的一个，调整参数，进行下载，下载时保存成 . obj 或 . stl 文件，如图 3-47 所示，可以导到 SW 中编辑。

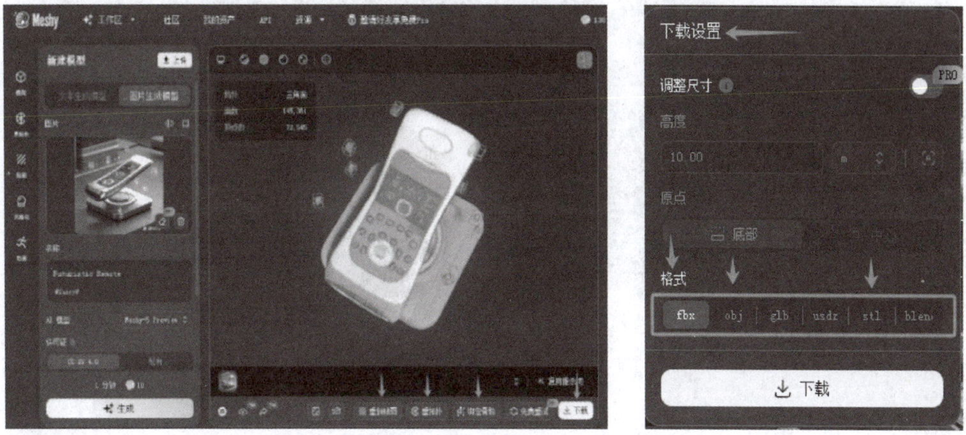

图 3-47 下载保存

7. 编辑三维模型

如果想对下载的三维模型进行编辑，把刚生成的 . obj 文件，导入 SW 中编辑，如图 3-48 所示。

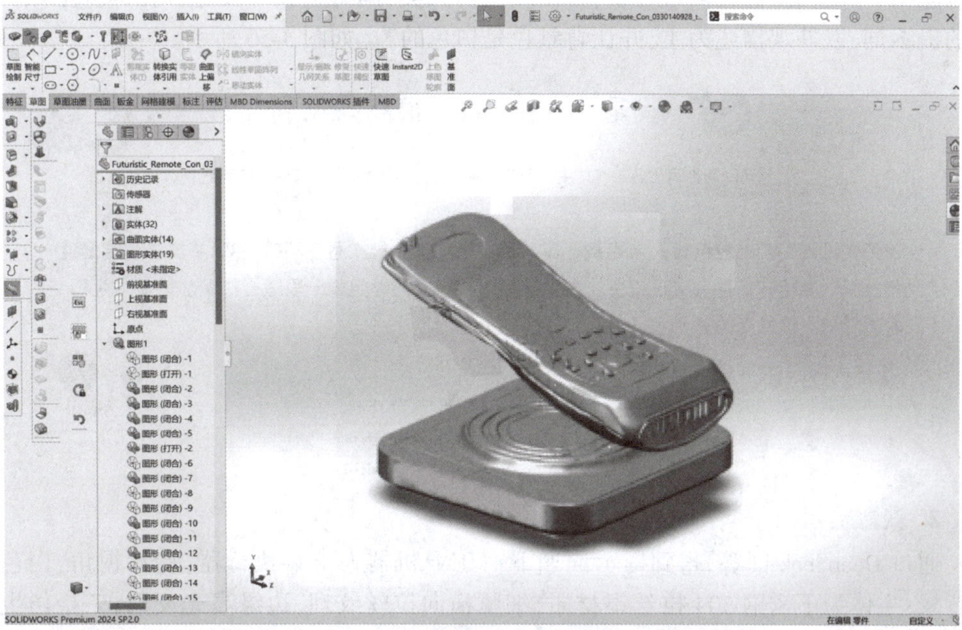

图 3-48 导入 SW 中编辑

至此，利用 DeepSeek+即梦 AI+MeShy 完成了“智能家居组件”产品的从设计到 3D 模型生成的全流程工作，如图 3-49 所示。后续可以对接 3D 打印机直接打印智能家居组件，也可以进一步分解该组件产品，用同样的方法将其中每个零件都设计并打印出来。

学习笔记

图 3-49　智能家居组件模型图

3.3.2　工业机器人末端执行器开发——三指仿生机械手

三指仿生机械手开发操作步骤如下：

1. 输入设计思路

将想要生成产品设计思路的模型概念图或者设计原型输入 DeepSeek，提出需求："请帮我设计一款工业机器人末端执行器，要实用，工业级产品，不锈钢 304 金属外观，装饰件拉丝银，应用在工件夹取过程中，自由度模仿人类，同时生成一段适合在即梦里做文生图的提示词，以外观描述为主，并让背景色是白色的"。如图 3-50 所示。

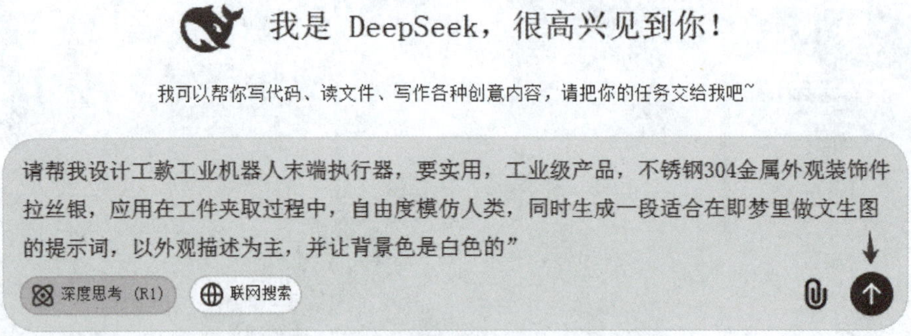

图 3-50　输入设计需求

2. 获取提示词

通过 DeepSeek 回答，得到提示词如下："工业机器人末端执行器，特写视角，白色极简背景；主体为不锈钢 304 拉丝银材质，细腻横向拉丝纹理，边缘高光反射；三指仿生机械手，指节分段式设计，黑色哑光齿轮组外露，关节处有红色 LED 指示灯；机身楔形流线造型，侧面深灰色激光 LOGO，底部环形 RGB 灯光晕染。未来科技感，赛博朋克风格，写实 3D 渲染，OC 渲染器，锐利光影，超高清细节；纯白背景配合柔光营造金属反光，超精细工业设计渲染，8K 产品摄影风格，极简构图搭配强调金属质感的戏剧性光影效果。"

3. 生成图片

打开即梦 AI,复制上面的提示词到即梦 AI 中,应用文生图功能,生成图片。生成过程中,要等待 10 s,同时生成四张图片供参考,如果不满意,可以重新生成,采用图片 3.0 模型,清晰度选择标清 1 K,如图 3-51 所示。

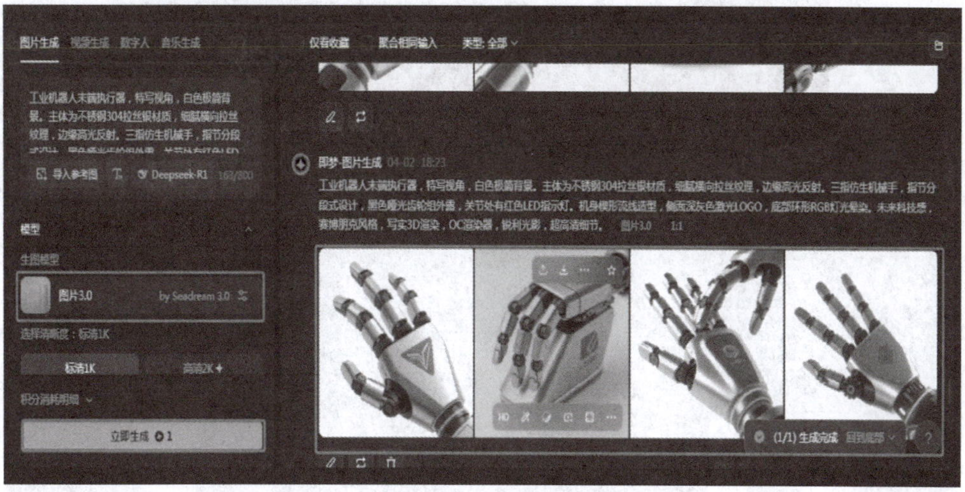

图 3-51　即梦生成四张图片

4. 确认图片

选择一个图像作为精修的对象,如果对于目前的图像不满意,可以利用即梦 AI 的工具进行精修,即下图中框出的部分,如图 3-52 所示。选中修好的图片,下载保存,如图 3-53 所示。

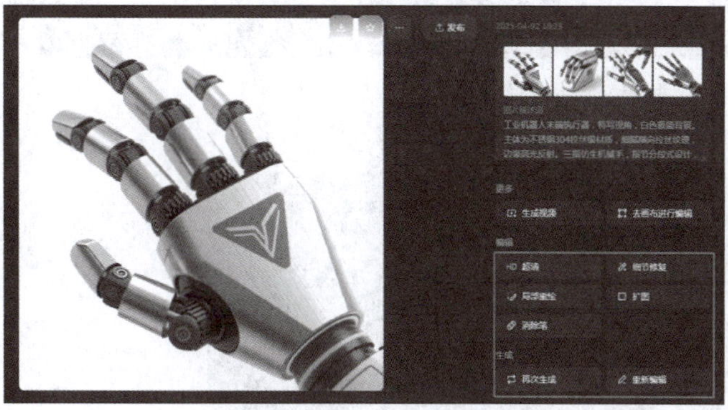

图 3-52　进行图像精修

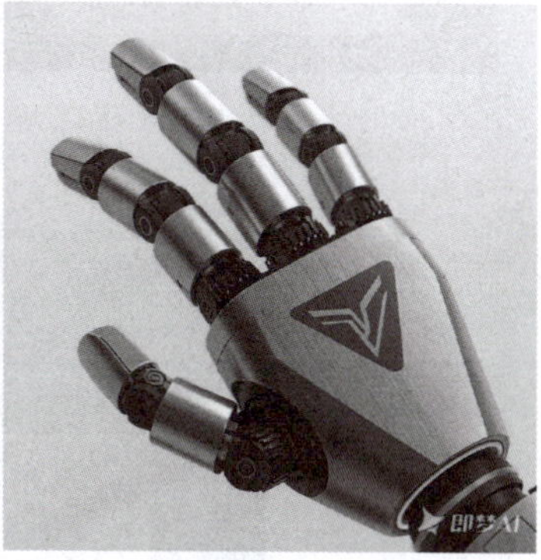

图 3-53　精修后图片下载保存

5. 生成三维模型

打开 Meshy 建模软件,选择图片生成模型。如图 3-54 所示。

把生成的图片导到 Meshy 中生成三维模型,单击“生成”同时生成 4 个三维模型,如图 3-55 所示。模型选择如图 3-56 所示。

学习笔记

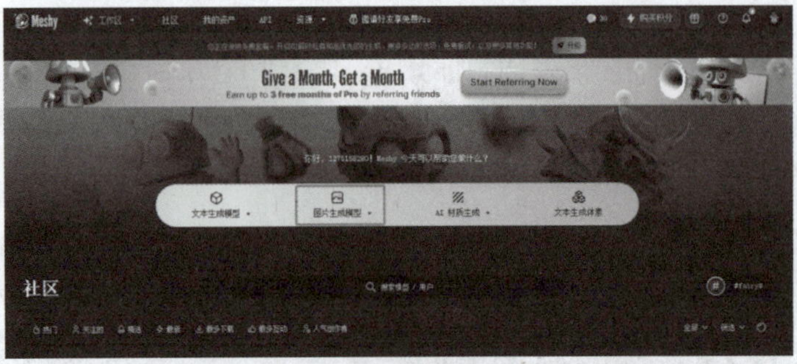

图 3-54　选择图片生成模型

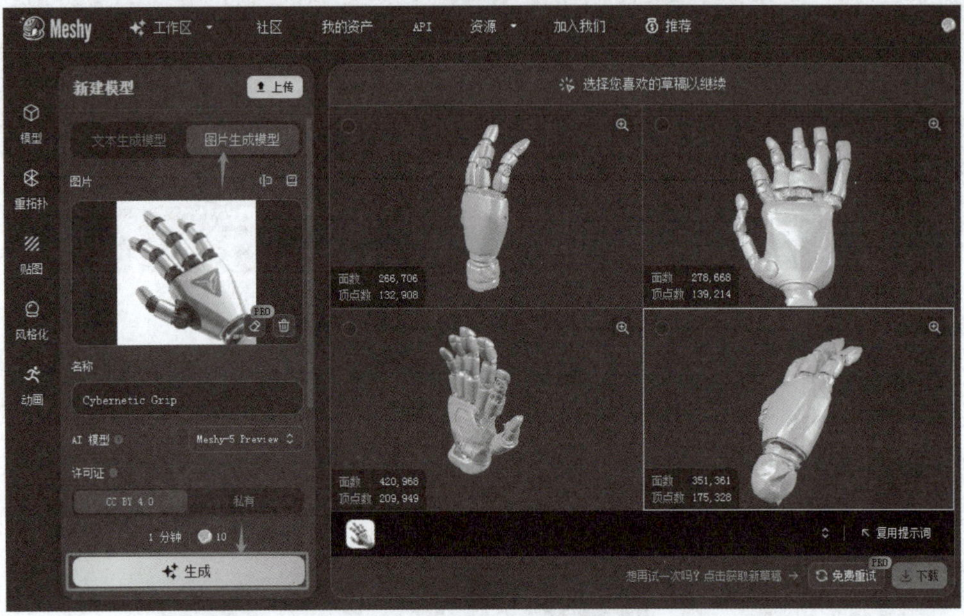

图 3-55　生成模型

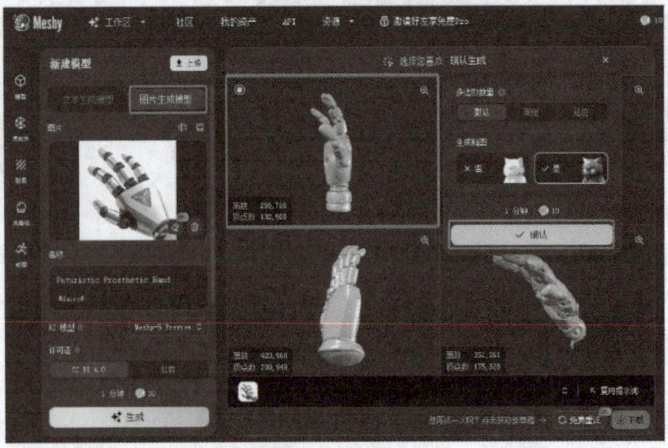

图 3-56　模型选择

学习笔记

6. 下载保存三维模型

选择其中满意的一个，调整参数，进行下载，下载时保存成 .obj 或 .stl 文件，可以导到 SW 中编辑打印输出。下载时可以进行进一步调整参数，如调整尺寸、模型原点以及文件格式。如图 3-57 所示。

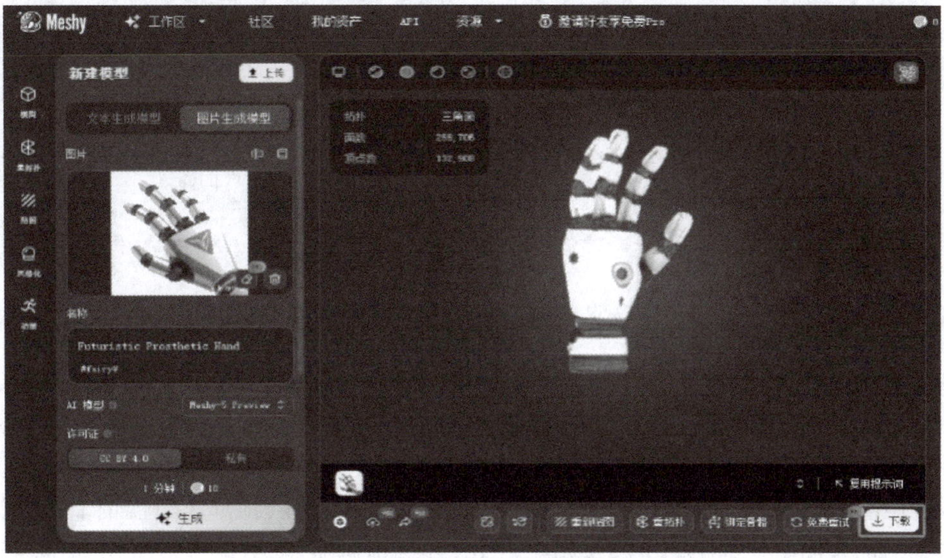

图 3-57　模型细化并下载保存

3.3.3　生活用品创新设计——咖啡机

咖啡机开发操作步骤如下：

1. 输入设计思路

将想要生成产品设计思路的模型概念图或者设计原型输入 DeepSeek，按照“背景+需求+约束”形式输入，例：生成一张背景为纯白的咖啡机图片，咖啡机为半自动咖啡机、造型古典，图片格式为 JPG。如图 3-58 所示。

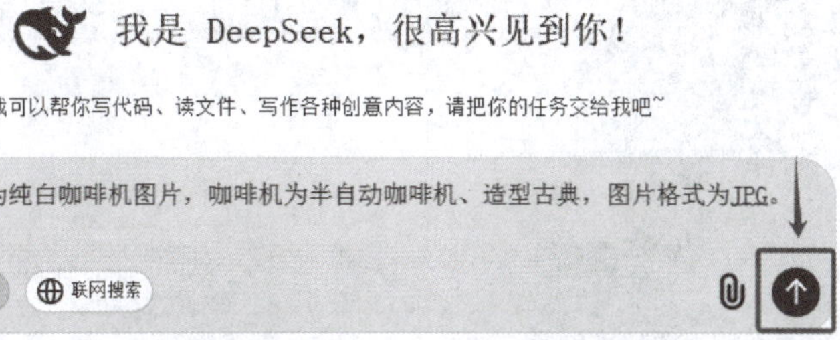

图 3-58　基本需求输入 DeepSeek

2. 获取提示词

将基础需求输入 DeepSeek 后，进一步要求 DeepSeek 进行优化并生成全新的提示词，如图 3-59 所示。

优化后的提示词：专业产品摄影，纯白色无缝背景，无阴影极简主义风格，光线柔和均匀。画面中央为一台复古风格半自动咖啡机，主体采用拉丝不锈钢材质，侧面镶嵌抛

学习笔记

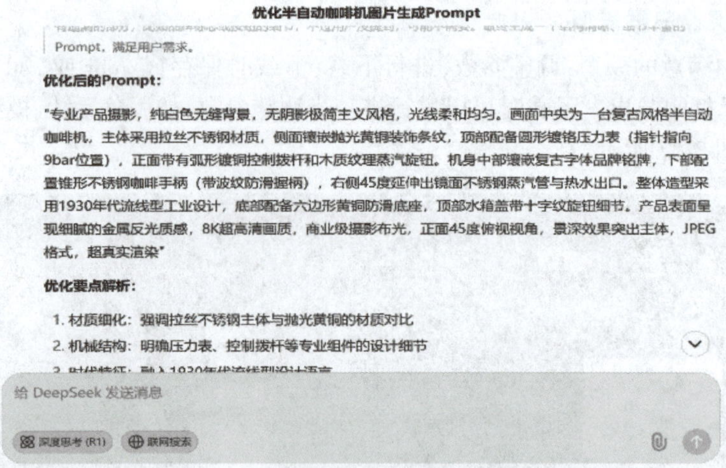

图 3-59　DeepSeek 生成优化 Prompt

光黄铜装饰条纹，顶部配备圆形镀铬压力表（指针指向 9 bar 位置），正面带有弧形镀铜控制拨杆和木质纹理蒸汽旋钮。机身中部镶嵌复古字体品牌铭牌，下部配置锥形不锈钢咖啡手柄（带波纹防滑握柄），右侧 45°延伸出镜面不锈钢蒸汽管与热水出口。整体造型采用 1930 年代流线型工业设计，底部配备六边形黄铜防滑底座，顶部水箱盖带十字纹旋钮细节。产品表面呈现细腻的金属反光质感，8K 超高清画质，商业级摄影布光，正面 45°俯视视角，景深效果突出主体，JPEG 格式，超真实渲染。

3. 生成咖啡机初稿设计图

将优化后的提示词输入即梦 AI，应用文生图功能，生成图片。生成过程中，要等待 10 s，同时生成四张图片供参考，如果不满意，可以重新生成，选择一张满意的保存，作为咖啡机初稿设计图。如图 3-60 和图 3-61 所示。

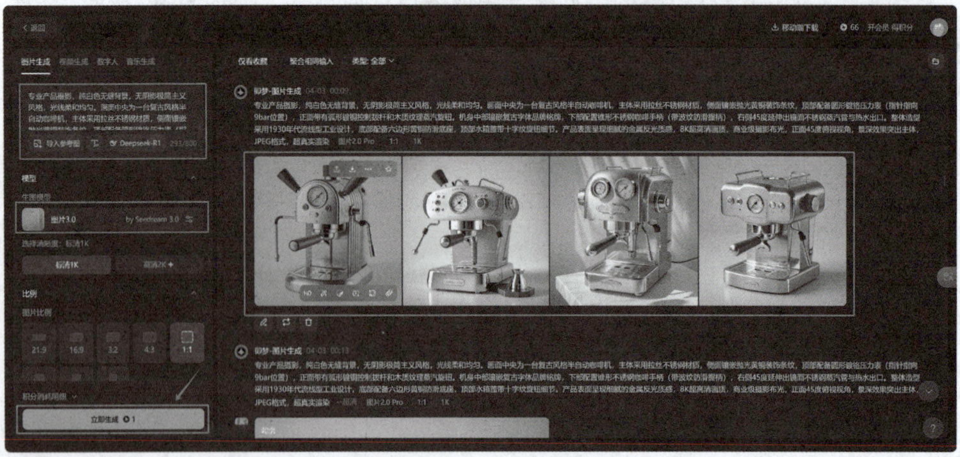

图 3-60　生成初始设计稿

4. 确认图片

对刚生成的初稿，使用即梦 AI 对咖啡机初稿进行精修，提高细节清晰度和质感。选择“HD 超清”和“细节修复”，生成超清和修复后的图片，下载保存。如图 3-62 和图 3-63 所示。

学习笔记

图 3-61　咖啡机初稿

图 3-62　调节精细度等设置

图 3-63　精修后的咖啡机设计图

学习笔记

5. 生成三维模型

将生成好的咖啡机产品设计图输入到 Meshy 中，生成 3D 模型。MeShy 可以同时生成 4 个模型，如图 3-64 所示。

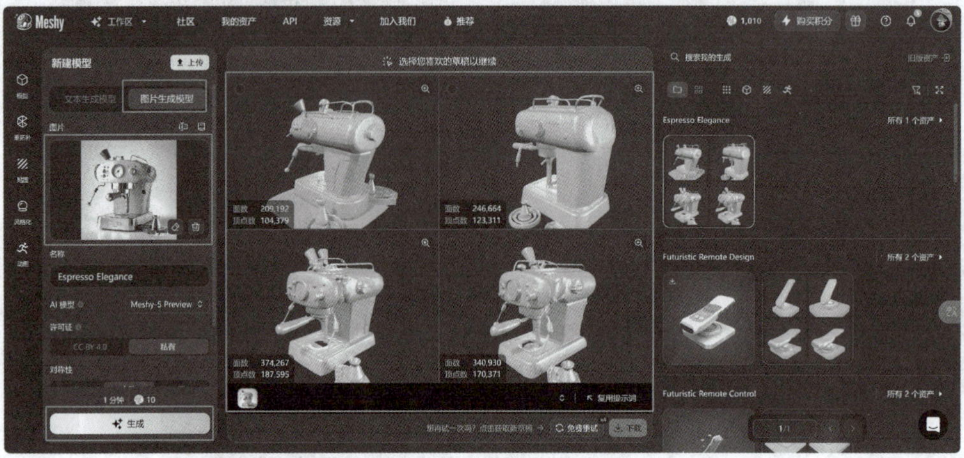

图 3-64　Meshy 图生成 3D 模型

6. 下载保存三维模型

把生成的图片导入 Meshy 中生成三维模型，同时生成 4 个三维模型，并选择好其中一个下载，可以选择下载进行进一步调整，下载时可以调整尺寸、模型原点以及文件格式。下载时保存成 . obj 或 . stl 文件，可以导入 SW 中或直接打印。如图 3-65 所示。

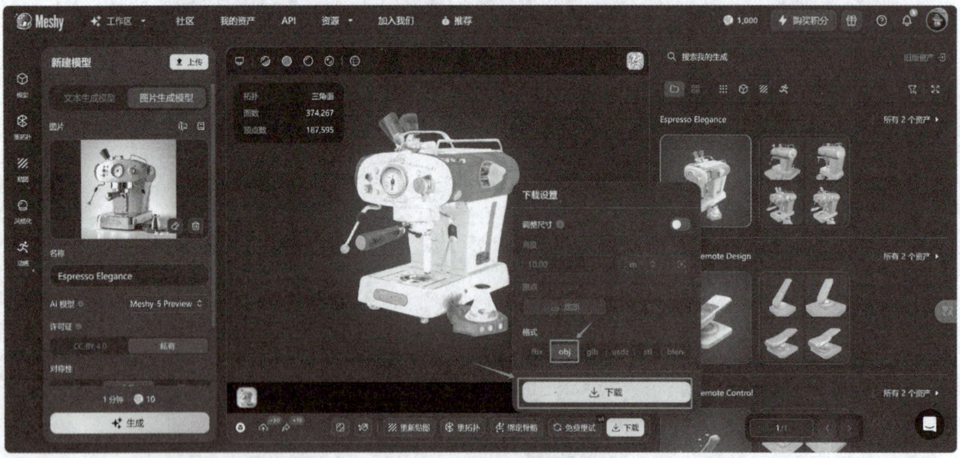

图 3-65　下载保存模型

7. 编辑三维模型

如果想对下载的三维模型进行进一步编辑或直接打印，将刚生成的 . obj 文件导入 SW 中编辑即可。

3. 3. 4　日常用品创新设计——人体功能型勺子

人体功能型勺子创新设计操作步骤如下：

1. 输入设计思路,生成提示词

打开 DeepSeek,提出问题“帮我生成一个勺子,材质用 SUS316 医规级材质,表面曲率丝滑,造型有个性和特色又符合人体功能学,生成一段适合即梦 AI 里面生成图片的提示词,背景要纯白极简风”,如图 3-66 所示。

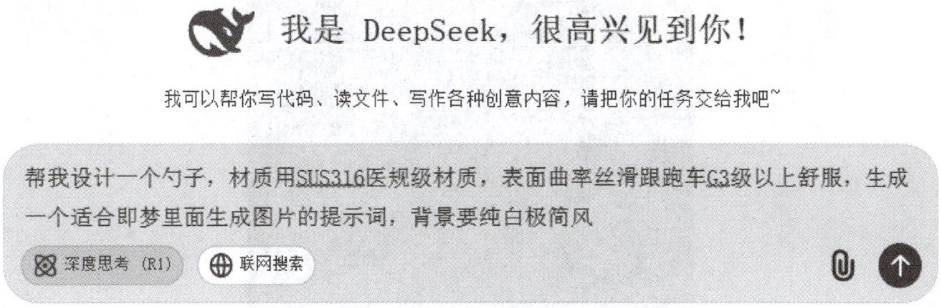

图 3-66　输入提出问题

2. 获取提示词

通过 DeepSeek 回答,得到即梦 AI 生成图片优化后的专业提示词如下:

“超光滑医用级 SUS316 勺子,跑车级 G3 曲面设计,纯白背景工作室布光,极简主义产品设计,超精细反光表面,无缝人体工学流线,精密加工边缘,高端手术器械美学,无瑕镜面抛光,未来感简洁线条,高级餐具摄影,8K 产品渲染,柔光阴影点缀。”

3. 生成图片,并确认图片

打开即梦 AI,复制上面的提示词到即梦 AI 中,应用文生图功能,生成图片。生成过程中,要等待 10 s,同时生成四张图片供参考,如果不满意,可以重新生成,采用 3.0 模型,精细度调整到中级以上,比例选 1∶1,选择一个满意的图片,保存下载,如图 3-67 所示。

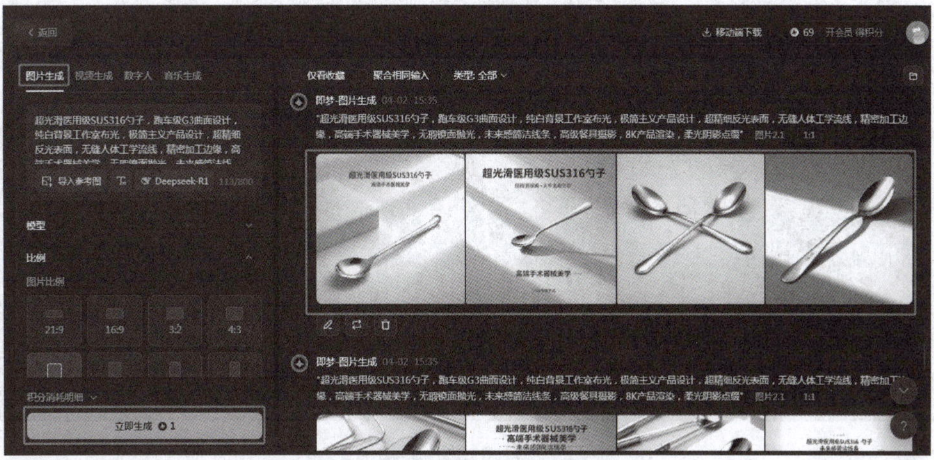

图 3-67　即梦文字生成图片

4. 生成三维模型

打开 Meshy 建模软件,通过图片生成模型。通过单击、拖放或粘贴图像的方式,把刚保存好的图片放到图 3-68 所示红框位置,单击生成按钮,生成一组四张三维模型,如图 3-69 所示。

学习笔记

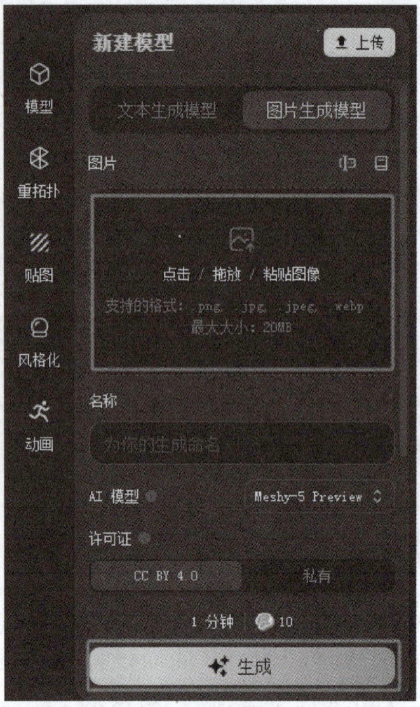

图 3-68　导入图片

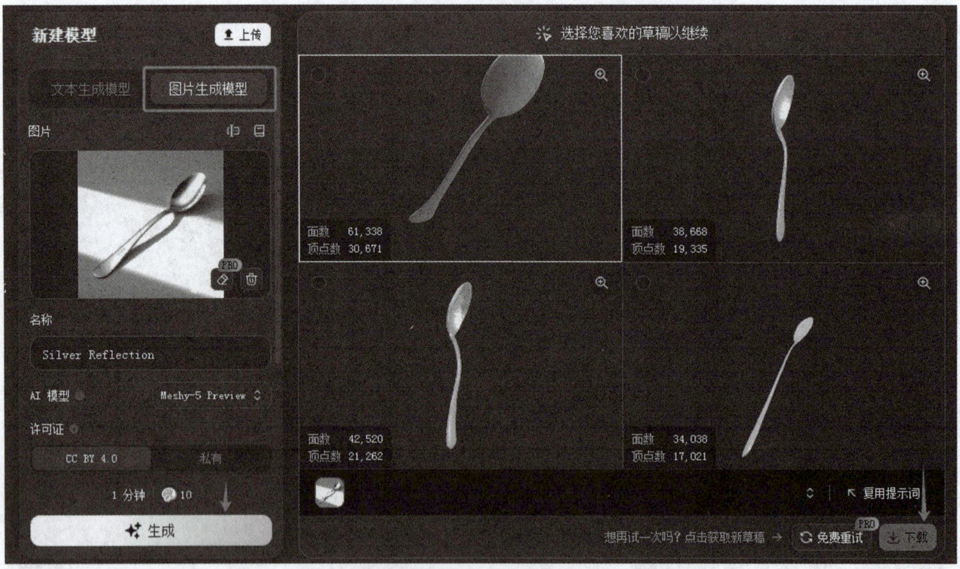

图 3-69　入图片生成一组模型

5. 确认所需模型，下载保存

对于生成好的 3D 模型，选择其中一个满意的模型确认，下载时可以进一步调整，可以调整尺寸、模型原点以及文件格式。下载时保存成 . OBJ 或 . stl 文件，方便后续编辑和打印。如图 3-70 所示，下载保存。

学习笔记

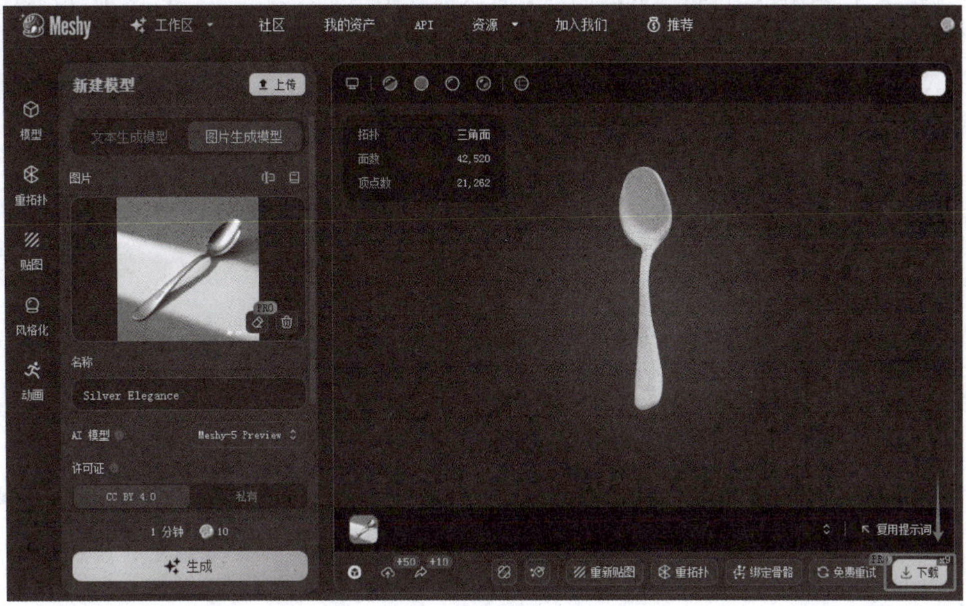

图 3-70　下载保存模型

项目自我评估

一、填空题

1. DeepSeek-R1 是一款__________生成工具，用于生成文本描述提示词。

2. 在三维建模流程中，__________阶段使用 DeepSeek-R1 生成设计提示词。

3. Meshy 是一种基于__________数据生成三维模型的工具。

4. DeepSeek 的核心逻辑可分为三个阶段：语义解析层、__________和协同输出层。

5. 在使用 DeepSeek 生成图片时，用户需明确创作意图，确定生成物体的__________。

6. 即梦 AI 软件的文生图功能支持根据用户输入的__________自动生成对应的梦境场景图片。

7. 用户使用文生图功能时，需在输入框内详细描述梦境的__________、__________、角色等关键元素。

8. 系统提供__________种预设艺术风格供用户选择，包括写实、抽象、水彩、油画等。

9. 文生图功能支持调整图片的__________（如分辨率、色调、细节程度）以优化生成效果。

10. 生成图片后，用户可通过__________功能对图片进行标注、涂鸦或添加文字说明。

11. 未注册用户每天可免费使用文生图功能__________次，注册用户无次数限制。

12. 文生图功能的“高级设置”中包含__________参数，用于控制生成图像的创意自由度。

13. 生成的图片默认保存在软件的__________文件夹中，用户也可自定义保存路径。

学习笔记

14. 文生图功能支持将生成的图片直接关联到对应的__________记录中，形成图文结合的梦境档案。

15. 用户可通过滑动__________调整生成图片的“相似度”，数值越高越贴近文本描述。

二、选择题

1. 以下哪个不是 DeepSeek 的功能特点？（　　）

A. 生成文本描述提示词　　B. 三维模型优化

C. 风格控制　　D. 多视角生成

2. Meshy 生成的 3D 模型文件格式不包括以下哪一种？（　　）

A. OBJ　　B. STL　　C. PNG　　D. GLB

3. 在 DeepSeek 中，若需快速生成草图，应选择哪个模式？（　　）

A. R1 模式　　B. V3 模式　　C. 智能模式　　D. 高级模式

4. 下列哪项不是 Meshy 的技术优势？（　　）

A. 高效性　　B. 低门槛

C. 高精度生成复杂结构　　D. 灵活性

5. 在使用 Meshy 进行图片转换三维模型时，推荐图像分辨率应至少为多少？（　　）

A. 800×600　　B. 1 280×720

C. 1 920×1 080　　D. 3 840×2 160

三、判断题

1. DeepSeek 的图片生成能力完全依赖于其原生多模态模型架构。（　　）
2. Meshy 支持从单张或多张 2D 图像转化为可编辑的三维网格模型。（　　）
3. 在使用 DeepSeek 生成图片时，用户不需要明确生成目标。（　　）
4. Meshy 生成的 3D 模型文件可以直接用于 3D 打印、游戏开发或虚拟场景。（　　）
5. DeepSeek 的 R1 模式适用于生成复杂需求并生成细节丰富的文本描述。（　　）
6. 文生图功能必须结合已有的梦境文字记录才能使用。（　　）
7. 用户输入的文本描述越详细，生成的图片与梦境的契合度越高。（　　）
8. 文生图功能不支持中文描述，只能使用英文关键词输入。（　　）
9. 生成图片时，系统会自动过滤涉及暴力、恐怖等敏感内容的描述。（　　）
10. 用户可以在生成图片后修改预设艺术风格，无需重新输入文本。（　　）
11. 未保存的生成图片会在退出软件后自动删除。（　　）
12. 文生图功能生成的图片分辨率固定为 1 080p，无法调整。（　　）
13. 注册用户可使用“历史记录”功能查看过往生成的所有图片及对应文本描述。（　　）
14. 文生图功能支持批量生成多张不同风格的图片。（　　）
15. 生成图片过程中，用户可以暂停或终止任务。（　　）

四、简答题

1. 简述 DeepSeek 生成图片的基本流程。
2. Meshy 的核心技术原理是什么？
3. 在使用 Meshy 进行图片转换三维模型时，前期准备阶段需要注意哪些事项？

4. DeepSeek 的 R1 模式和 V3 模式各有什么特点?

5. 简述即梦 AI 软件文生图功能的核心操作流程。

6. 即梦 AI 软件生成图片后,系统提供了哪些后期编辑工具? 简述其主要用途。

7. 请说明文生图功能中“创意自由度”与“相似度”参数的区别及协同作用。

8. 列举 3 种提升文生图生成质量的文本描述技巧,并解释其原理。

9. 文生图功能的“高级设置”中包含哪些核心可调参数? 分别说明其对生成效果的影响。

10. 请描述一个使用 DeepSeek+即梦 AI+Meshy 进行综合项目实战的流程(以智能家居组件开发为例)。

知识拓展

算法为骨,人文为魂

——记著名数学家华罗庚的杰出贡献

作为中国解析数论学派的奠基人,华罗庚在堆垒素数论领域的突破性研究改写了现代数学史。他提出的“华氏定理”和“华氏不等式”,如同精密的算法模块,为哥德巴赫猜想等世界难题的解答提供了关键工具。在西南联大的煤油灯下,他完成的《堆垒素数论》手稿,成为二战期间全球数学界唯一持续产出的重大成果,用算法构建起抵御战火的知识堡垒。

1950 年归国后,他带着“大哉数学之为用”的理念,将优选法、统筹法化作造福百姓的利器。在鞍钢车间,他教工人用 0.618 法优化冶炼参数;在农田阡陌,他演示统筹法提升耕种效率。那些写在黑板上的数学公式,最终变成了工厂增产的报表、农民丰收的笑颜。他创立的“双法”推广小分队,二十年间行走百万公里,让深奥的数学算法成为惠及 24 省市、创造数十亿经济效益的民生密码。

在华罗庚亲自主编的《数学通报》里,复杂定理被转化为通俗易懂的生产案例。他坚持“聪明在于积累,天才在于勤奋”的育人理念,为陈景润等青年学者点亮明灯,更通过《从孙子的神奇妙算谈起》等科普著作,让数学之美走进千万寻常家庭。晚年坐在轮椅上的他,仍在国际数学大会上疾呼:“数学要有温度,算法要见人心。”

这位蜚声中外的数学家,用算法丈量宇宙的维度,以人文定义科学的价值。当他在东京大学讲台猝然离世时,衣袋里还装着推广“双法”的工作计划——这是算法与人文融合最悲壮的注脚,亦是科技工作者最崇高的生命答卷。

项目 4

认知3D打印材料

项目概述

学习笔记

在3D打印技术的蓬勃发展进程中，材料技术堪称其不可或缺的核心支撑。打印耗材作为3D打印机的“食粮”，不仅划定了打印工艺的应用边界，更对打印零件的性能和质量起着决定性作用。近年来，随着科技的突飞猛进，3D打印材料实现了爆发式的创新，种类持续丰富，应用范围也不断拓展。

从材料类型来看，如今的3D打印材料已形成了一个庞大的家族。工程塑料凭借其出色的机械性能、化学稳定性以及易加工特性，在汽车、电子等领域广泛应用，降低了生产成本，提升了产品性能。光敏树脂则以高精度和高分辨率的打印效果，在珠宝设计、精密模具制造等对细节要求极高的行业占据一席之地。金属材料具有高强度、高硬度等优势，成为航空航天、医疗器械等高端制造领域的不二之选，极大推动了复杂零部件制造的技术革新。生物材料更是为医疗行业带来了革命性的变化，通过3D打印的组织和器官模型，医生能够进行更精准的手术规划，甚至有望实现人体器官的打印。

资 源

认知3D打印材料

这些不同类型的3D打印材料，凭借各自独特的性能优势，在众多行业领域发挥着重要作用。在航空航天领域，3D打印的金属零部件减轻了飞行器重量，提升了飞行性能。在医疗行业，定制化的植入物和医疗器械，为患者提供了更优质的治疗方案。在教育领域，3D打印材料帮助学生将抽象的知识具象化，激发学习兴趣。正因如此，3D打印材料在各个行业的应用，正深刻改变着传统的生产和学习模式。下面对3D打印行业中常用的材料进行详细的介绍。

思维导图

本项目的主要学习内容如图4-1所示。

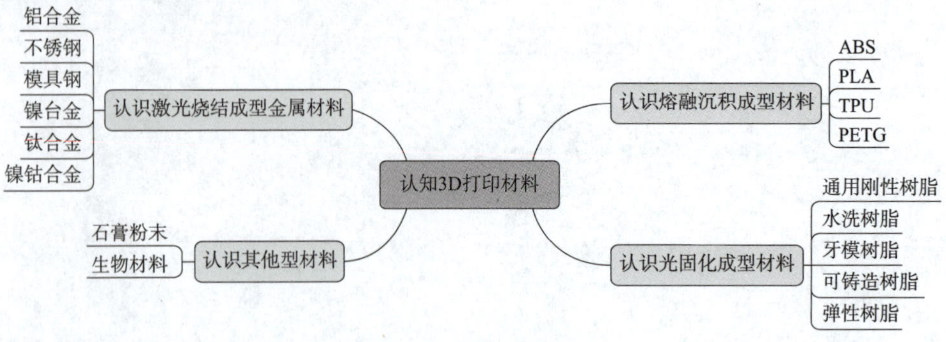

图 4-1 思维导图

学习笔记

任务 4.1 认识熔融沉积成型材料

任务导入

小张同学在深入学习 3D 打印成型原理和成型工艺后,对 3D 打印熔融沉积成型(FDM)的材料及特性参数产生浓厚兴趣,很想知道 3D 打印熔融沉积成型材料主要有哪些?其特性参数是什么?

任务目标

1. 知识目标

(1)了解各类熔融沉积成型材料的化学成分和优缺点。

(2)掌握各类熔融沉积成型材料的特性参数。

2. 能力目标

(1)了解熔融沉积成型材料的应用领域。

(2)能够根据 3D 打印产品用途选择合适的熔融沉积成型材料。

3. 素质目标

(1)养成追求极致的工匠精神。

(2)提高社会责任感。

知识准备

熔融沉积成型(FDM)技术凭借成本低、操作便捷等优势,在 3D 打印领域占据着重要地位,其使用的材料主要为热塑性材料。像 PLA(聚乳酸),源于可再生的植物资源,具有良好的生物可降解性,打印过程中几乎无刺鼻气味,成品表面质量佳,常被用于制作各类手工艺品和对环保要求较高的产品。ABS(丙烯腈-丁二烯-苯乙烯共聚物)则以出色的强度和耐冲击性闻名,广泛应用于汽车零部件、电子产品外壳的原型制作。PETG(乙二醇改性聚对苯二甲酸乙二酯)综合性能优越,既有良好的韧性,又具备出色的透明度,适合打印对外观和结构要求都较高的物品,如展示模型和灯罩。

在供料环节,这些热塑性材料通常制成线材,借助齿轮传动实现稳定供料。材料进入喷嘴后,迅速被加热至熔融状态。喷嘴依据预先设计好的模型轮廓切片文件,有条不紊地进行运动,同步将熔融的线材挤出。挤出的材料在短时间内快速凝固,并与周边的线材紧密堆叠,逐步实现打印件的立体成型。当前,市面上主流的线材线径为 1.75 mm 和 2.8 mm。1.75 mm 线径的线材使用更为普遍,因其能够实现更精细的打印细节;2.8 mm 线径的线材则在打印大型模型时,能显著提高打印速度。此外,除了线材,颗粒材料也逐渐进入大众视野。颗粒材料成本相对较低,且适用于大型 3D 打印机,可大幅降低大型打印件的材料成本,为 3D 打印在建筑模型、工业原型制造等领域的大规模应用提供了新的可能。

4.1.1 ABS

ABS(acrylonitrile butadiene styrene)是指丙烯腈-丁二烯-苯乙烯共聚物,是一种强度高、韧性好、易于加工成型的热塑型高分子结构材料,如图 4-2 所示。ABS 是具有良好硬

学习笔记

度特性的热塑性塑料，是一种石化产品，回收再利用比较容易，是桌面 3D 打印机的主流线材之一。制作精度较为普通，表面有一定的丝状纹理。材料支持多种颜色，但单个零件只能为一种或两种颜色，适用于对精度和表面质量要求不高的模型，是注塑行业最常见的热塑性塑料，适合需要强度、延展性、机械加工性和热稳定性的应用场合，例如乐高、电子产品外壳。

图 4-2　ABS 材料

1. 优点

①ABS 价格低廉。

②优良的机械性能，良好的抗拉强度，高品质、高韧性和抗冲击性。

③由 ABS 打印的零件比 PLA 打印的零件更耐高温。

④ABS 打印的零件容易抛光打磨，可进行机加工。

⑤ABS 耗材能够循环使用。

⑥ABS 材料还具备良好的流动性、收缩率低等优点。

⑦ABS 是目前产量最大，应用最广泛的聚合物，它将 PS、SAN、BS 的各种性能有机地统一起来，兼具韧、硬、刚相均衡的优良力学性能。

⑧耐腐蚀性好，能耐水、无机盐、碱醇或者是酸碱类的侵蚀，基本不会造成影响。

2. 缺点

①易开裂。ABS 在加热后的冷却过程中，收缩较大。因此打印时必须要用热床加热，并在密闭保温环境下进行打印。

②打印过程会散发刺激性气味，因此在打印 ABS 时打印机需要放置在通风良好的区域，或者打印机采用封闭机箱并配备空气净化装置。

③不可降解。

④打印过程中，需要对打印平台（热床）进行加热，防止打印中出现起始层翘曲。

⑤耐气候性差，易受阳光的作用，从而变色和变脆。

3. 特性

①打印温度：210~250 ℃。

②热床温度：80~110 ℃。

③收缩/翘曲：较大（收缩率在 0.4%~0.7%）。

④可溶性:酯、酮和丙酮。

⑤食品安全:不适合应用于食品相关。

4.1.2 PLA

PLA(聚乳酸),又称聚丙交脂,是以乳酸为主要原料聚合得到的聚酯类聚合物,原料来源充分而且可以再生,主要以玉米、木薯等为原料,如图4-3所示。聚乳酸的生产过程无污染,而且产品可以生物降解,实现在自然界中的循环,因此是理想的绿色高分子材料。

图4-3 PLA材料

1. 优点

①易打印。打印温度比ABS低,不容易翘边和开裂,在打印时不需热床加热(但有热床加热效果更容易保证)。

②没异味。打印时不会产生刺鼻的味道,适合在家里或者教室使用。

③绿色环保。由玉米、木薯淀粉等原料制成,是一种生物易降解材料。

④成本低。PLA比大多数耗材都便宜。

2. 缺点

①材质的强度一般,经过长时间的放置和使用,不适合做承载零件,适合用于做外观件,例如手办玩具等工艺品制造。

②不耐高温,长期存放在高于60 ℃以上的环境,模型或者耗材会发生“热缩”变形导致软化。

3. 特性

①打印温度:180~220 ℃。

②热床温度:20~60 ℃。

③收缩/翘曲:小。

④可溶性:溶于乙酸乙酯(可对PLA 3D打印模型进行光滑表面的处理)。

4.1.3 TPU

TPU(thermoplastic polyurethanes)名称为热塑性聚氨酯弹性体橡胶,如图4-4所示。TPU是由二苯甲烷二异氰酸酯(MDI)或甲苯二异氰酸酯(TDI)等二异氰酸酯类分子和大分子多元醇、低分子多元醇(扩链剂)共同反应聚合而成的高分子材料,是一种柔韧、耐磨的热塑性塑料。TPU耗材具有卓越的高张力、高拉力、强韧和耐老化的特性,是一种成熟的环保材料。TPU材料能制作可弯曲且能够回弹的零件,打印的模型具有较强的弹性,适合3D打印矫正鞋底和鞋网面的制作。

1. 优点

①柔韧性强。制品具有很好柔韧性及回弹能力,可以随意弯折、变形。

②机械强度高。TPU制品的承载能力、抗冲击性及减振性能突出。

③打印效果好。成型不翘边,无气泡,成型效果光滑细腻,颜色准确。

④环保健康。满足更高要求,无毒无刺激性味道,健康安全更环保。

⑤耐寒性突出。TPU的玻璃态转变温度比较低,在-35 ℃仍保持良好的弹性、柔顺性和其他物理性能。

学习笔记

图 4-4　TPU 材料

2. 缺点

①耗材本身有弹性,对挤出机构要求较高。由于 TPU 较软,建议使用配置近端送料的 3D 打印机打印 TPU 耗材。若使用远程送料 3D 打印机,则需用 2.85 mm 线径的耗材并降低打印速度。

②不能使用边缘和底垫,不能用自身材料做支撑,否则很难拆卸。

③模型限制:TPU 耗材不适合打印过高的模型,顶部容易摇摆造成模型错位。

3. 特性

①打印温度:210~230 ℃。

②热床温度:30~60 ℃。

③收缩/翘曲:小。

4.1.4　PETG

图 4-5　PETG 材料

PETG(polyethylene terephthalate-1, 4-cylclohexylenedimethylene-terephthalate)是一种透明且非结晶型共聚酯,如图 4-5 所示。PETG 常用的共聚单体为 1,4-环己烷二甲醇(CHDM, Cylclohexylenedimethylene),全称为聚对苯二甲酸乙二醇酯-1,4-环已烷二甲醇酯,是一种易于挤压的材料,具有良好的热稳定性、抗冲击性,特别适宜成型厚壁透明制品。PETG 易加工性比 ABS 好,强韧性比 PLA 要高,整体性能介于两者之间,用于消费品包装的设计、原型制作、装饰饰品制作等领域,在其线材制作中,可以加入合适的色素进行混合,制作出具有多种颜色的 PETG 的线材,使其能够在不同的场合下选择不同颜色的 PETG 线材进行 3D 打印制作。

1. 优点

①优异耐候性和耐化学性,无挥发性气味、无毒,广泛用于食品、饮料和消费品包装。

②材料本身具有一定的清透性,可用于打印有一定有透光特性的艺术品。

③韧性高、耐用,可用于制作卡扣零件。

④材料通过 FDA 认证,属于食品级耗材。

⑤稳定性强,比较耐潮湿,且不易分裂起翘。

学习笔记

2. 缺点

①粘度高，有时会粘喷嘴，造成堵头。

②容易拉丝，不适合做支撑。

③在不使用粘结剂（例如胶棒）的情况下，容易从成型面板上翘曲。

3. 特性

①打印温度：220~250 ℃。

②打印床温度：60~80 ℃。

③收缩/翘曲：小。

④可溶性：醋酸乙酯，可用于模型后处理。

⑤食品安全：适合应用于各类食品包装的使用以及可接触皮肤的产品外观材料。

⑥韧性：韧性好，线材料反复曲折不易断，断裂伸长率高。

任务实施

3D打印熔融沉积成型材料种类和特性参数见表4-1。

表4-1　熔融沉积成型材料种类和特性参数

材料种类	特性参数
ABS	打印温度：210~250 ℃； 热床温度：80~110 ℃； 收缩/翘曲：较大（收缩率在0.4%~0.7%）； 可溶性：酯、酮和丙酮； 食品安全：不适合应用于食品相关
PLA	打印温度：180~220 ℃； 热床温度：20~60 ℃； 收缩/翘曲：小； 可溶性：溶于乙酸乙酯（可对PLA 3D打印模型进行光滑表面的处理）
TPU	打印温度：210~230 ℃； 热床温度：30~60 ℃； 收缩/翘曲：小
PETG	打印温度：220~250 ℃； 打印床温度：60~80 ℃； 收缩/翘曲：小； 可溶性：醋酸乙酯，可用于模型后处理； 食品安全：适合应用于各类食品包装的使用以及可接触皮肤的产品外观材料； 韧性：韧性好，线材料反复曲折不易断，断裂伸长率高

任务4.2　认识光固化成型材料

任务导入

小张同学深入学习完3D打印熔融沉积成型材料后，又对3D打印光固化成型材料产生了浓厚兴趣。他迫切想知道，这类成型材料主要有哪些品种，其特性参数具体如何？又广泛应用于哪些领域？

学习笔记

任务目标

1. 知识目标

(1)了解各类光固化成型材料化学成分。

(2)掌握各类光固化成型材料的特性和应用领域。

2. 能力目标

(1)了解光固化成型材料种类及其性能参数。

(2)能根据 3D 打印产品用途选择合适的光固化成型材料。

3. 素质目标

(1)具备主动学习的意识和刻苦钻研的精神。

(2)养成善于思考的习惯。

知识准备

光敏树脂,又被叫作紫外线固化无影胶,或 UV 树脂(胶),主要由聚合物单体与预聚体构成,并添加了光(紫外光)引发剂,也就是光敏剂。在 250~410 nm 波长的紫外光照射下,光敏树脂会瞬间发生光化学聚合反应,从液态迅速转变为固态。因其常态为液态,所以需遮光密闭保存,常用来制作高强度、耐高温、防水的材料。

随着光固化成型(SLA)3D 打印技术问世,光敏树脂正式踏入 3D 打印领域。它具有借助紫外线照射就能固化的特性,既可以通过紫外线发生器照射实现成型,也能借助投影直接逐层成型。这让光敏树脂在 3D 打印时,展现出成型速度快、打印时间短、可塑效果好等独特优势,远胜其他耗材。如今,光固化成型材料种类丰富,涵盖通用刚性树脂、水洗树脂、牙模树脂等。光敏树脂配合 SLA、DLP 等 3D 打印技术,在工业、教育、齿科、文创等行业广泛应用。在工业领域,可打印手板件与汽车配件,助力产品研发与生产;在文创行业,动漫手办的打印让二次元形象跃然眼前;在齿科,牙模打印大幅提升齿科诊疗的效率与精准度。

4.2.1 通用刚性树脂

1. 特性

通用刚性树脂,高硬度,固化时间短,成型过程稳定不变形,成品表面质感细腻光滑,每一个细节精度高。固化后具有较高的硬度兼具一定的韧性,从而使得 3D 打印完成的模型不易脆裂;打印完成的模型经过酒精清洗干净后进行沥干或使用相关工具吹干,并放置于紫外光或者阳光下进行照射,且模型整体外观特征都需要均匀照射到,才能完全得去除模型表面附着的光敏树脂溶液。

其特性主要参数为:

①适用波段:355~410 nm。

②成型表面硬度:84 D。

③粘度:150~200 MPa · s。

④收缩率:3. 62%~4. 24%。

⑤密度:1. 05~1. 25 g/cm^3[密度计(25 ℃)]。

学习笔记

2. 主要应用

通用刚性树脂主要应用与齿科、手办、钟表、眼镜、教学科研、玩具设计、工艺品设计、工业零件设计等领域。通用刚性树脂应用于动漫设计，效果如图 4-6 所示。

图 4-6　用刚性树脂制作动漫

4.2.2　水洗树脂

1. 特性

用水洗树脂打印完成后，工件可以直接用水冲洗干净，不粘手，相比于现在用酒精洗的光敏树脂，该耗材在使用过程中对用户体验感觉更好，无需复杂的处理工序和防护措施，所需的清洁时间和材料成本也较低，使用环境也较为舒适；其粘稠度度，流动性好，在打印模型的过程中保证模型打印性能的同时，也解决了打印成型不易离型的难点，大幅提升了打印的成功率，延长了离型膜的寿命。

其特性主要参数为：

①适用波段：355~405 nm。

②成型表面硬度：82 D。

③粘度：100~350 MPa · s。

④收缩率：3.62%~4.24%。

⑤密度：1.05~1.25 g/cm^3［密度计(25 ℃)］。

图 4-7　用水洗树脂制作珠宝

2. 主要应用

水洗树脂适用于珠宝、手办、教育、牙科等领域，如图 4-7 所示。

4.2.3　牙模树脂

1. 特性

牙模树脂收缩率低，成型过程温度不变形，成品表面光滑，精度高，固化时间短，成品具有良好的强度及柔韧性和较好的耐刮擦性能，表面硬度较高，普通工具难以对其打印成品造成刮痕。同时该耗材主要应用于牙科等医疗领域，材料在完成打印固化后具有良好的机械性能、生物兼容性和灭菌兼容性。（注：生物兼容性主要体现在与人体器官组织接触后不会出现过敏或排斥反应；灭菌兼容性则体现在其材料表面不利于细菌的滋生，同时常规的灭菌方法和材料也不会损坏其结构）。

其特性主要参数为：

①适用波段：355~405 nm。

②成型表面硬度：82 D。

③粘度：150~300 MPa · s。

④收缩率：1.56%~1.95%。

⑤打印速度：6~18 s/层。

2. 主要应用

牙模树脂特别适用于医疗行业牙模制作及其他医疗用品的制作，如图 4-8 所示。适

学习笔记

合用于牙齿矫正及定制的牙模市场中去,高效的成型速度以及较低的制作成本,让牙模领域的定制市场变得更加普遍化。

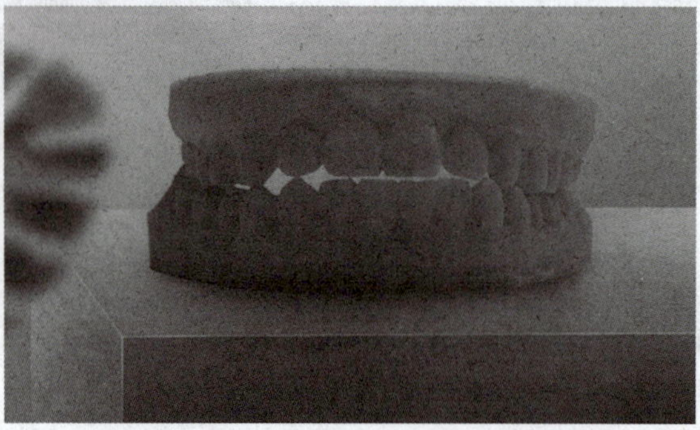

图 4-8　用牙模树脂制作牙膜

4.2.4　可铸造树脂

1. 特性

可铸造树脂具备优良的燃烧性能,在高温烧结下膨胀小、残留少,大大缩短了工艺链的生产周期,并且提升了设计自由度。采用可铸造树脂打印完成的模型还具备高精细度且表面光滑,打印细节清晰可见,能够高精度还原模型特征尺寸,大幅度减少后处理的工作量;因其具有低收缩率,能够保证模型成型后稳定不变形,材料还具备安全环保性能,属于环境友好型材料,备受珠宝等行业的青睐。

其特性主要参数为:

①适用波段:355~405 nm。

②成型表面硬度:65 D。

③粘度:100~150 MPa · s。

④收缩率:4. 06%~5. 08%。

⑤密度:1. 05~1. 25 g/cm^3[密度计(25 ℃)]。

2. 主要应用

可铸造树脂主要应用于珠宝失蜡铸造、铜器工艺品、手办模型、牙齿定制等行业,如图 4-9 所示。

图 4-9　可铸造树脂应用

4.2.5　弹性树脂

1. 特性

弹性树脂用于制作高弹性的成品模型,成型出色且耐冲击,固化时间短,成型过程不变形,成品表面光滑,精度高,打印完成的产品可经过多次对折且不断裂,能够实现反复回弹的功能特点。

其特性主要参数为:

①适用波段:405 nm。

②成型表面硬度:25 D。

③粘度:300~1 000 MPa · s。

④收缩率:3. 62%~4. 24%。

⑤打印速度:6~18 s/层。

学习笔记

2. 主要应用

弹性树脂应用于制造铰链、减振、接触面、鞋中底、鞋垫等弹性产品,如图 4-10 所示。

图 4-10 弹性树脂应用

任务实施

3D 打印光固化成型材料种类、特性参数和应用领域见表 4-2。

表 4-2 光固化成型材料种类、特性参数和应用领域

材料种类	特性参数	应用领域
通用刚性树脂	适用波段:355~410 nm; 成型表面硬度:84 D; 粘度:150~200 MPa·s; 收缩率:3.62%~4.24%; 密度:1.05~1.25 g/cm^3[密度计(25 ℃)]	主要应用于齿科、手办、钟表、眼镜、教学科研、玩具设计、工艺品设计、工业零件设计等领域
水洗树脂	适用波段:355~405 nm; 成型表面硬度:82 D; 粘度:100~350 MPa·s; 收缩率:3.62%~4.24%; 密度:1.05~1.25 g/cm^3[密度计(25 ℃)]	主要应用于珠宝、手办、教育、牙科等领域
牙模树脂	适用波段:355~405 nm; 成型表面硬度:82 D; 粘度:150~300 MPa·s; 收缩率:1.56%~1.95%; 打印速度:6~18 s/层	适用于医疗行业牙模制作及其他医疗用品的制作
可铸造树脂	适用波段:355~405 nm; 成型表面硬度:65 D; 粘度:100~150 MPa·s; 收缩率:4.06%~5.08%; 密度:1.05~1.25 g/cm^3[密度计(25 ℃)]	主要应用于珠宝失蜡铸造、铜器工艺品、手办模型、牙齿定制等行业
弹性树脂	适用波段:405 nm; 成型表面硬度:25 D; 粘度:300~1 000 MPa·s; 收缩率:3.62%~4.24%; 打印速度:6~18 s/层	应用于制造铰链、减振、接触面、鞋中底、鞋垫等弹性产品

学习笔记

任务 4.3 认识激光烧结成型金属材料

任务导入

小张同学在学习完 3D 打印熔融沉积成型材料和光固化成型材料后，对 3D 打印的兴趣愈发浓厚，进而聚焦到激光烧结成型金属粉末材料领域，特别想知道 3D 打印激光烧结成型金属粉末材料主要有哪些？其各自的特性和应用领域有哪些？

任务目标

1. 知识目标

(1)了解激光烧结成型金属粉末材料的种类。

(2)掌握激光烧结成型金属粉末材料的特性和应用领域。

2. 能力目标

(1)了解激光烧结成型金属粉末材料的特性。

(2)能够根据 3D 打印产品用途选择合适的激光烧结成型金属粉末材料。

3. 素质目标

(1)具备良好的职业道德。

(2)养成精益求精的工匠精神。

知识准备

金属 3D 打印作为 3D 打印领域的重要分支，凭借独特优势，在航空航天、医疗、汽车制造等多个行业实现广泛应用。其可细分为直接打印和间接打印，按照打印材料形态，涵盖金属粉末材料、金属颗粒、金属线材和金属浆料等。

金属粉末材料对纯净度、粉末粒度分布、粉末形貌、粉末流动性和松装密度的参数要求近乎严苛。这些参数哪怕存在细微差异，都会对打印产品质量产生显著影响。以纯净度为例，不同类型的金属粉末，对氧含量有着明确且严格的规定：高温合金粉末氧含量需控制在 0.006%~0.018%，钛合金粉末氧含量范围为 0.007%~0.013%，不锈钢粉末氧含量则在 0.010%~0.025%。各类金属粉末因性能特性不同，应用领域也各有侧重，仅密度方面就存在较大差异。3D 打印常用的金属粉末包含不锈钢、模具钢、铝合金、钛合金、镍合金、镍钴合金等。

不锈钢粉末凭借良好的耐腐蚀性与加工性能，在日常机械零件制造中应用广泛；钛合金粉末强度高、质量轻且生物相容性好，是航空航天和医疗植入物领域的理想选择；铝合金粉末因低密度和高导热性，在电子产品散热部件制造中占据重要地位。值得注意的是，绝大部分金属粉末材料对人体有害，在储存、运输和使用过程中，操作人员必须做好防护措施，如佩戴专业口罩、手套，确保作业环境通风良好，以保障人身安全。

4.3.1 铝合金(AlSi10 MG)

1. 特性

铝合金具有优良的物理、化学和力学性能，在许多领域获得了广泛的应用，但是铝合金自身的特性(如易氧化、高反射性和导热性等)增加了选择性激光熔化制造的难度。目前,SLM 成型铝合金中存在氧化、残余应力、空隙缺陷及致密度等问题,这些问题主要通过严格的保护气氛,增加激光功率,降低扫面速度等改善。目前,SLM 成型铝合金材料主要集中在 Al-Si-Mg 系合金,主要有铝硅 AlSi12 和 AlSi10Mg 两种。AlSi12,是具有良好的热性能的轻质增材制造金属粉末,可应用于薄壁零件如换热器或其他汽车零部件,还可应用于航空航天及航空工业级的原型及生产零部件;硅/镁组合使铝合金更具强度和硬度,使其适用于薄壁以及复杂的几何形状的零件,尤其是在具有良好的热性能和低重量场合中。

2. 主要应用

铝合金主要用于制造直接生产功能样件(如小规模生产零件、定制化零件或备品备件等)和具有高热学性能和轻质量的零件(如赛车运动用零件等),如图 4-11 所示。

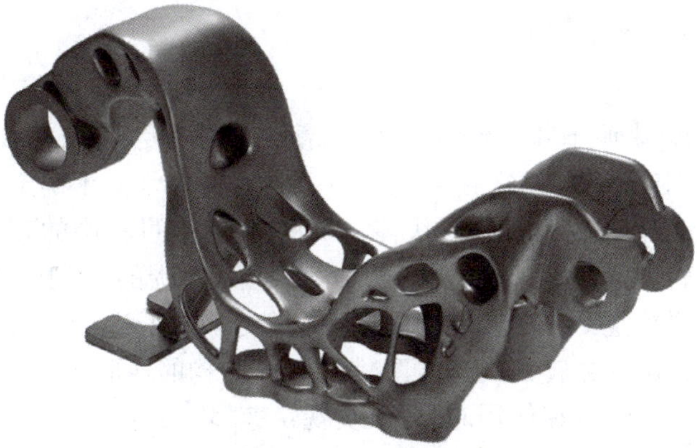

图 4-11　铝合金应用

4.3.2　不锈钢

1. 特性

应用于金属 3D 打印的不锈钢主要有三种:奥氏体不锈钢 316L、马氏体不锈钢 15-5PH、马氏体不锈钢 17-4PH。奥氏体不锈钢 316L,具有高强度和耐腐蚀性,可在很宽的温度范围下降到低温。马氏体不锈钢 15-5PH,又称马氏体时效(沉淀硬化)不锈钢,具有很高的强度、良好的韧性、耐腐蚀性,而且可以进一步地硬化,是无铁素体。马氏体不锈钢 17-4PH,在高达 315 ℃下仍具有高强度高韧性,而且耐腐蚀性超强,随着激光加工状态可以带来极佳的延展性。这些材料还具备耐高温氧化性能,因此能够抗火灾;并且容易塑性加工,焊接性能好;还具有光洁度高、维护简单等特点,基于不锈钢材料广泛应用于各个领域中,其价格也相对比其他粉末材料更具有优势。

2. 主要应用

不锈钢主要用于制作生活/消费品(如手表、珠宝等、眼镜架等个人消费产品)、工业零件制造(如汽车制造、工业零部件、轮船、石油等海洋工业等)、个性化定制等领域(首饰、工艺品),如图 4-12 所示。

学习笔记

图 4-12　不锈钢应用

4.3.3　模具钢(马氏体时效钢)

1. 特性

模具钢的适用性来源于其优异的硬度、耐磨性和抗形变能力,以及在高温下保持切削刃的能力。模具 H13 热作工具钢就是其中一种,其能够承受不确定时间的工艺条件;马氏体钢,以马氏体 300 为例,又称马氏体时效钢,在时效过程中的高强度、韧性和尺寸稳定性都十分出色。他们与其他钢不同,因为他们是不含碳的,属于金属间化合物,通过丰富的镍、钴和钼的冶金反应硬化,在 3D 打印成型之后方便进行机加,并且热处理硬化后硬度可高达 55 HRC。金属 3D 打印可以制造复杂结构的随形冷却流道模具,与传统模具对比,随形冷却流道模具在使用时,可以实现快速、均匀冷却,而且脱模更快、效果更好。另外,金属 3D 打印带有排气孔的模具产品,解决了传统制造技术无法实现的难题。金属 3D 打印技术的应用,使得模具产品的设计变得自由、开放,带动了模具产品的制作向定制化、复杂化方向迈进,最终,推动整个模具行业向快速制造化发展。

2. 主要应用

模具钢主要应用于模具制造(如随形冷却流道、精密模芯等)、航空航天、高强度机身部件和赛车零部件、工业零件生产(如功能样件、小规模生产零件、定制化零件和备品备件)等领域,如图 4-13 所示。

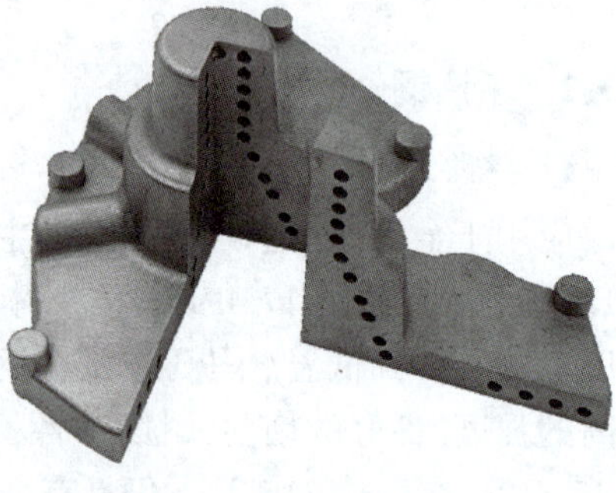

图 4-13　模具钢应用

4.3.4　镍合金(Ni718)

1. 特性

镍合金是一种粉末态的镍基高温合金,这种硬化镍铬合金的特点是具有良好的抗老化性、拉伸强度、高温强度和高温 700 ℃下的断裂强度。Ni718 合金在不同的腐蚀环境中还具有非常好的抗腐蚀性。这种材料非常适合高温环境下的应用。

2. 主要应用

镍合金主要用于制造空用和陆用的涡轮机零件、火箭和航空航天用的零件、化工和加工工业用零件、石油、汽油和天然气工业用零件,如图 4-14 所示。

学习笔记

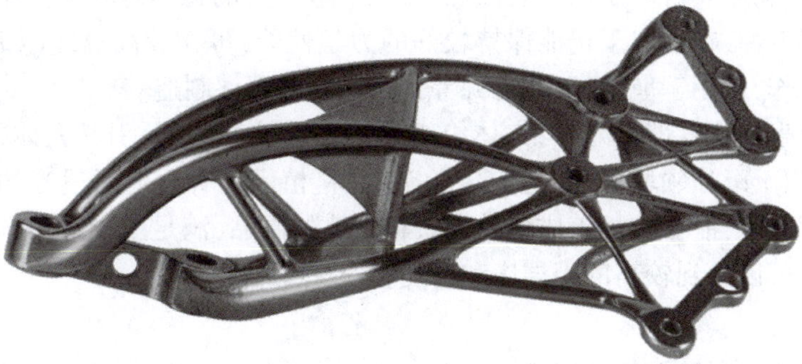

图 4-14 镍合金应用

4.3.5 钛合金(Ti64)

1. 特性

钛合金坚固,轻巧,耐热和耐化学腐蚀。Ti64 可用于强度/重量比非常高的零件加工,具有耐高温、高耐腐蚀性、高强度、低密度以及生物相容性等优点,适合在特定领域采用轻量化设计的产品。

2. 主要应用

钛合金主要应用于军工、航空航天、化工、核工业、运动器材及医疗器械等领域,如图 4-15 所示。

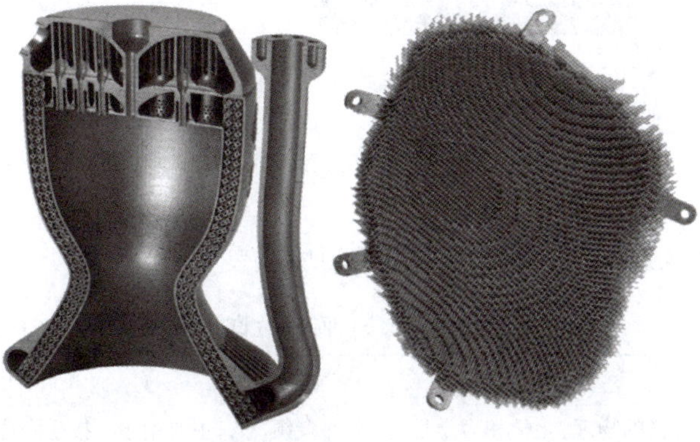

图 4-15 钛合金应用

4.3.6 镍钴合金

1. 特性

镍钴合金主要成分是镍(Ni)和钴(Co),此外,根据不同的应用需求和性能要求,还可能会添加一些铬、钼、钛、铝、铁等其他元素,具有高强度和高硬度,能够承受较大的外力和压力,同时具备良好的韧性,在受到冲击时不易断裂,且耐磨性较好,可用于制造在高摩擦、高磨损环境下工作的零部件。

镍钴合金热膨胀系数较低,在温度变化较大的情况下,尺寸稳定性较好;具有良好的导热性和导电性,在电子、电气等领域有一定的应用;它还具有独特的磁性能,磁导率较高,可用于制造磁性材料;在空气中具有较好的抗氧化性,能抵抗一定程度的氧化腐蚀;

学习笔记

对酸、碱等化学物质具有一定的耐腐蚀性，可在一些恶劣的化学环境中使用；具有出色的耐热性和抗蠕变性，在高温下仍能保持较好的力学性能，可在较高温度（如 600 ℃以上）环境中稳定工作，适用于航空航天、能源等领域的高温部件制造。

镍钴合金生物相容性良好，与人体组织的亲和性较高，不易引起人体的免疫反应和排异反应，常用于医疗领域，如制造人工关节、牙科植入物等。通过适当的加工工艺，如锻造、轧制、切削等，能够被加工成各种形状和尺寸的制品，满足不同应用领域的需求，且加工后的表面可以达到较高的光洁度和精度。

2. 主要应用

镍钴合金在航空航天领域用于制造喷气发动机的叶片、燃烧室，以及航天器的结构部件；凭借其出色的生物相容性，镍钴合金还被用于制造人工关节、心脏支架等植入物；镍钴合金还具有良好的导电性和磁性能，被应用于传感器、硬盘等电子元件，有助于提升设备的灵敏度与存储性能。如图 4-16 所示。

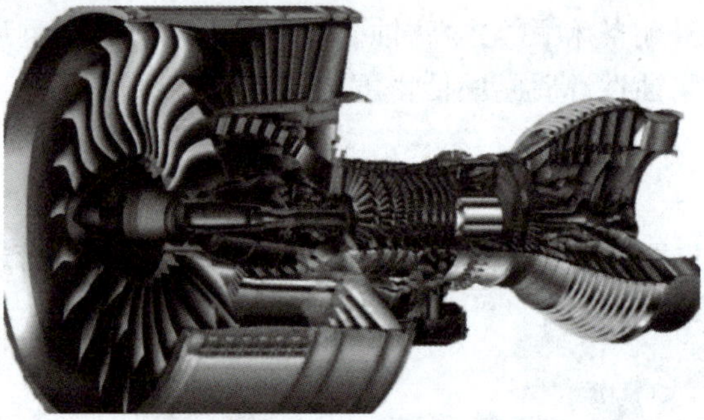

图 4-16 用镍钴合金制造航天发动机

任务实施

3D 打印金属粉末材料种类、特性和应用领域见表 4-3。

表 4-3 金属粉末材料种类、特性和应用领域

材料种类	特 性	应用领域
铝合金（AlSi10 MG）	具有优良的物理、化学和力学性能，在许多领域获得了广泛的应用，但是铝合金自身的特性（如易氧化、高反射性和导热性等）增加了选择性激光熔化制造的难度	主要用于直接生产功能样件（如小规模生产零件、定制化零件或备品备件等）和具有高热学性能和轻质量的零件（如赛车运动用零件等）
不锈钢	奥氏体不锈钢 316L，具有高强度和耐腐蚀性，可在很宽的温度范围下降到低温。马氏体不锈钢 15-5PH，又称马氏体时效（沉淀硬化）不锈钢，具有很高的强度、良好的韧性、耐腐蚀性，而且可以进一步地硬化，是无铁素体。马氏体不锈钢 17-4PH，在高达 315 ℃下仍具有高强度高韧性，而且耐腐蚀性超强，随着激光加工状态可以带来极佳的延展性。这些材料还耐高温氧化，因此能够抗火灾；容易塑性加工，且焊接性能好；光洁度高，维护简单	主要用于制作生活/消费品（如手表、珠宝等、眼镜架等个人消费产品）、工业零件制造（如汽车制造、工业零部件、轮船、石油等海洋工业等）、个性化定制等领域（首饰、工艺品）

续表

材料种类	特性	应用领域
模具钢（马氏体时效钢）	具有优异的硬度、耐磨性和抗形变能力以及在高温下保持切削刃的能力	主要用于模具制造领域（如随形冷却流道、精密模芯等）、航空航天、高强度机身部件和赛车零部件、工业零件生产（如功能样件、小规模生产零件、定制化零件和备品备件）
镍合金（Ni718）	具有良好的抗老化性、拉伸强度、高温强度和高温 700 ℃下的断裂强度。718 合金在不同的腐蚀环境中还具有非常好的抗腐蚀性	主要用于空用和陆用的涡轮机零件、火箭和航空航天用零件、化工和加工工业用零件、石油和天然气工业用零件
钛合金（Ti64）	坚固、轻巧、耐热和耐化学腐蚀。Ti64，可用于强度/重量比非常高的零件加工，具有耐高温、高耐腐蚀性、高强度、低密度以及生物相容性等特点	主要用于军工、航空航天、化工、核工业、运动器材及医疗器械等领域
镍钴合金	具有非常好的力学性能（强度、硬度等）、耐腐蚀性和耐热性。为医疗和牙科应用提供了出色的生物相容性。由于其抗蠕变性，它可以在高达 600 ℃的温度下运行	主要用于医疗领域（如骨科植入体、齿科牙冠、支架等）、涡轮机及其他飞机发动机零件等；还用于传感器、硬盘等电子元件

任务 4.4　认识其他成型材料

任务导入

小张同学在深入了解 3D 打印熔融沉积成型材料、光固化成型材料、金属粉末材料后，认为还有不少其他类型的 3D 打印成型材料值得探索，急切盼望知道 3D 打印成型还有哪些其他成型材料，以及这些材料的特性和应用领域有哪些？

任务目标

1. 知识目标

（1）掌握石膏粉末材料和生物材料的特性。

（2）了解石膏粉末材料和生物材料应用领域。

2. 能力目标

（1）了解石膏粉末材料和生物材料的性能和应用场景。

（2）能根据 3D 打印产品用途选择合适的成型材料。

3. 素质目标

（1）提高创新意识和创造精神。

（2）养成积极向上的人生态度。

知识准备

3D 打印技术作为制造业领域的前沿力量，正在不断拓展其应用边界，而这一技术的革新，离不开丰富多样的打印材料支持。除了常见的塑料、金属等材料外，陶瓷粉末、石膏粉末、生物材料、木材等新型材料，也逐渐走进大众视野，极大地丰富了 3D 打印的可能性，以下主要介绍石膏粉末和生物材料。

学习笔记

4.4.1 石膏粉末

1. 特性

石膏作为一种表面光滑饱满、颜色洁白、质地细腻、具有良好装饰性的材料,相对于其他 3D 打印材料,石膏具有精细的颗粒粉末、颗粒直径易于调整、性价比高、安全环保、无毒无害、支持全彩色打印等诸多优点。PP 石膏 3D 成型技术与 SLS 不完全相同,但其原理与 SLA 相近;该技术是使用了 UV 固化技术(CJP),石膏粉末铺设后由一彩色喷墨打印机喷出 UV 墨水,辅以紫外光照射,将石膏粘结起来,不同色彩的 UV 墨水,构成了彩色打印。采用这种技术打印成型的样品模型与实际产品具有同样的色彩,还可以将彩色分析结果直接描绘在模型上,模型样品所传递的信息较大。

2. 主要应用

石膏粉末主要用于运输、能源、消费品、娱乐、医疗保健、沙盘展示模型、动漫手办、人像等领域,如图 4-17 所示。

图 4-17　石膏材料应用

4.4.2 生物材料

生物材料(biomaterials)也称为生物医用材料,当前学术界对其概念有广义和狭义之分:广义层面主要指由于生物启发或模仿生物某些性能研制出高性能的新型材料,这种材料目前已被广泛应用在社会生活的各大领域,包括电子信息、医疗、能源等。狭义主要指的是专门用于医疗的高性能材料,可用来诊断、修复亦或替换人体的某些组织,也就是生物医用材料(biomedical materials),主要指基因重组、细胞融合、生物制造等技术,利用生物体或细胞得到医学所需的各种产物,可用于临床的诊断、治疗、修复或增强组织局部功能等。通常有两种类型,生物相容性(biocompatibility)材料和生物降解性(biodegradation)材料,材料来源可以是天然材料亦或合成材料。本任务主要介绍活细胞和水凝胶生物材料。

1. 活细胞

(1)特性

生物 3D 打印技术是将生物单元(细胞/蛋白质/DNA 等)和生物材料按仿生形态学、生物结构或生物体功能、细胞特定微环境等要求用"三维打印"的技术手段制造出具有个性化的体外三维结构模型或三维生物功能结构体。活细胞 3D 打印结构具有自支撑性,可调细胞密度,兼有大规模生产、高催化活性和长期可持续使用等特性。

(2)主要应用

活细胞主要用于制作皮肤、耳朵、软骨、肾脏、心脏、气管支架等,如图 4-18 所示。

学习笔记

图 4-18　活细胞材料应用

2. 水凝胶

（1）特性

水凝胶（hydrogel）是以水为分散介质的凝胶。它是由亲水性高分子（聚合物）通过化学交联或物理缠结形成的三维网络结构，是一种高分子网络体系，性质柔软，能保持一定的形状，能吸收大量的水。类似一种软组织，凝胶的聚集态既非完全的固体也非完全的液体。用于含细胞打印的墨水具备温敏特性，通过温度变化可以实现其凝胶-溶胶的转变，并且转变温度范围需在 0~37 ℃。常用的温敏细胞打印水凝胶墨水为明胶，以此为基础加入其他生物相容性良好的材料及成分，使生物墨水具备生物相容性好、易上机打印、结构强度高等特性。水凝胶生物打印中主要考虑的问题是细胞活率，确认选用的墨水是否适合细胞的生长。

（2）主要应用

水凝胶主要用于制作组织工程、软体驱动、柔性传感、工程承载、骨组织、细胞支架等，如图 4-19 所示。

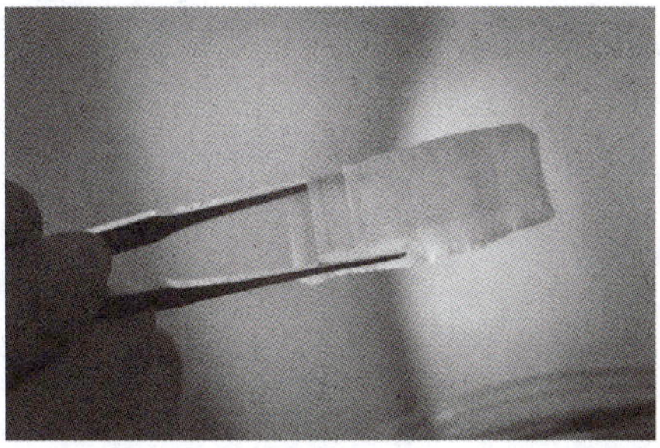

图 4-19　水凝胶材料应用

任务实施

3D 打印其他材料种类、特性和应用领域见表 4-4。

表 4-4　其他材料种类、特性和应用领域

材料种类	特　　性	应用领域
石膏粉末	表面光滑饱满、颜色洁白、质地细腻、具有良好装饰性。颗粒直径易于调整、性价比高、安全环保、无毒无害、支持全彩色打印	主要应用运输、能源、消费品、娱乐、医疗保健、沙盘展示模型、动漫手办、人像等领域

学习笔记

续表

材料种类	特　性	应用领域
活细胞生物材料	活细胞 3D 打印结构具有自支撑性,可调细胞密度,兼有大规模生产、高催化活性和长期可持续使用等特点	主要用于制作皮肤、耳朵、软骨、肾脏、心脏、气管支架等
水凝胶生物材料	是一种高分子网络体系,性质柔软,能保持一定的形状,能吸收大量的水。用于含细胞打印的墨水具备温敏特性,通过温度变化可以实现其凝胶-溶胶的转变,并且转变温度范围在 0~37 ℃	主要用于制作组织工程、软体驱动、柔性传感、工程承载、骨组织、细胞支架等

项目自我评估

一、填空题

1. ABS 材料的打印温度范围是__________ ℃至__________ ℃。
2. PLA 材料的主要原料是__________、__________等植物资源。
3. TPU 材料的显著特点是具有良好的__________和__________。
4. PETG 材料通过__________认证,属于食品级耗材。
5. 光固化成型材料中的水洗树脂使用__________进行清洁。

二、选择题

1. 以下哪种材料适合制作耐高温的电子零件外壳?(　　)

A. PLA　　B. ABS　　C. TPU　　D. PETG

2. 光固化成型中,牙模树脂的收缩率范围是多少?(　　)

A. 1.56%~1.95%　　B. 3.62%~4.24%　　C. 4.06%~5.08%　　D. 0.4%~0.7%

3. 激光烧结成型中,钛合金(Ti64)主要应用于哪个领域?(　　)

A. 航空航天　　B. 珠宝设计　　C. 汽车制造　　D. 食品包装

4. 以下哪种材料支持全彩色打印?(　　)

A. 铝合金　　B. 石膏粉末　　C. 水凝胶　　D. 镍钴合金

5. 生物材料中的水凝胶具有哪种特性?(　　)

A. 温敏性　　B. 高硬度　　C. 易降解　　D. 高强度

三、判断题

1. PLA 材料在打印时需要高温热床以防止翘曲。(　　)
2. 光固化成型的水洗树脂打印后可用水清洗。(　　)
3. 钛合金(Ti64)具有良好的生物相容性,适用于医疗植入物。(　　)
4. 石膏粉末材料主要用于金属零件的制造。(　　)
5. 水凝胶生物材料可用于制作柔性传感器。(　　)

四、简答题

1. 列举 ABS 材料的两个主要优点。
2. 光固化成型中的可铸造树脂主要应用于哪些行业?
3. 金属 3D 打印中,不锈钢材料有哪些常见类型?
4. 生物材料中的活细胞主要用于哪些医疗应用?
5. 简述水凝胶材料的特性及其在 3D 打印中的应用。

知识拓展

学习笔记

知理精艺，守规创新

——记山河智能装备股份有限公司大国工匠赵喻明创新之路

在山河智能装备股份有限公司的研发与生产一线，赵喻明的身影忙碌而坚定。作为特种装备事业部高级工程师，多年来，他凭借“知理精艺，守规创新”的精神，成为行业内的杰出典范，为我国装备制造领域贡献卓越力量。

自2008年投身工作，赵喻明便扎根特种装备控制技术领域，聚焦应急救援装备智能化及节能技术研究。他深知理论奠基的重要性，利用业余时间广泛涉猎专业书籍，积极参与各类线上线下培训，对设备运行原理与行业前沿技术钻研得极为透彻。为掌握精准数据，他和团队连续三年春节奔赴黑龙江塔河县试验基地，凌晨三点出发，在雪地中坚守整日；多次深入海拔5 300米的高原地区，克服空气稀薄、严重缺氧等困难开展试验。这份毅力与执着，助他攻克众多技术难关。

工作中，赵喻明严守操作规范与质量标准，一丝不苟对待每道工序。2012年前后，面对节能工程机械装备的行业新挑战，以及日本某知名品牌混合动力挖掘机的冲击，他率先带队攻关。样机测试虽在原理和结构上达标，但施工节能效率欠佳。他没有气馁，加班加点调整方案，仔细剖析问题。他深刻认识到，依赖国外技术无法根本解决问题，唯有自主研发。两年内，他带领团队成功推出自主研发的节能挖掘机，投入使用后，每日可节省1 000元燃油费，节油率超20%。2016年该产品批量生产，赢得市场认可，次年，日本同类产品悄然退出国内市场。他参与开发的智能挖掘机等关键技术达到国际领先水平，研制的无人化应急救助装备等项目，攻克多项“卡脖子”技术，实现从无到有的突破。赵喻明还注重知识传承与团队建设，他师承山河智能创始人何清华教授，深受其亲力亲为精神的影响。不管是装备研发调试，还是项目投标等工作，他都积极参与。在团队项目投标任务艰巨、成员因病休养时，工科出身的他，凭借自学，熬夜完成任务，令甲方十分满意。在他的带动下，团队形成浓厚学习氛围，成员技术水平显著提升。

赵喻明用行动诠释“知理精艺，守规创新”内涵，为行业树立标杆，激励更多人在岗位上奋进，为推动我国装备制造业发展注入强大动力。

项目 5

切片3D模型

学习笔记

资 源

切片3D模型

项目概述

3D 打印机作为一项前沿科技，其基本原理是逐层叠加制造。这项技术告别了传统减材制造方式，极大地拓展了制造的边界，能够创造出结构复杂的独特模型。当我们打算打印一个模型时，切片软件便开始发挥关键作用。它如同一位精密的“规划师”，将打印模型分割成若干薄如蝉翼的层，并依据每层的轮廓，对打印过程进行细致的路径规划。经过这一环节，原本抽象的三维模型文件，就被转化为打印机能够读懂的指令。

值得注意的是，每种 3D 打印机都配有专门的切片软件。这类软件，不仅能导入三维模型文件，更是进行打印参数设置的核心平台。参数设置涵盖多个维度，比如打印速度、温度、填充密度等。合理设置这些参数，对打印效果的优劣起着决定性作用。举个例子，填充密度越高，模型就越坚固，但打印耗时和耗材使用量也会相应增加。

在完成参数设置后，只需单击视图中的切片按钮，软件便开始自动运算，通过复杂的算法，快速生成 3D 打印机可以识别的 G 代码文件。G 代码文件就像一份详细的施工图纸，包含了打印机每个动作的精确指令。最后，借助数据线或无线传输，将该文件传输至 3D 打印机，打印机便能依据指令，有条不紊地开展打印工作。喷头在打印平台上，按预设轨迹，一层又一层地铺设材料，最终让三维模型从虚拟变为现实。

思维导图

本项目的主要学习内容如图 5-1 所示。

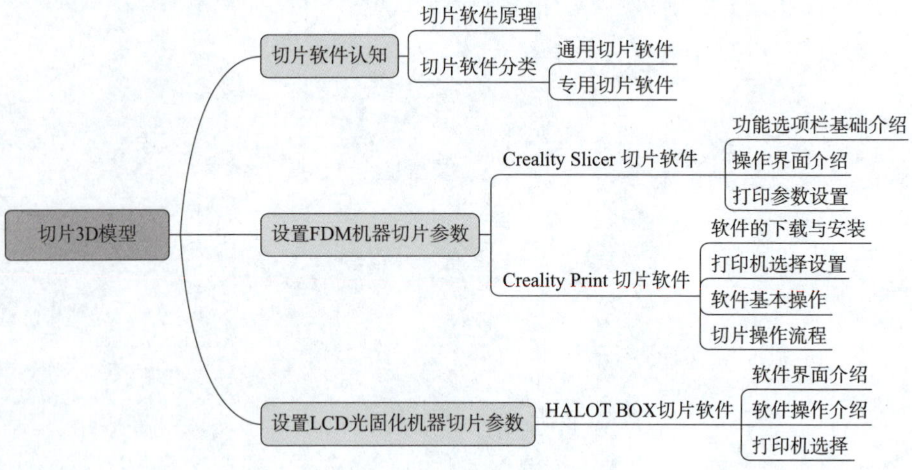

图 5-1 思维导图

学习笔记

任务 5.1　切片软件认知

任务导入

周末，阳光透过窗户洒在小夏的书桌上，他正兴奋地盯着电脑屏幕。作为 3D 打印的爱好者，小夏刚刚完成了一个超酷炫机器人模型的建模，并成功导出了 STL 格式文件。小夏迫不及待地将文件拷贝到 U 盘，冲向自己的 3D 打印机，准备见证模型从虚拟变为现实的那一刻。然而，当他将 U 盘插入打印机时，打印机毫无反应。小夏皱起眉头，反复尝试，打印机依然"无动于衷"。原来，所有打印机都无法直接识别 STL 格式文件。就在小夏一脸茫然时，他突然想起 3D 打印前，还需要对模型文件进行处理。请问小夏如何做才能生成打印机可识别的文件？

任务目标

1. 知识目标

(1) 了解切片软件的功能。

(2) 掌握几种常用的切片软件的名称。

2. 能力目标

(1) 了解常用的切片软件。

(2) 能操作切片软件对模型进行切片。

3. 素质目标

(1) 养成热爱生活、积极向上的乐观精神。

(2) 养成刻苦学习、吃苦耐劳的优良品德。

知识准备

5.1.1　切片软件简介

切片，作为 3D 打印领域的核心环节，将模型以精准的厚度分解为多层截面，这些截面不仅构成了 3D 打印机打印喷头的运行轨迹，也是激光扫描需遵循的路径。而完成这一复杂分层操作的，便是切片软件。

3D 打印机的工作原理基于逐层叠加制造，好比搭建积木，每一层都是构建完整模型的基石。切片软件则充当了 3D 打印的"规划师"，将打印模型细致分割成若干层，并依据每层轮廓规划打印路径，把原本复杂的三维模型文件，转化为打印机能够读懂的指令。

切片质量直接决定了打印模型的质量与精细度，是 3D 打印工作流程的关键所在。在切片过程中，用户可对多项打印机工艺参数进行细致调控。层厚方面，较薄的层厚能让模型表面更平滑，显著提升模型的细节与精度，不过也会延长打印时间。壁厚参数则与模型的结构强度紧密相关，合理的壁厚设置，能确保模型稳固耐用。填充率决定了模型内部的填充程度，高填充率可增强模型强度，但会增加材料消耗和打印时长，反之，低填充率能节省材料与时间，却可能降低模型强度。打印速度同样影响重大，速度过快可能导致模型表面粗糙，过慢则会拉长打印周期。因此，只有通过对这些参数的科学合理设置，才能让 3D 打印机“打印”出理想的模型。

5.1.2 切片软件分类

根据切片软件使用的场合，将其分为通用切片软件和专用切片软件。通用切片软件能在大部分 3D 打印设备上使用，专用切片软件由 3D 打印设备厂商自己开发，只供自己公司的设备使用。

1. 通用切片软件

通用切片软件是现今消费级 3D 打印行业最常用的切片软件，常见的有 Simplify3D、Cura、Slic3r、Repetier Host。这几个切片软件在功能上各具优势，适合不同类型的用户使用，切片效果也有些差异。

(1) Simplify3D

Simplify3D(简称 S3D)于 2013 年由美国科研人员开发出来，是一款功能全面又强大的专业切片软件，已经针对数百种 3D 打印机进行了测试和优化，受到世界多个国家 3D 打印用户的喜爱，其软件界面如图 5-2 所示。

切片引擎强大、切片速度快，切片后模型的打印时间比其他切片软件节约一半。S3D 打印进程设置里，用户可以下载和导入 3D 打印机配置文件。“高级”菜单里可以设置打印起始位置，如果遇到断电、缺料造成的打印失败，可以用此功能挽回损失。支撑功能强大，可以独立添加最佳支撑结构。在不同位置可调整支撑结构厚度，从而节省了材料。支撑移除简单，而不会损坏零件。

S3D 提供了强大的定制工具，使用户能够在 3D 打印机上获得更高质量的结果。“修复”工具可对模型的法线、三角面片等进行修复。“变量设置向导”工具可将模型分割为相互独立的不同部分，允许用户根据需要调整层厚、填充和表面结构，还可以为每个分区单独设置打印速度、温度等。

S3D 属于专业玩家的切片软件，不适合初学者。而且 S3D 是收费软件。

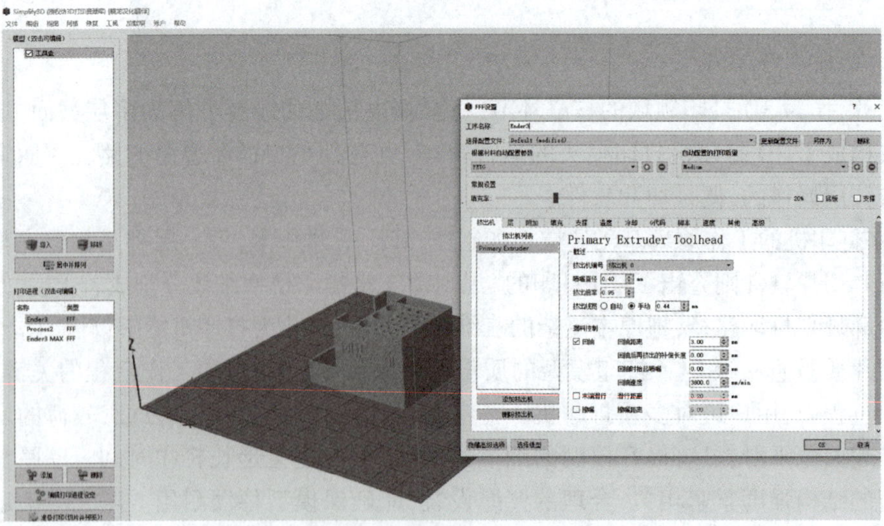

图 5-2 S3D 切片软件界面

学习笔记

(2) Cura

Cura 是 Ultimaker 公司于 2012 年开发的一款开源切片软件，是目前世界上最流行的 3D 打印切片软件。Cura 自带汉语，对中国用户来说，可直接使用，而不用汉化。界面功能分块清晰、操作简单，适合初学者，其软件界面如图 5-3 所示。

Cura 的设备库收录了全世界很多公司的设备，用户只需添加设备，就可以获得该设备的默认参数，省去了自己设置参数的麻烦。Cura 的材料库收录了很多材料厂商的耗材，用户可以直接选择，不用单独设置。Cura 切片参数的设置有“基础”“高级”“专家”“所有”共 4 种模式，初学者和专业用户可根据需求进行设置。Cura 的“市场”模块里有很多插件，下载后可实现很多附加功能。

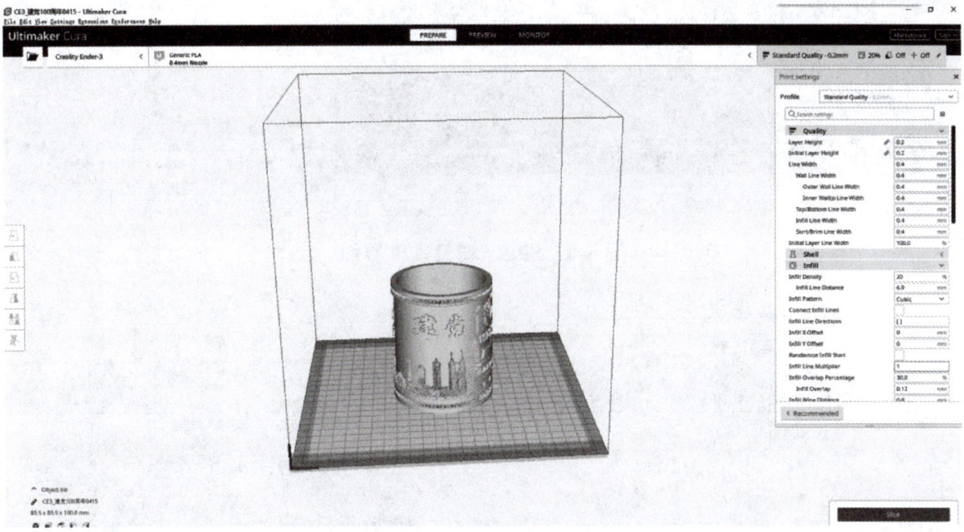

图 5-3　Cura 切片软件界面

(3) Slic3r

Slic3r 于 2011 年在 RepRap 社区内推出，是独立于商业公司或打印机制造商的开源软件，其软件界面如图 5-4 所示，具有易学易用、快速生成、可以灵活配置参数等诸多优点。由于开源且免费，Slic3r 拥有用户庞大的开源社区。Pronterface、RepetierHost、ReplicatorG 等切片软件调用了 Slic3r 的切片引擎。

Slic3r 的填充图案里提供了三维蜂窝状结构，这使得打印模型更稳定、更坚固。但由于 Slic3r 主要由兼职人员不断更新，所以其存在一些明显的不足，例如切片速度较慢，切片完成后不能显示打印时间等信息。Prusa 对 Slic3r 改进开发了 Prusa Slic3r，Prusa Slic3r 在 Slic3r 的基础上，功能逐渐完善。

(4) Repetier Host

Repetier Host 是 Repetier 公司开发的一款免费的 3D 打印综合软件，其软件界面如图 5-5 所示。它没有切片引擎，而是调用其他的切片软件的引擎，比如 Slic3r、CuraEngine 及 Skeinforge 等。

这款软件使用便捷、易于设置、功能齐全，没有 S3D 和 Cura 软件那么智能化，但开通了很多方便手动调试的功能，联机调试 3D 打印机的功能很强大，因此这款软件非常适合创客发烧友使用。此软件还提供了同步带传动和丝杆传动的计算工具。

学习笔记

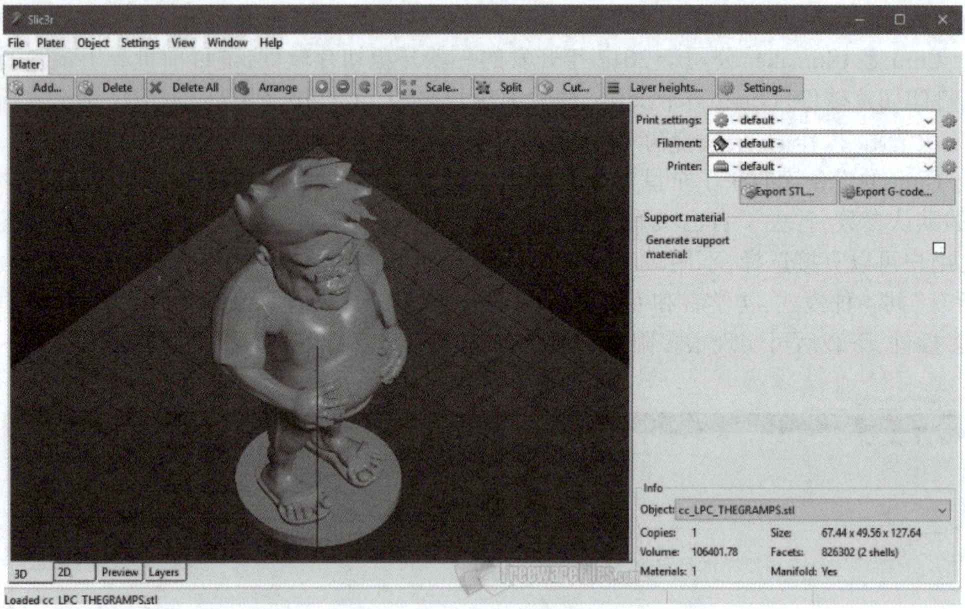

图 5-4　Slic3r 切片软件界面

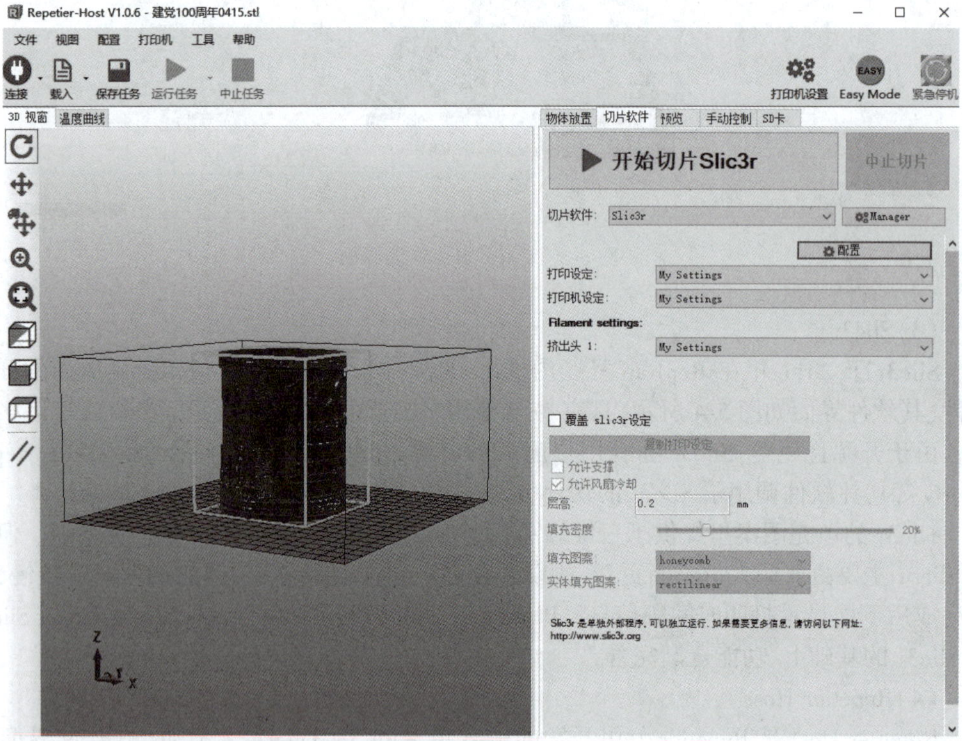

图 5-5　Repetier Host 切片软件界面

2. 专用切片软件

一些 3D 打印设备生产商开发的切片软件，主要为该公司的设备切片使用，例如 Makerware、FlashPrint、Creality Slicer、HALOT BOX、Creality Print 等。

（1）Makerware

Makerware 是 MakerBot 公司为其打印机产品专门开发的切片软件，其软件界面如图 5-6 所示，其操作简单、功能完善，非常适合初学者使用。该软件生成 x3g 格式的切片文件，而不是通用的 Gcode。但是 Makerware 切片速度比较慢。

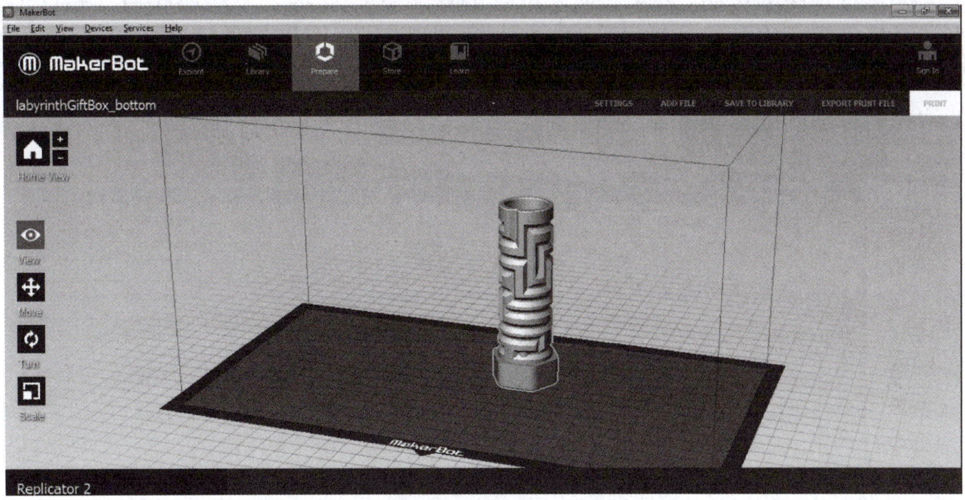

图 5-6　Makerware 切片软件界面

（2）Creality Slicer

Creality Slicer 是深圳创想三维公司针对其自主研发的 FDM 打印设备开发的一款切片软件，其软件界面如图 5-7 所示。目前模型库收录有创想三维的 CR 系列、Ender 系列、Sermoon 系列、CT 系列的打印机。通过模型库直接选择机型，软件会匹配对应机型的切片参数。Creality Slicer 操作界面简洁、使用简单、符合用户习惯。切片参数的设置模式有 2 种，对于初级用户来说，可以直接选择“高”“中”“低”三种质量，简化操作。对于专业用户来说，则可以通过编辑配置来设置更多的参数。

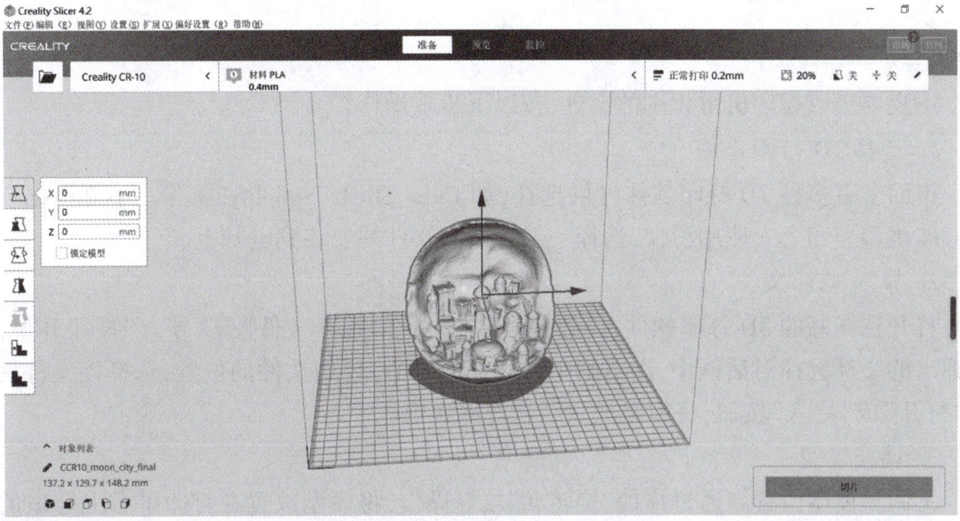

图 5-7　Creality Slicer 切片软件界面

学习笔记

(3) HALOT BOX

HALOT BOX 是深圳创想三维公司针对自主研发的光固化 3D 打印机而开发的切片软件，其软件界面如图 5-8 所示。其简单直接的操作界面可以给予用户更好的操作体验，同时切片软件也对所适配打印机的性能参数进行兼容性测试，使得其产出的最终切片文件也更加符合打印的使用，能极大提高最终的模型表现效果。另外在此切片软件上，可以直接链接创想云以及 Creality 整合的庞大模型库资源，使该软件已经从一个单一的切片软件变成了一个集切片功能和模型库的整合型云平台。让客户在 HALOT BOX 可以体验一站式的打印前处理服务。

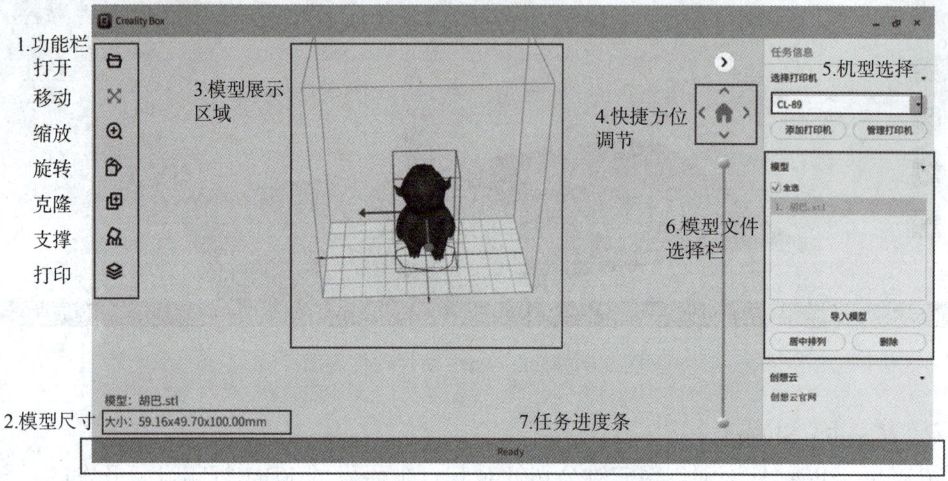

图 5-8　HALOT BOX 切片软件界面

各种切片软件主要功能相似，区别在于切片引擎、操作界面、附加功能等，最终体现在打印效果上也是有区别的。不同的切片软件操作难易程度不一样，对用户的要求也不一样，Cura 适合初级用户，Simplify 适合有一定 3D 打印基础的专业用户。切片软件的选择，首先是看使用者对 3D 打印的熟悉程度，其次看对打印效果的要求。

任务实施

小夏要生成打印机可识别的文件，按以下步骤操作：

1. 选择 3D 打印软件

市面上有多种 3D 打印软件可供选择，如 Cura、Slic3r、Simplify3D 等。小夏根据自己的打印机型号和个人使用习惯，选择一款合适的软件并安装到电脑上。

2. 导入 STL 文件

打开选择好的 3D 打印软件，找到软件界面中的“打开文件”或“导入”按钮并单击，在弹出的文件选择对话框中，浏览到 U 盘中存储 STL 模型文件的位置，选择该文件后单击“打开”或“导入”按钮，将模型加载到软件界面中。

3. 调整模型

①调整模型位置。通过拖拽、旋转、缩放等操作，将模型放置在打印平台上合适的位置，确保模型在打印过程中不会与打印机的部件发生碰撞，并且便于打印支撑结构的添

学习笔记

加和后续的取件操作。

②添加支撑结构。检查模型是否有悬空部分，如果有，软件通常会自动生成支撑结构。小夏可根据模型的具体情况，对自动生成的支撑结构进行调整，如调整支撑的位置、数量和密度等，以确保模型在打印过程中能够稳定成型。

③设置打印参数。根据打印机的性能和所使用的打印材料，对打印参数进行设置，如层高、填充密度、打印速度、温度等。较小的层高可以使打印出的模型表面更加光滑，但会增加打印时间；较高的填充密度可以使模型更加坚固，但会消耗更多的材料。

④切片生成G代码文件。在3D打印软件中找到“切片”或“导出”按钮并单击，软件会根据设置的参数将模型切片，并生成一个G代码文件（通常为.gcode或.gco格式）。这个文件包含了打印机在打印过程中需要执行的详细指令，如打印头的运动轨迹、挤出材料的量等。

4. 将切片文件导入打印机

根据打印机的连接方式，将生成的切片文件传输到3D打印机中。如果打印机支持USB线连接，可使用USB线将电脑与打印机连接，然后将切片文件复制到打印机的存储卡中；如果打印机支持WiFi连接，则可通过网络将文件传输到打印机。

完成以上步骤后，小夏就可以在打印机的控制面板上选择开始打印，让打印机按照设置的参数和G代码文件中的指令，将机器人模型逐层打印出来。

任务5.2　设置FDM机器切片参数

任务导入

周日的阳光穿过窗户，洒在堆满模型和工具的书桌上，小明坐在电脑前，紧盯着屏幕上可爱的卡通人物模型，迫不及待地想让它通过3D打印机“跃然眼前”。请问小明如何使用深圳创想三维公司开发的FDM 3D打印切片软件对卡通人物模型进行切片参数设置，制作一个栩栩如生的卡通人物模型出现在他的眼前呢？

任务目标

1. 知识目标

（1）了解Creality Slicer与Creality Print切片软件各选项的功能。

（2）熟悉Creality Slicer与Creality Print切片软件的界面与基本操作。

2. 能力目标

（1）能使用Creality Slicer与Creality Print切片软件进行模型切片。

（2）能分析使用Creality Slicer与Creality Print切片软件出现切片失败的原因以及解决方法。

3. 素质目标

（1）具备良好的职业素养。

（2）具备精益求精、追求卓越的工匠精神。

学习笔记

知识准备

5.2.1 Creality Slicer 切片软件

1. 基础设置

以 Creality Slicer 切片软件 V4.2 版本为例，介绍 FDM 切片参数的基础设置，该切片软件可在官网首页→服务支持→资料下载路径进行下载。

(1)打印机设置

①选择机型。在 Creality Slicer V4.2 版本的首页预选打印机列表中，找到所使用的 3D 打印机机型。例如，如果使用的是 Ender-3 系列打印机，就选择对应的型号。软件会自动加载该机型的通用配置文件，这能确保基本的打印参数如喷头尺寸、打印床尺寸、坐标轴范围等被正确设置，为后续的打印任务提供基础框架。

②连接打印机。如果需要直接将切片后的文件传输到打印机进行打印，可以通过 USB 线或者网络连接的方式将打印机与电脑连接。在软件中单击“连接”按钮，选择正确的连接端口或网络地址，确保软件与打印机之间的通信正常，以便实现实时监控和打印控制。

(2)基本切片参数设置

①层厚。这是一个关键参数，决定了打印模型的垂直分辨率。层厚越小，模型的表面质量越高，但打印时间也会越长。一般来说，对于普通的 FDM 打印，0.1~0.3 mm 的层厚是比较常用的范围。例如，打印精细的模型细节时，可以选择 0.1 mm 的层厚；而对于一些对表面质量要求不高、追求快速打印的模型，可以采用 0.2 mm 或 0.3 mm 的层厚。在 Creality Slicer V4.2 中，可在“层厚”选项中直接输入所需的数值进行设置。

②打印速度。打印速度会影响打印效率和模型质量。较低的速度有助于提高打印精度，但会增加打印时间；较高的速度能缩短打印时间，但可能导致模型出现拉丝、变形等问题。通常，第一层的打印速度建议设置得较慢，如 30~50 mm/s，以确保打印材料能更好地附着在打印床上。后续层的打印速度可以根据模型的复杂程度和材料特性进行调整，一般在 60~100 mm/s 之间。在软件的“打印速度”选项中，可以分别设置不同阶段的打印速度。

③填充密度。填充密度决定了模型内部的实心程度。较高的填充密度会使模型更坚固，但会增加材料使用量和打印时间；较低的填充密度则可以节省材料和时间，但模型的强度会降低。对于大多数模型，20%~50% 的填充密度是比较常见的选择。例如，对于需要承受一定压力的模型，可以选择 40%~50% 的填充密度；而对于一些外观展示型的模型，20%~30% 的填充密度就足够了。在 Creality Slicer V4.2 中，可以通过“填充密度”选项来设置具体的百分比。

(3)温度设置

①喷头温度。喷头温度对打印材料的流动性和成型效果有重要影响。不同的打印材料需要不同的喷头温度。例如，常见的 PLA 材料一般在 190~210 ℃之间有较好的打印效果；ABS 材料则需要更高的温度，通常在 220~240 ℃。在 Creality Slicer V4.2 中，可以在“温度”选项中设置喷头的初始温度和打印过程中的温度变化。如果模型需要在不同阶段使用不同的温度，可以通过添加“温度变化”指令来实现。

②打印床温度。打印床温度对于帮助材料更好地附着在打印床上以及减少模型的

翘边和变形非常重要。对于PLA材料,打印床温度一般设置在40~60 ℃;ABS材料通常需要更高的打印床温度,大约在90~110 ℃。在软件中,同样在“温度”选项下设置打印床的温度。有些打印机可能支持打印床温度的自动校准功能,在使用前可以进行相应的校准操作,以确保温度的准确性。

(4)支撑与底板设置

①支撑结构:当模型有悬空部分或倾斜角度较大的结构时,需要添加支撑结构来防止打印材料在悬空部分下垂或变形。Creality Slicer V4.2中,可以选择不同的支撑类型,如树形支撑、线性支撑等。树形支撑结构较为节省材料,且易于拆除,但对于一些复杂的悬空结构,线性支撑可以提供更稳定的支撑效果。还可以设置支撑的密度、角度等参数,以适应不同模型的需求。例如,对于陡峭的悬空部分,增加支撑的密度可以提高支撑强度;对于平缓的倾斜结构,可以适当减小支撑角度,使支撑与模型表面的接触更自然,减少后期处理的工作量。

②底板设置:底板是打印模型与打印床之间的过渡层,有助于提高模型的附着力和稳定性。常见的底板类型有普通底板、裙边和边框等。普通底板是一层均匀的材料层,直接铺设在打印床上;裙边是围绕模型边缘的一圈带状结构,它可以增加模型与打印床的接触面积,同时在打印开始时帮助校准喷头的高度;边框则是只围绕模型边缘的一个框架结构,适用于一些对底板材料使用量要求较低的情况。在软件中,可以设置底板的厚度、宽度等参数。一般来说,底板的厚度在0.3~0.5 mm之间较为合适,宽度可以根据模型的大小进行调整,通常在5~10 mm。

(5)其他设置

①回缩设置:回缩是指在打印过程中,喷头在非打印移动时将打印材料抽回一定距离,以防止材料在移动过程中滴落到模型表面,造成拉丝或堆积。在Creality Slicer V4.2中,可以设置回缩的距离、速度和起始位置等参数。一般来说,回缩距离在2~5 mm之间,回缩速度在40~60 mm/s比较常见。对于不同的材料和喷头尺寸,可能需要进行一些微调。例如,对于流动性较好的材料,如PETG,回缩距离可以适当增加;对于较小的喷头,回缩速度可以设置得稍慢一些,以避免材料过度挤压。

②风扇设置:风扇在打印过程中起着重要的作用,它可以帮助冷却打印材料,使其快速凝固成型,提高模型的精度和表面质量。在Creality Slicer V4.2中,可以设置风扇的转速和开启时间。通常,风扇在打印第一层时不开启,从第二层开始逐渐增加转速。对于大多数材料,风扇转速在50%~100%之间比较合适。例如,对于PLA材料,风扇转速可以设置在60%~80%;对于ABS材料,由于其对温度较为敏感,风扇转速可能需要更高一些,在80%~100%之间。同时,还可以根据模型的具体结构和散热需求,在不同的打印阶段调整风扇的转速。例如,对于一些薄壁结构或需要快速冷却的部位,可以适当提高风扇转速;而对于一些厚壁结构或对冷却要求不高的部位,可以降低风扇转速,以避免材料因过度冷却而产生开裂等问题。

通过对以上FDM切片参数的基础设置进行合理调整和优化,能够在Creality Slicer V4.2版本中获得更好的3D打印效果,满足不同用户对于打印质量、效率和特殊需求的定制化要求。当然,实际的参数设置还需要根据具体的打印机型号、打印材料以及模型特点进行不断的试验和调整,以达到最佳的打印效果。

2. 软件界面功能

以 Creality Slicer 切片软件 V4. 2 版本为例,介绍软件界面功能,如图 5-9 所示。

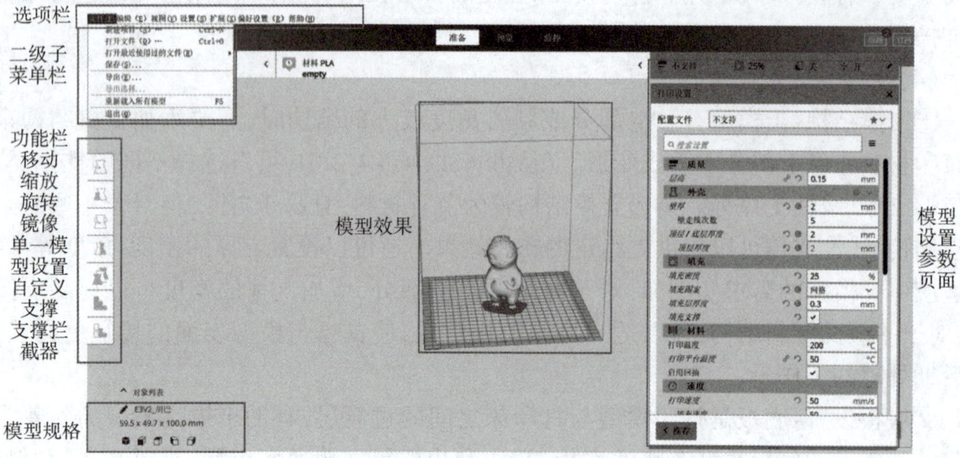

图 5-9 Creality Slicer 主页面功能图

1) 功能选项栏基础介绍

(1) 文件(F)

①新建项目:会在当前打印界面建立一个新的模型但是原先的模型会被取消。

②打开文件:打开一个新的待处理文件。

③打开最近使用过的文件:显示最近使用或者处理过的模型,最多十个。

(2) 编辑(E)

①撤销:取消一步模型的设置操作。

②重做:取消模型的所有设置以及更改。

③选择所有模型:选择当前打印平台上所有的模型,方便统一设置。

④编位所有模型:自动将打印平台上的所有模型进行自动分配位置,具体的位置以实际需求为准。自动编位后依然可手动对模型的分布位置进行调节。

⑤删除所选模型:删除打印平台上选定的模型。

⑥清空打印平台:清除打印平台上所有的模型与所有的设置。

⑦复位所有模型的位置:撤销对所有模型的位置调整。

⑧复位所有模型的变动:撤销对所有模型的尺寸 方向等设置的调整。

(3) 视图(V)

①摄像头位置:支持对打印平台上设置的模型 3D 视角,包括正视、顶视、左视、右视等多角度方位的观察。

②摄像头视图:支持透视和正交两种视图对模型的观察。

③切换完整界面:切换切片软件界面最大化与全屏显示。

(4) 设置(S)

①打印机:可以在此页面选择软件已经绑定的打印机。

②挤出机:可以在此菜单内选择挤出机,如有两个挤出机可以在此进行挤出机的选择。

学习笔记

(5)扩展(X)

①Cura Backups:同步账号在其他登录点的设置参数。

②固件更新检查:联网情况下确认当前软件的版本信息。

③后期处理:插入使用一些扩展后期处理插件。

2)操作界面介绍

打开切片软件,按提示选择好相应的机型并打开目标模型后,即进入操作界面,即最主要的切片操作区域。以下对功能界面进行详细介绍:

①移动:选择模型后,单击此功能可对模型在 *XYZ* 三轴进行位置调整设置,如图 5-10 所示。

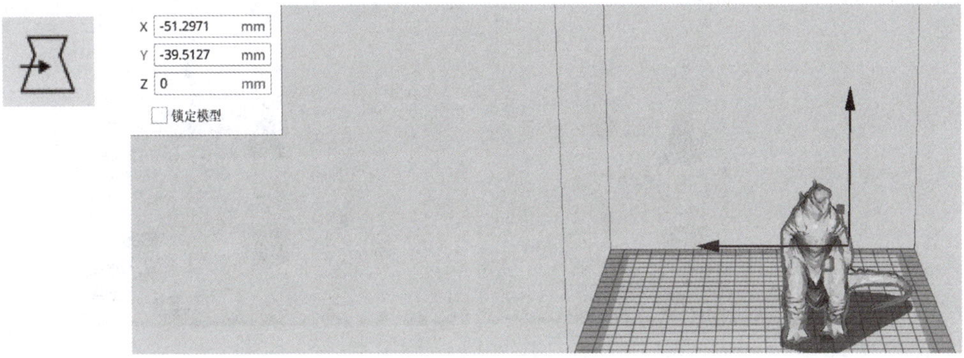

图 5-10　移动操作界面

②缩放:在此可对模型进行整体等比例或等距(即单方向尺寸)进行放大缩小。如图 5-11 所示,在红框中按需进行勾选,两个选项均不勾选的情况下,默认为可对模型进行等距调整。等比例缩放是在不损坏模型文件整体比例的情况下对长宽高进行同等比例调节;等距缩放是对模型的某一个方位单独进行比例信息的调整,会破坏模型整体的比例协调性。

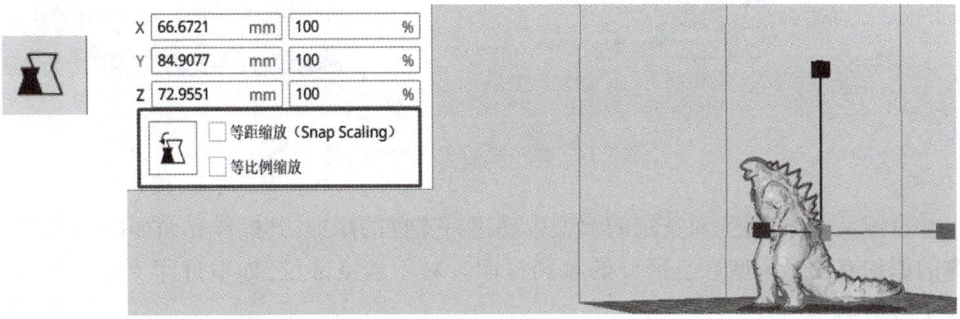

图 5-11　缩放操作界面

③旋转:对模型放置方位进行调节,同时也可直接一键重置和一键反转,如图 5-12 所示。

④镜像:对模型的放置方位进行镜像调节,调节后是与当前所处方位完全相反的模型方位,如图 5-13 所示。

学习笔记

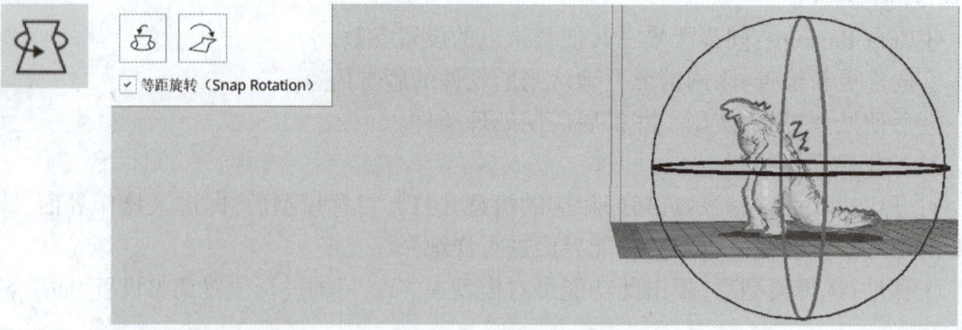

图 5-12　旋转操作界面

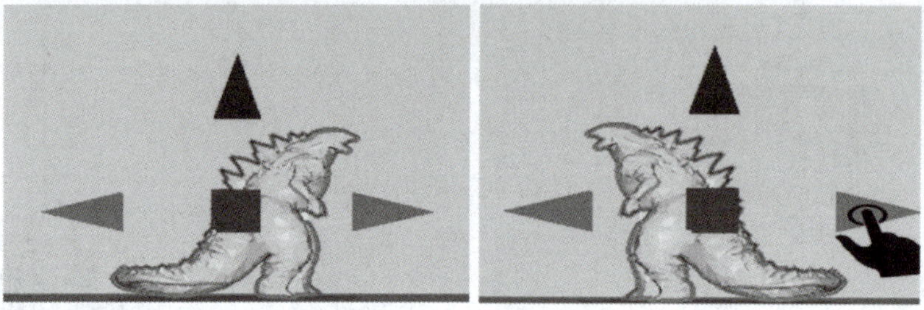

图 5-13　镜像操作界面

⑤单一模型设置：针对同平台有多个模型的时候对单一的模型进行针对性的设置与调整。在“选择设置”选项中可以对以图 5-14 中的项目进行单独设置。

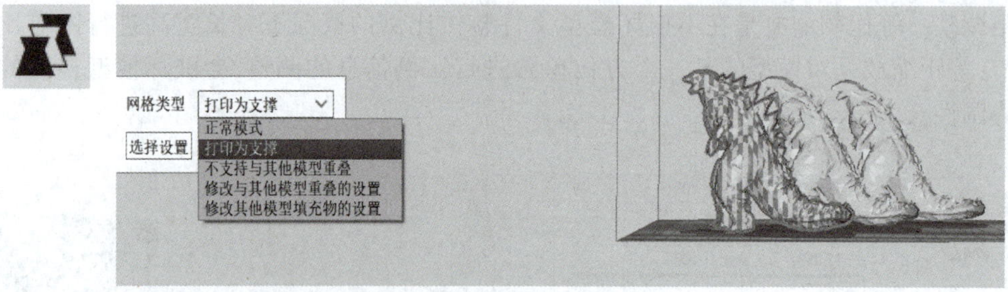

图 5-14　单一模型设置操作界面

⑥自定义支撑设置：对选定的模型手动进行支撑的添加，其操作界面如图 5-15 所示。支撑的添加有助于模型悬空部分的顺利打印。对于悬空部位，如不打印支撑，模型打印过程中容易坍塌。

对需要添加支撑的位置，通过鼠标的点击来添加所需的支撑部位，如图 5-16 所示红框圈的地方。

⑦对象列表：可以对打印平台中的模型进行选择，同时选择的模型的整体规格数据也会显示。视角选择快捷按钮依次为全面视角、正前视角、俯视视角、左视角、右视角，如图 5-17 所示。

⑧链接功能区域：可以根据需求直接进入对应的插件市场或者公司官网。

学习笔记

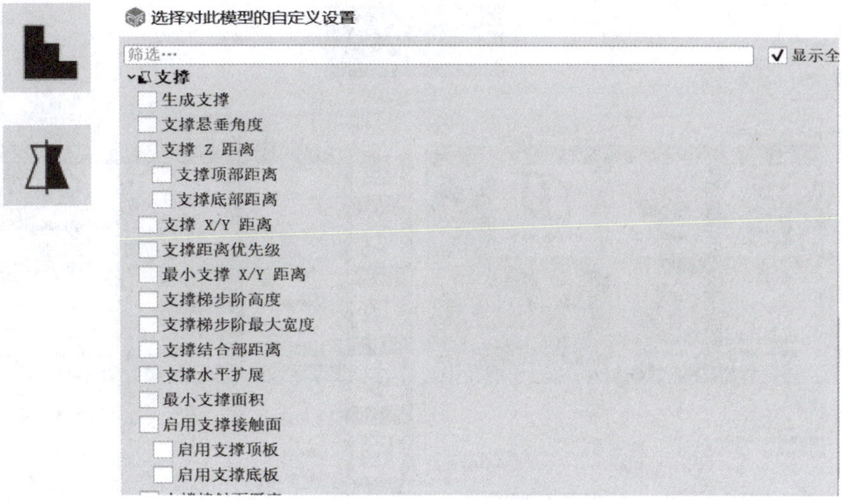

图 5-15　自定义支撑设置操作界面

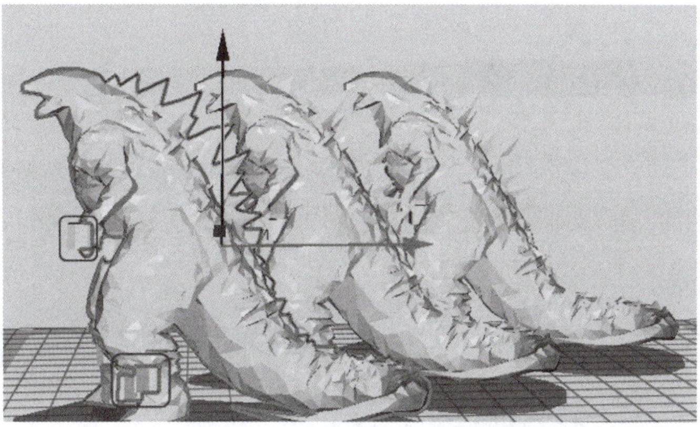

图 5-16　通过单击鼠标添加的支撑部位

图 5-17　视角选择快捷按钮

单击“官网”选项则可直接进入创想三维的官方网站。单击“市场”选项会弹出以下对话框，其中“插件”选项提供 Creality Slicer 所支持的功能插件以及其他品牌的打印机产品插件，使 Creality Slicer 支持更多的功能；“材料”选项可以在此页面直接导入国内外各种 3D 打印耗材的购买链接和 App。如图 5-18 所示。

3）打印参数设置

打印参数对话框如图 5-19 所示。

①层高：模型每一层的高度，效果较好的设置为喷嘴直径的 0.25～0.5 倍，最大为喷嘴直径的 0.8 倍。过大可能导致相邻的两层无法紧固的粘连。

学习笔记

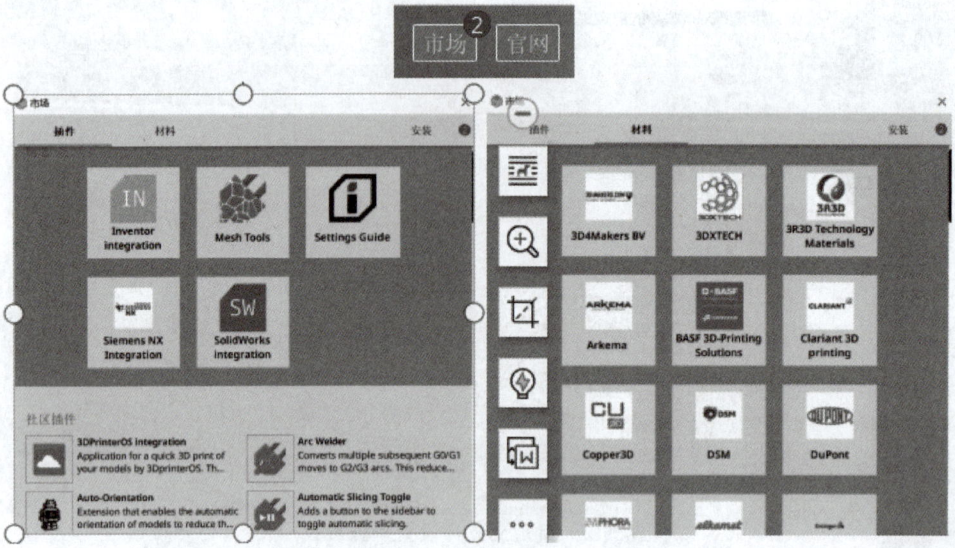

图 5-18 链接功能区域操作界面

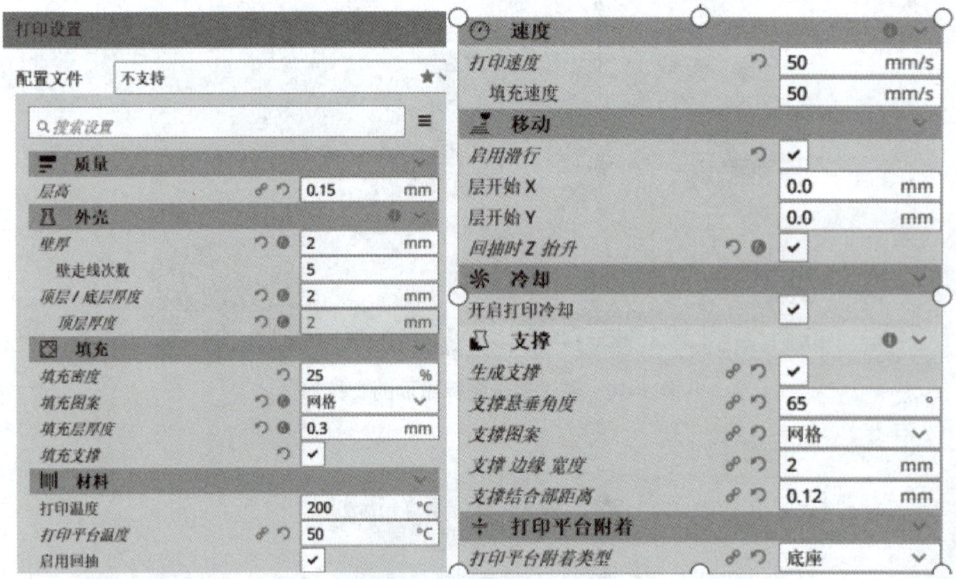

图 5-19 打印参数对话框

②外壳：模型壁厚，为线宽的倍数。顶层、底层厚度为层厚的倍数，顶层厚度不够可能会导致顶层出现孔洞。

③填充：填充密度 0% 为空心，100% 为实心。同一模型，填充密度越大，模型强度越高，消耗的耗材也越多，重量越大。不同的填充图案会影响模型内部结构，进而影响强度。

④回抽：回抽是指在当喷嘴移动至非打印区域时，挤出机启动回抽耗材，防止耗材因自然流动而拉丝情况。通常的回抽距离为 6.5～8 mm，回抽速度为 65～80 mm/s；调小最

小挤出范围通常设置为2(注意:以上为推荐参数)。

⑤材料:根据打印耗材设置喷头打印的温度和打印平台温度。

⑥速度:打印速度是*XY*轴的运动速度,一般为50~80 mm/s;模型填充速度可进行单独设置。

⑦移动:滑行会用一个空驶路径替代挤出路径的最后部分,可以有效减少模型打印过程中的拉丝现象。勾选回抽时*Z*轴抬升,可以防止喷嘴在空驶过程中撞到打印模型。

⑧冷却:启用冷却,开启模型冷却风扇,提高打印质量。

⑨支撑:在模型的悬垂部分生成支撑结构。支撑悬垂角是添加支撑的最小角度,通常设置为45°。当模型悬垂角小于支撑悬垂角时不提供支撑,当模型悬垂角大于支撑悬垂角则生成支撑。支撑图案可以根据打印品的结构进行选择。

⑩打印平台附着:该功能支持边缘、裙摆和底座三种形式。底座会在模型下添加一个有顶板的网格板,可以增加模型底部和成型面板的接触面积,防止打印的过程中因为模型收缩过大或上大下小等原因,导致模型出现倾倒或者是粘连不稳的情况,提高打印中模型的稳定性。

5.2.2　Creality Print 切片软件

Creality Print 是创想三维自研的 FDM 打印切片软件,支持所有创想三维 FDM 打印机,未来还将支持更多品类。

在模型处理上,Creality Print 的 FDM 切片打印功能支持导入多种格式的文件,包括 Mesh 文件(.stl、.obj、.dea、.3mf、.3Ds、.wrl、.cxbin、.off、.ply),能修复模型错误。切片参数设置丰富,基本参数如层高、打印速度、温度;高级参数像填充密度、支撑结构等都能灵活调整。软件具备智能布局功能,可自动排列模型、定向模型位置,节省打印空间与时间。

打印控制层面,软件能生成 G-code 文件,支持 LAN 局域网和创想云远程打印、监控。此外,软件设有打印校准工具,温度塔测试、流速测试功能,能帮助用户确定最佳打印参数,提升打印质量。

1. 软件的下载与安装

打开浏览器访问创想云官网,在软件下载页面找到 Creality Print 切片软件下载。选择与自己电脑配置的系统进行安装,其安装界面如图5-20所示。

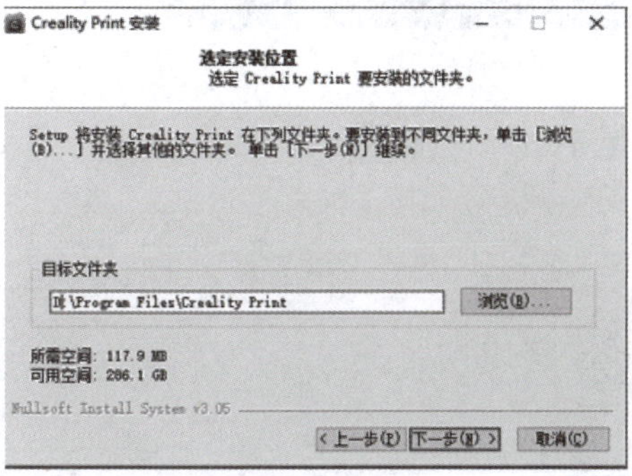

选择安装位置

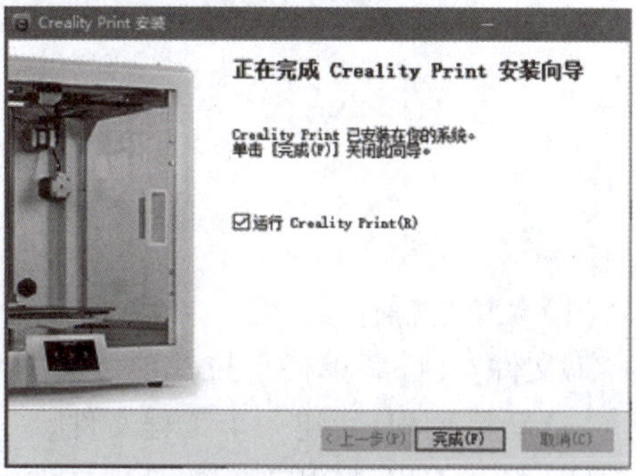

安装完成

图5-20　Creality Print 切片软件安装界面

学习笔记

2. 打印机选择设置

打印机选择设置首先是单击“添加打印机”按钮，如图 5-21 所示；其次选择使用的打印机型号如图 5-22 所示。

点击右上角下拉箭头—添加

图 5-21 添加打印机

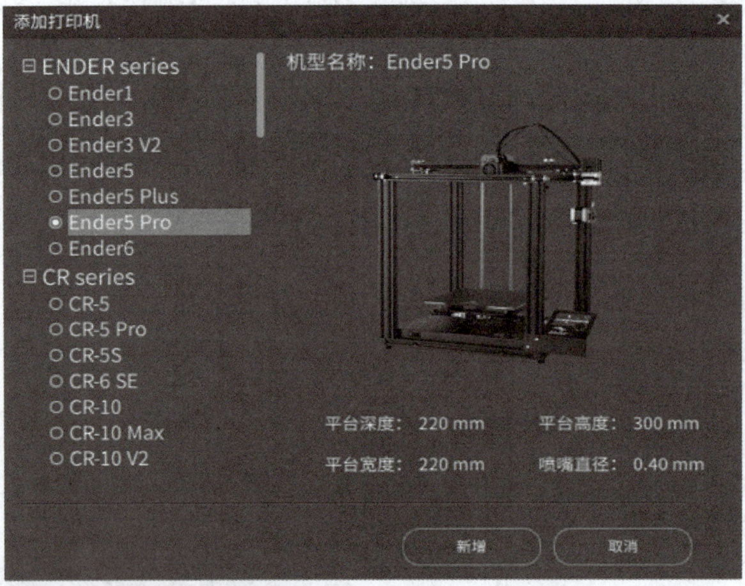

选择当前所用的打印机型号，点击—新增

图 5-22 打印机型号选择

3. 软件基本操作

(1)菜单栏操作

①文件：文件菜单栏下拉框项目如图 5-23 所示。

(a)新建工程：新建一个工程文件。

(b)打开工程：打开现有的工程文件。

(c)打开：打开需要切片的文件，支持 bmp、jpg、jpeg、png、gcode、stl、objg 格式。

(d)最近访问文件：最近访问的文件列表。

学习笔记

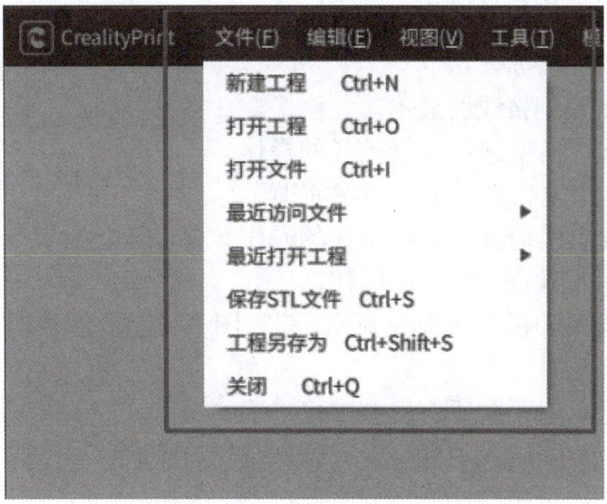

图 5-23　文件菜单栏

(e)最近打开工程:最近打开的工程列表。
(f)保存 STL 文件:将模型保存为 STL 格式文件。
(g)工程另存为:将打开的工程重命名另存为。
(h)关闭:关闭该软件。
②编辑:编辑菜单栏下拉框项目如图 5-24 所示。

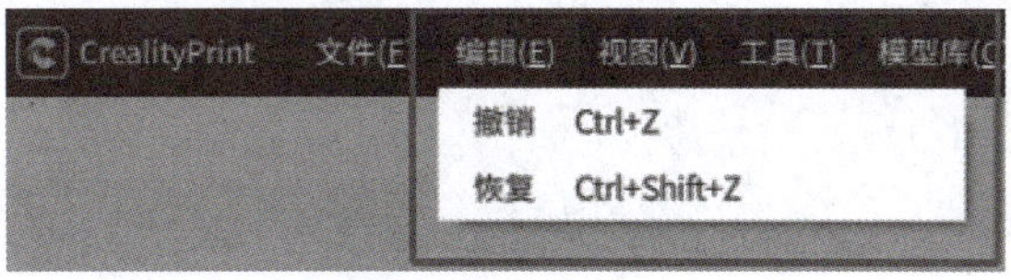

图 5-24　编辑菜单栏

(a)撤销:撤销至上一步操作。
(b)恢复:恢复至上一步操作。
③视图:视图菜单栏下拉框项目如图 5-25 所示。

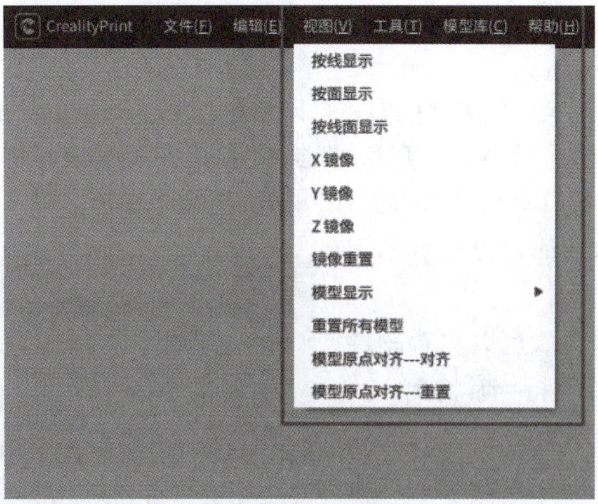

图 5-25　视图菜单栏

学习笔记

(a)按线显示:模型按线显示。

(b)按面显示:模型按面显示。

(c)按线面显示:模型按线面显示。

(d)*X* 镜像:对选择模型进行 *X* 轴镜像的操作。

(e)*Y* 镜像:对选中模型进行 *Y* 轴镜像的操作。

(f)*Z* 镜像:对选中模型进行 *Z* 轴镜像的操作。

(g)镜像重置:对镜像进行重置的操作。

(h)模型显示:模型的视图选择及显示(前视图/后视图/左视图/右视图/俯视图/底视图/透视视图/正交视图)。

(i)重置所有模型:对平台所有模型进行重置的操作。

(j)模型原点对齐:对选中的模型进行原点对齐的操作。

(k)模型原点对齐:选中的模型进行原点对齐的操作。

④工具:工具菜单栏下拉框项目如图 5-26 所示。

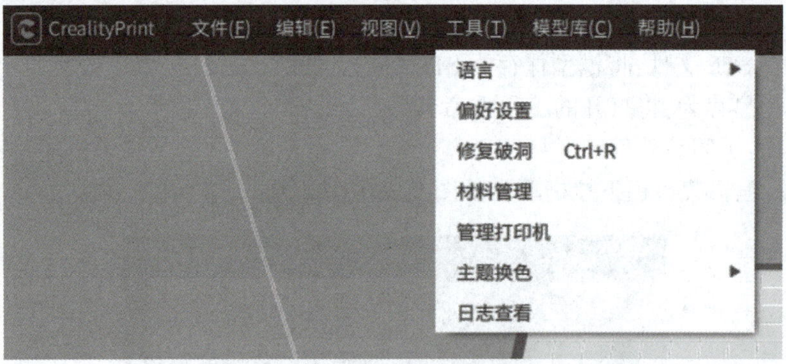

图 5-26　工具菜单栏

(a)语言:可以设置软件的语言,支持简体中文、繁体中文、英文。

(b)偏好设置:可以设置货币单位和保存工程时间间隔,货币单位有人民币和美元,保存工程时间间隔默认为 10 min。

(c)材料管理:可以对 FDM 打印材料的种类进行管理以及相关参数进行设置,材料种类默认有 PLA/ABS,还可以新建添加,相关参数项包括材料类型、品牌、直径、打印温度、灯丝成本等。

(d)管理打印机:本功能可以对 FDM 打印机进行基本参数的配置,包括平台形状、平台高度、平台宽度、喷嘴个数、喷嘴直径、机器深度、机头及风扇轮廓大小、是否生成预览图、是否有热床等,还可以对机型进行保存、重置、删除等操作。

(e)主题换色:本功能可以设置不同主题的软件页面。

(f)日志查看:本功能可以查看软件运行日志,以追踪软件运行异常情况。

⑤模型库:模型库菜单栏下拉框项目如图 5-27 所示,打开进入创想云模型库如图 5-28 所示。

图 5-27　模型库菜单栏

学习笔记

图 5-28　创想云模型库

⑥编辑：编辑菜单栏下拉框项目如图 5-29 所示。

(a)关于我们：显示软件版本及软件开发商的基本信息。

(b)软件更新：软件版本的检测及更新。

(c)使用教程：打开本软件的操作使用教程。

(d)用户反馈：进入 Creality Print 切片软件的意见反馈页面。

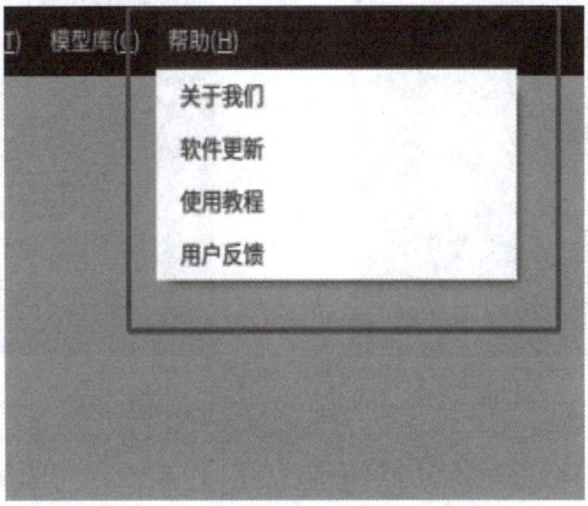

图 5-29　编辑菜单栏

(2)功能操作栏

功能操作栏可以说是整个切片软件最为主要，使用频率最高的功能版块之一，其界面如图 5-30 所示。操作栏内的功能设置可以完成待处理模型文件除切片以外的所有设置，包括尺寸位置、外观细节甚至表面的特殊处理、模型数量等诸多操作事项。以下详细介绍操作栏内的所有功能。

①选取：选择当前需要处理的模型。

②移动：对选中的模型进行移动操作，包括 X、Y、Z 轴方向的移动，居中、置底的摆放，也可以进行居中、置底、重置的操作，如图 5-31 所示。

学习笔记

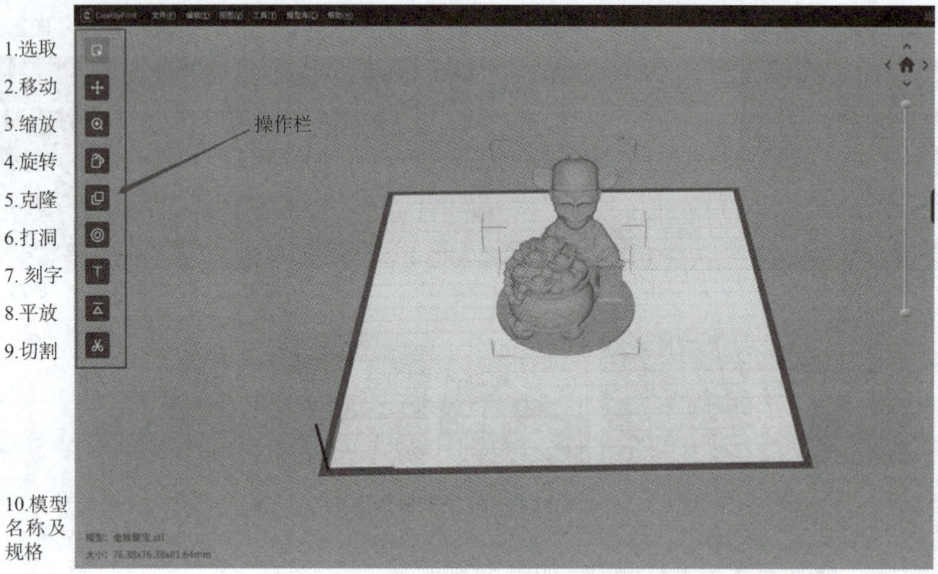

图 5-30　功能操作栏界面

③缩放：对选中的模型进行缩放操作，包括 X、Y、Z 轴方向的缩放，也可开关锁定比例进行缩放和重置的操作，如图 5-32 所示。

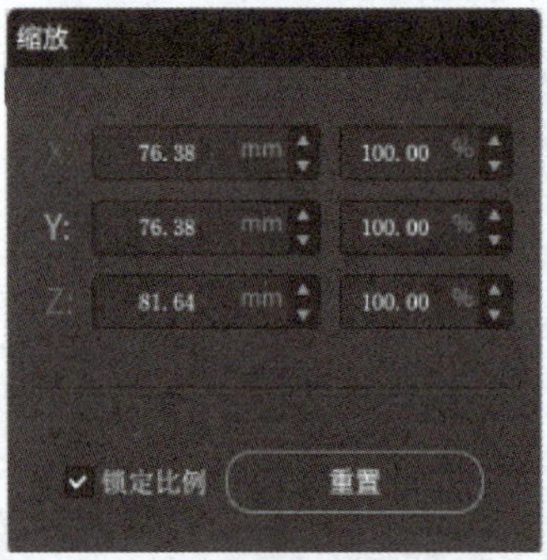

图 5-31　移动对话框

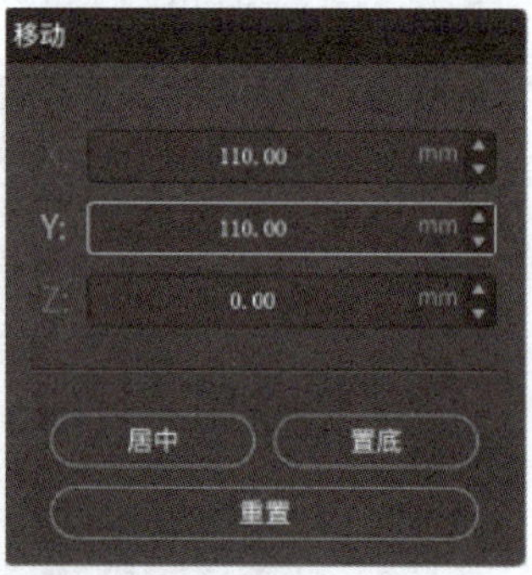

图 5-32　缩放对话框

④旋转：对选中的模型进行旋转操作，包括 X、Y、Z 轴方向的旋转，也可重置让模型调整状态回到初始状态，如图 5-33 所示。

⑤克隆：对选中的模型进行克隆操作，克隆前可以设置要克隆的数量，如图 5-34 所示。

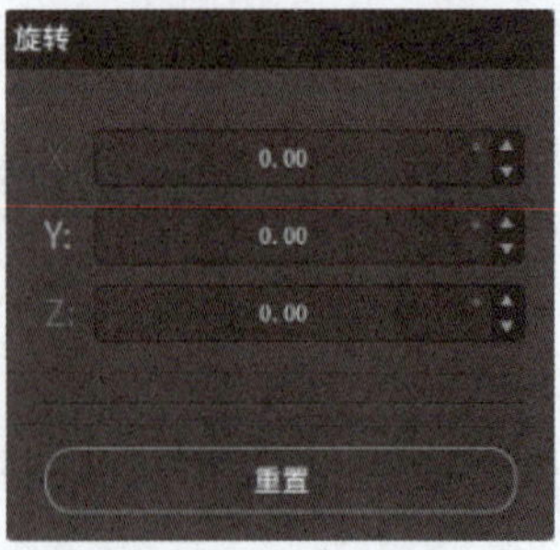

图 5-33　旋转对话框

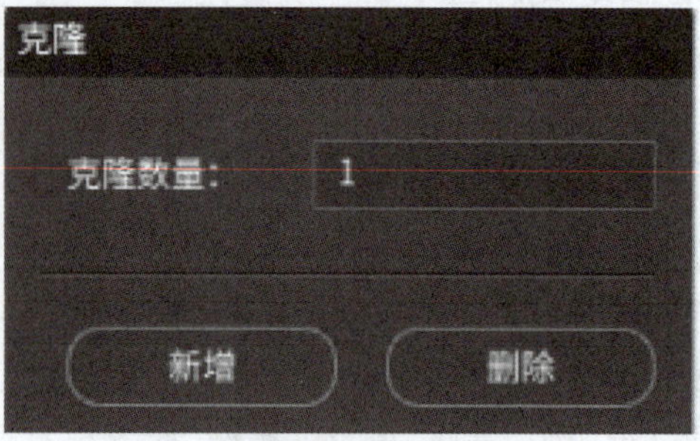

图 5-34　克隆对话框

学习笔记

⑥打洞：对选中的模型进行打洞操作，操作项包括尖端形状（圆、三角形、正方形）、大小、深度等，也可以进行取消打洞的操作，如图 5-35 所示。

⑦刻字：对模型进行刻字的功能，刻字的相关参数有文字、字体、字高、厚度以及内测和外侧等。

⑧平放：对选中的模型进行按面放平的操作，操作时选择放平的面即可。

⑨切割：对选中的模型进行切割的操作，操作项有 X、Y、Z 轴切割位置的调整，X、Y、Z 轴切割角度的调整，开始切割及重置，如图 5-36 所示。

图 5-35　打洞对话框

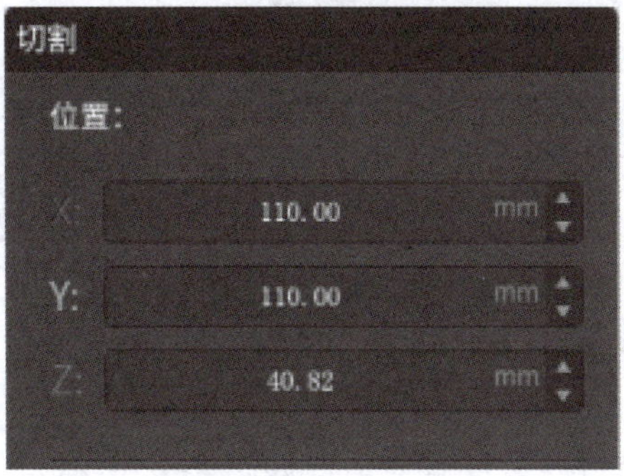

图 5-36　切割对话框

（3）打印机选择

①选择打印机：单击打印机下方的下拉列表选择合适的打印机机型，如图 5-37 所示。

②添加打印机：如果下拉列表中没有匹配的打印机机型，可以单击“添加打印机”，在添加打印机页面选择合适的机型并添加，如图 5-38 所示。

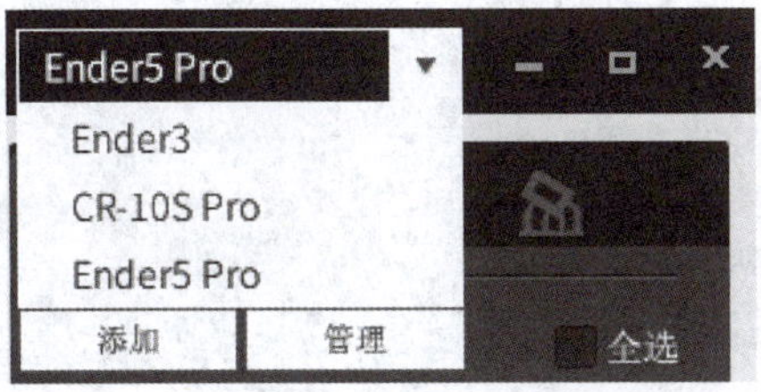

图 5-37　选择打印机

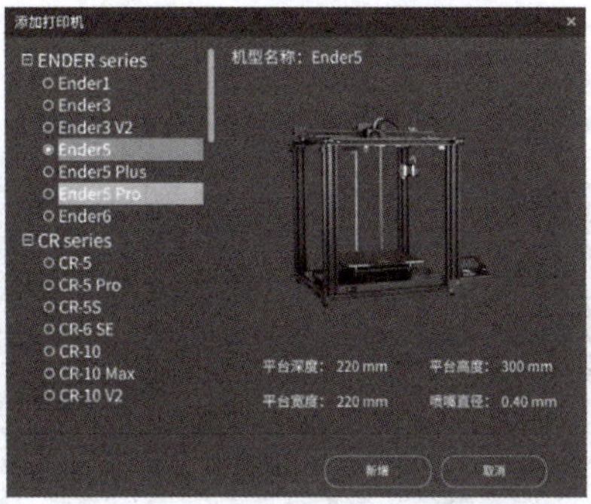

图 5-38　添加打印机

③管理打印机：本功能可以对打印机进行基本参数的配置，包括平台形状、平台高度、平台宽度、喷嘴个数、喷嘴直径、机器深度、机头及风扇轮廓大小、是否生成预览图、是否有热床等，还可以对机型进行保存、重置、删除的操作，还可查看和编辑机器 G 代码和挤出机的 G 代码。

（4）模型操作

①导入模型：单击本功能可导入模型文件，如图 5-39 所示，支持的格式有 . bmp/. jpg/. jpeg. png/. stl/. obj /. gcode/GERBER（印刷电路板格式）。

②删除模型：本功能为删除选中模型的功能。

③居中排列：本功能为模型居中排列的功能，如图 5-40 所示。

④模型选择：此处有 2 个功能点，分别为全选和单选，勾选全选时会选中页面所有的模型，切换为不勾选时不选择任何模型，单击选择模型列表中的模型为单选状态。如图 5-41 所示。

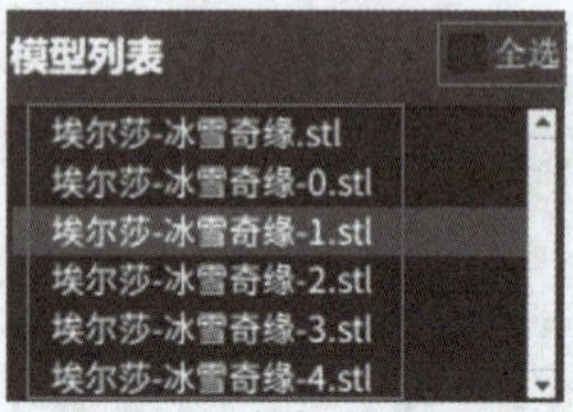

图 5-39　导入模型图

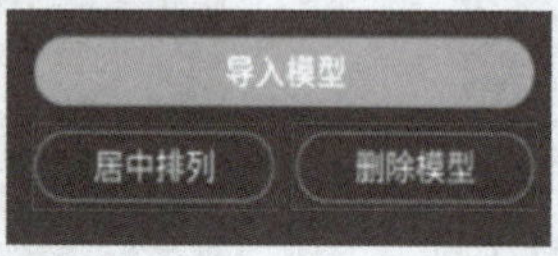

图 5-40　剧中排列图

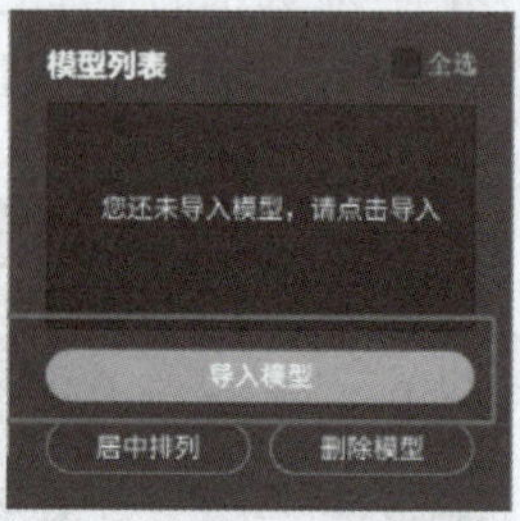

图 5-41　模型选择

(5)参数

选择参数配置对话框如图 5-42 所示。

①新建参数配置：新建一个高/中/低的参数配置项，先选择一个高/中/低的质量模式单击“新建配置”，进入新建页面，编辑完后单击“下一步”进入参数设置页面，设置完后单击“高级设置”进入高级参数编辑页，设置完后单击“保存”回到参数编辑页，再单击“保存”后完成参数新建。

②编辑参数配置：编辑选中的参数配置项，编辑过程中有重置/保存/返回/取消等操作，可以进行基本参数设置和高级参数设置。

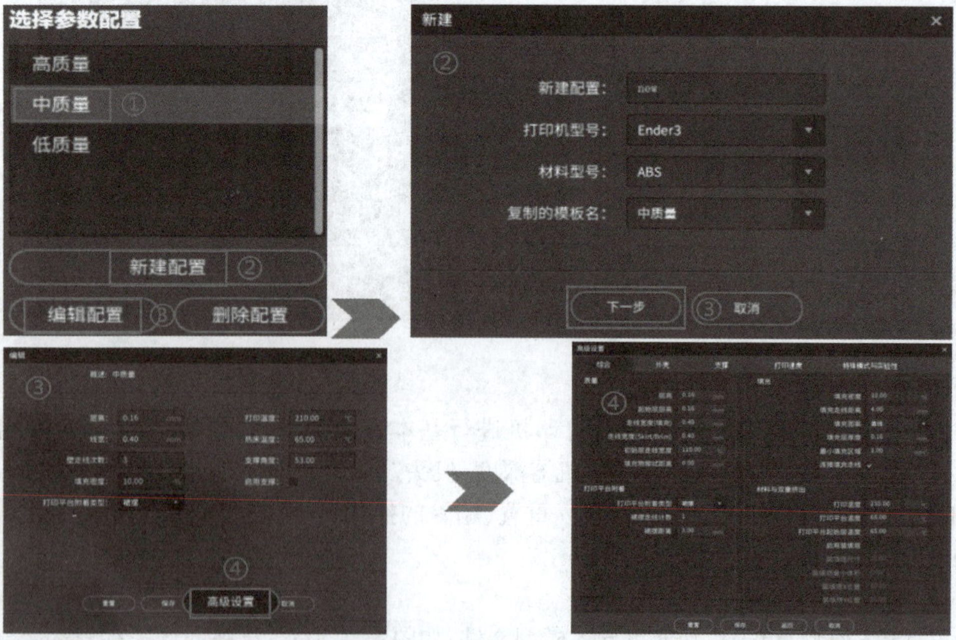

图 5-42　选择参数配置对话框

学习笔记

③删除参数配置:选中一个参数配置项后,单击“删除”即可删除选中的参数配置项(默认的高质量/中质量/低质量配置参数无法删除),如图 5-43 所示。

(6)支撑

选择 FDM 机型(ENDER/CR/CT 系列),添加模型,右侧任务栏切换到支撑页,并编辑相关的支撑参数如图 5-44 所示。

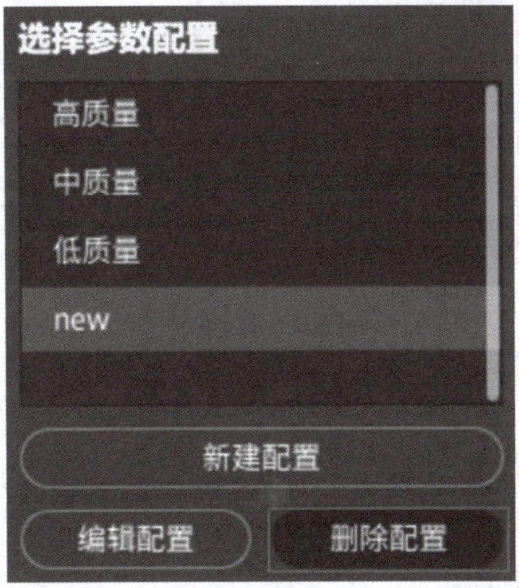

图 5-43　删除参数配置对话框

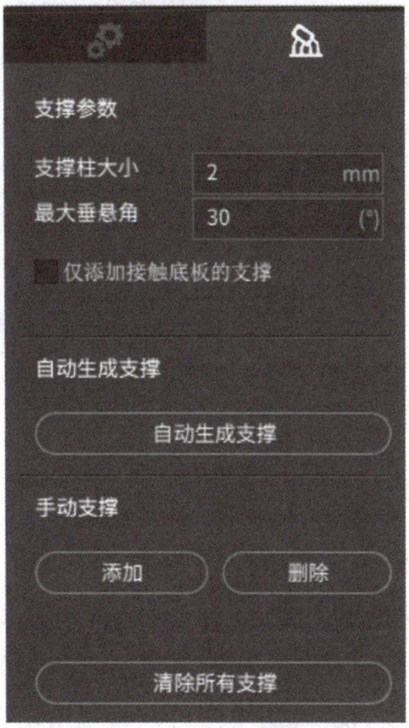

图 5-44　支撑参数对话框

①支撑柱大小:编辑支撑柱的大小。

②最大悬垂角:设置最大悬垂角角度。

③仅添加接触底板的支撑:勾选仅添加接触底板的支撑。

④自动生成支撑:一键自动生成支撑。

⑤ 添加手动支撑:手动添加支撑。

⑥ 删除手动支撑:删除手动添加的支撑。

⑦ 清除所有支撑:清除所有的支撑(包括手动添加和自动生成的支撑)。

(7)鼠标功能操作

①右键旋转:按住鼠标右键后移动鼠标可以进行视角旋转,方便查看各视角的模型情况。

②滚轮拖动:按住鼠标滚轮并拖动可以对打印平台进行平面的移动。

③左键单击:鼠标在中间版面的操作只有选中模型的功能,且同时只能选中 1 个模型,【Ctrl】+鼠标左键可以进行多选的操作。

④右键单击:鼠标右键在中间版面可以切出相关的菜单,并且可以对相关菜单进行相关的操作,如图 5-45 所示。

学习笔记

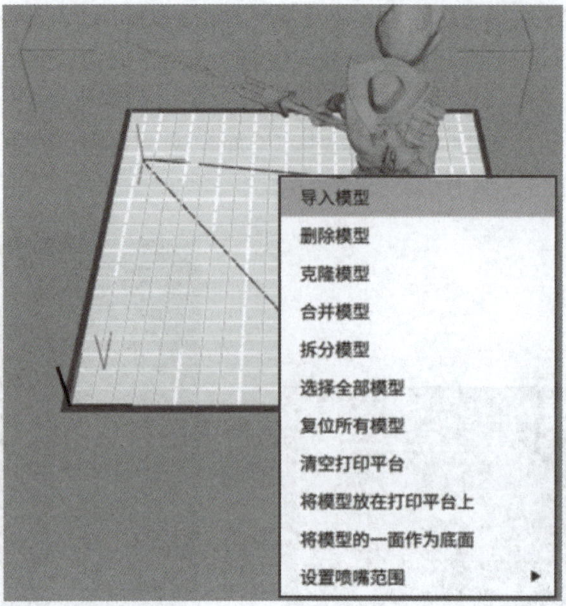

图 5-45　鼠标右键功能

(8)视图/拖动条/展开收起

视图/拖动条/展开收起如图 5-46 所示。

①前视图 :单击可以将视角切换到前视图。

②左视图 :单击可以将视角切换到左视图。

③右视图 :单击可以将视角切换到右视图。

④俯视图 :单击可以将视角切换到俯视图。

⑤仰视图 :单击可以将视角切换到仰视图。

⑥拖动条：选中模型后拖动上下 2 个球形拖动按钮可以观察模型各层显示情况,对模型进行查看和分析;

⑦展开/收起:单击任务栏左侧的箭头可以展开和收起任务栏信息。

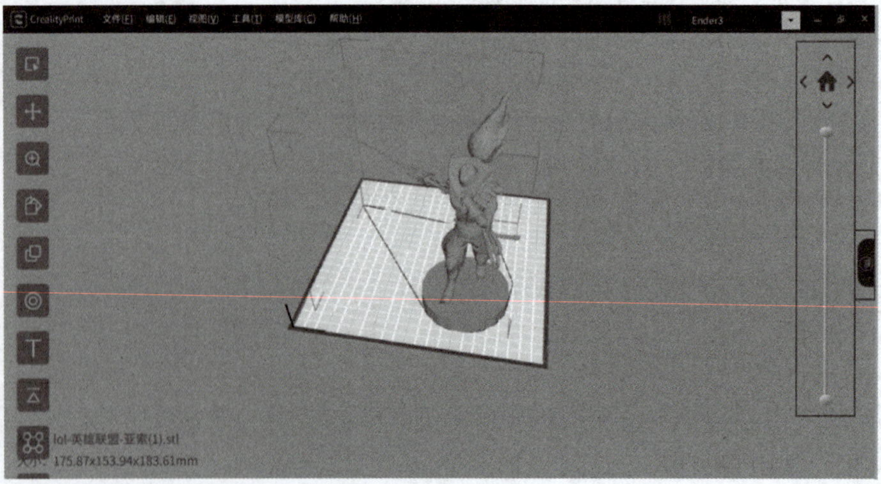

图 5-46　试图/拖动条/展开收起

(9)切片及预览

①开始切片：单击任务栏下方的“开始切片”后进行切片，并有切片的进度任务栏显示，切片过程中可以单击“取消”终止切片，也可等待切片完成进入预览页面，如图 5-47 所示。

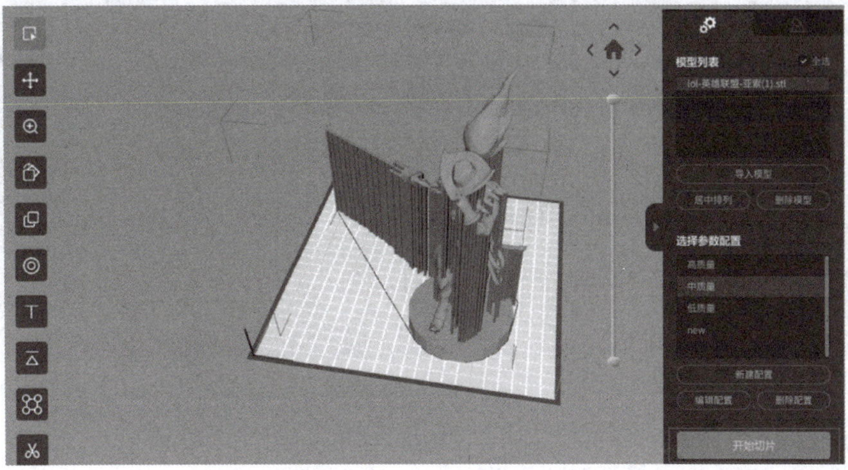

图 5-47　开始切片

②打印报告：完成切片后在预览页面右方的信息栏中显示有打印报告，如图 5-48 所示。

③打印预览设置：完成切片后在预览页面右方的信息栏中显示有打印预览，如图 5-48 所示；

④颜色显示：完成切片后在预览页面右方的信息栏中显示有颜色显示，颜色显示栏有速度/结构/喷嘴的分页切换，其中结构显示的分页中可以勾选相关的显示项(外壁/内壁/皮肤/支撑结构/裙摆/边缘/填充/支撑填充/移动梳理/移动回抽/支撑面/装填塔/空走/短空走直接出料/长空走提前出料)，如图 5-48 中③④所示。单击图 5-48 中的颜色显示按钮出现图 5-49 所示的颜色显示对话框。

⑤G-code：完成切片后在预览页面右方的信息栏中显示有 G-code 显示，上下滑动可以查看相关的 G-code 信息，设置层数和步数后 G-code 也会显示相应层数和步数的 G-code 代码信息，如图 5-50 所示。

⑥预览：完成切片后在预览页面下方有预览的相关操作，包括层数/步数的拖动和编辑、预览方式(每一层/每一步)、只显示层数的编辑和勾选、播放打印速度的设置、开始播放的按钮等，如图 5-51 所示。

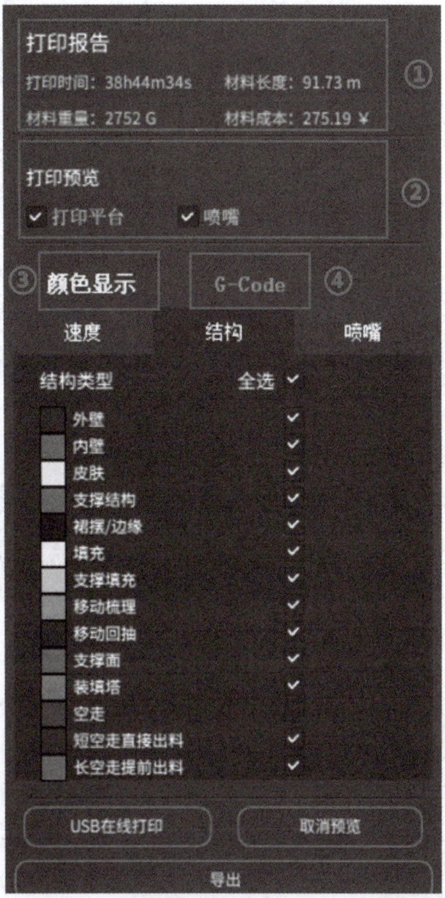

图 5-48　打印预览

学习笔记

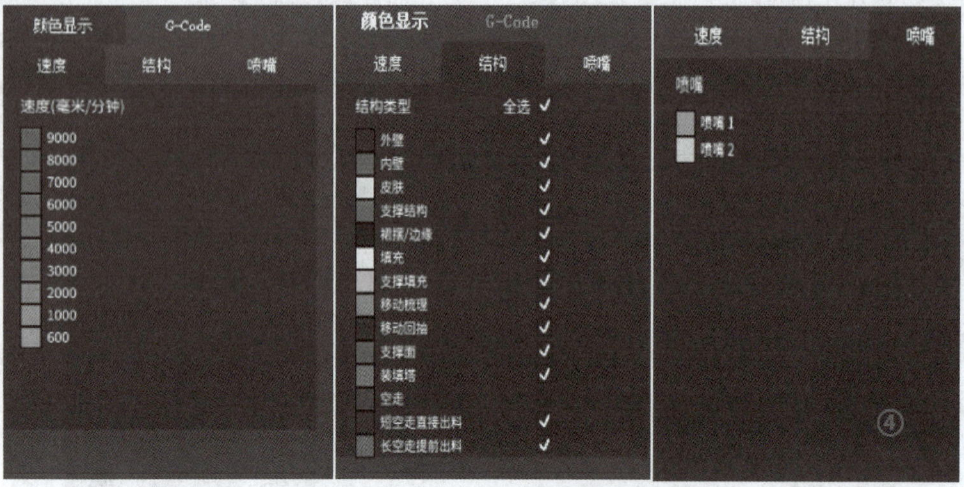

图 5-49　颜色显示

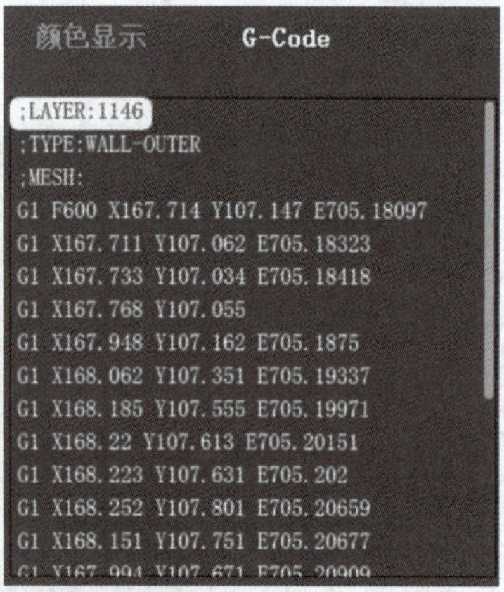

图 5-50　Gcode 代码信息

图 5-51　预览对话框

⑦USB 在线打印:完成切片后在预览页面右方的信息栏中有“USB 在线打印”按钮,单击后会有一个 USB 打印的设置弹框,这里可以设置相关的打印参数项,包括端口的连接和端口、喷嘴温度编辑和实时温度显示、$X/Y/Z$ 轴位置编辑和归零、风扇速度的编辑、G-code 文件路径编辑、打印/暂停/取消的功能按钮,如图 5-52 所示。

⑧导出:完成切片后在预览页面右方的信息栏中有“导出”按钮,单击后选择本地会把 G-code 切片文件保存到本地,如图 5-53 所示。

学习笔记

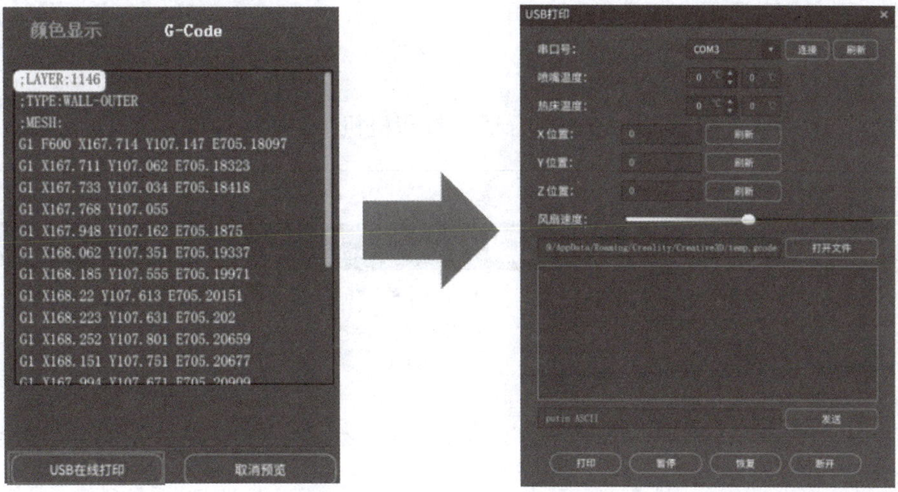

图 5-52 USB 在线打印对话框

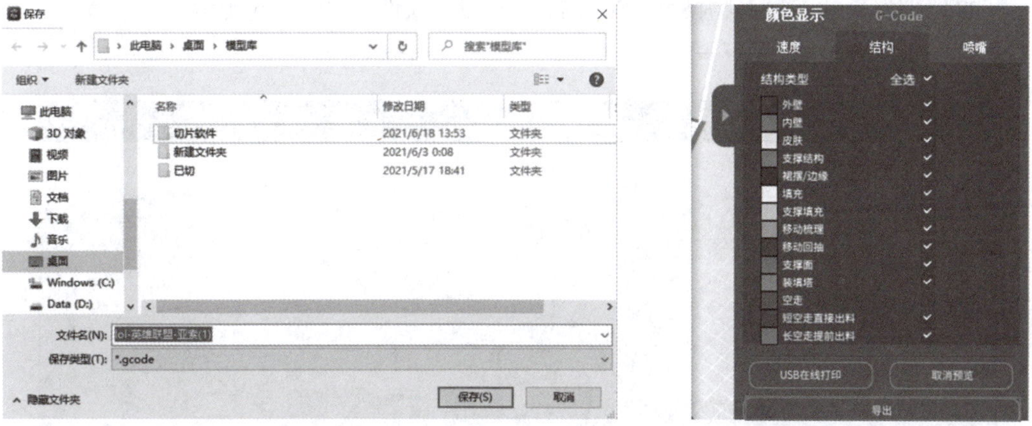

图 5-53 导出对话框

4. 切片操作流程

切片操作界面如图 5-54 所示。

①机型选择：此处可以选择列表中已有的机型，也可添加新的机型。

②模型导入：此处可导入本软件支持 的格式模型文件。

③参数配置：此处可配置高/中/低三种不同的默认参数，也可新建参数配置（新建配置以默认的三种配置为模板）。

④切片：此处开始切片，切片过程中可取消切片操作。

⑤预览及导出：此处可预览切片文件和导出切片文件，还可进行 USB 连机打印。

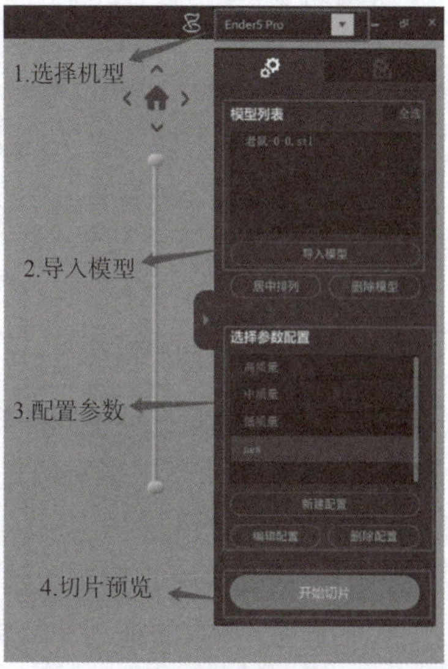

图 5-54 切片操作界面

学习笔记

任务实施

1. 选择打印机

单击打印机下方的下拉列表选择合适的打印机机型,如图 5-55 所示。

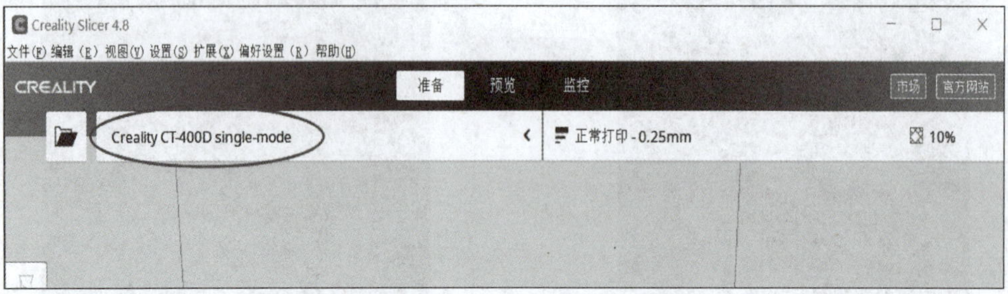

图 5-55　选择打印机

2. 导入模型

将处理好后的卡通人物模型 STL 文件导入切片软件,如图 5-56 所示。

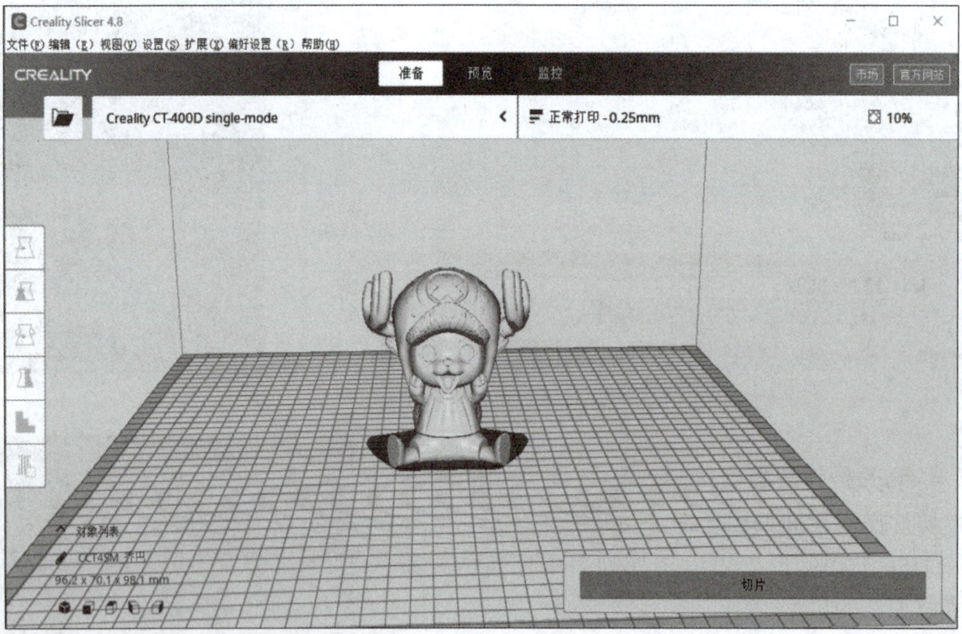

图 5-56　导入卡通人物模型

3. 切片参数配置

可配置高/中/低三种不同的默认参数,也可新建参数配置(新建配置以默认的三种配置为模板)。本模型根据对应打印机情况进行参数自定义,如图 5-57 所示。

4. 进行切片并预览

开始切片,切片过程中可取消切片操作。完成切片后在预览页面下方有预览的相关操作,包括层数/步数的拖动和编辑、预览方式(每一层/每一步)、只显示层数的编辑和勾选、播放打印速度的设置、开始播放的按钮等,如图 5-58 所示。

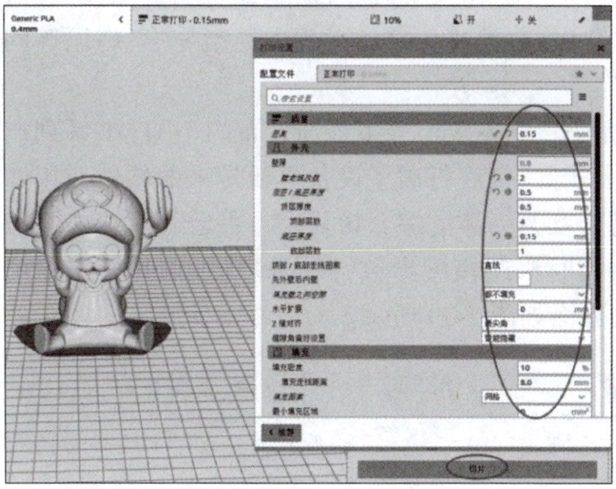

图 5-57　切片参数配置

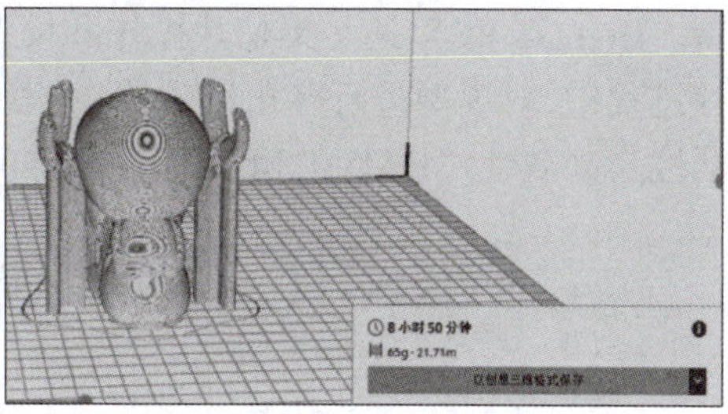

图 5-58　进行切片并预览

5. 导出

可预览切片文件和导出切片文件，还可进行 USB 连机打印。

任务 5.3　设置 LCD 光固化机器切片参数

任务导入

LCD 光固化 3D 打印机的原理是利用液晶屏 LCD 成像原理，用液晶屏幕不透光的部分遮挡了紫外光线，每层固化完成后，工作台沿 Z 轴方向按预定的增量上升一层厚度，逐层堆积形成最终的成品。小美想使用创想三维 LCD 光固化 3D 打印机打印海豚模型，请问她使用 HALOT BOX 切片软件如何设置打印参数呢？

任务目标

1. 知识目标

(1)了解 HALOT BOX 切片软件的界面功能。

(2)掌握 HALOT BOX 切片软件的基本操作。

2. 能力目标

(1)能够正确使用 HALOT BOX 切片软件进行模型切片。

(2)学会分析使用 HALOT BOX 切片软件出现切片失败的原因以及解决方法。

3. 素质目标

(1)养成勇攀高峰的科学精神。

(2)具备良好的职业道德。

知识准备

HALOT BOX 作为一款创新三维新兴的光固化切片软件。它有着简洁直观的操作界面，即便是 3D 打印领域的新手，也能快速上手。只需简单的几步操作，就能完成复杂的

学习笔记

切片任务,大大节省了时间和精力。同时,HALOT BOX 的支撑功能日益丰富,能够针对不同的打印模型,智能生成最优化的支撑结构,有效避免打印过程中模型变形、坍塌等问题,打印成功率极高。

在兼容性上,HALOT BOX 表现堪称完美。它不仅与当下最新发布的 HALOT 系列产品无缝对接,还能良好适配早期的 LD 系列产品,彻底打破了设备更新带来的软件使用壁垒。HALOT BOX 还是集切片操作和模型交互为一体的综合切片操作平台。用户能在切片过程中,对模型进行多角度预览、调整,实时修改模型参数,极大提升了切片操作的灵活性与高效性。HALOT BOX 切片软件的界面如图 5-59 所示。

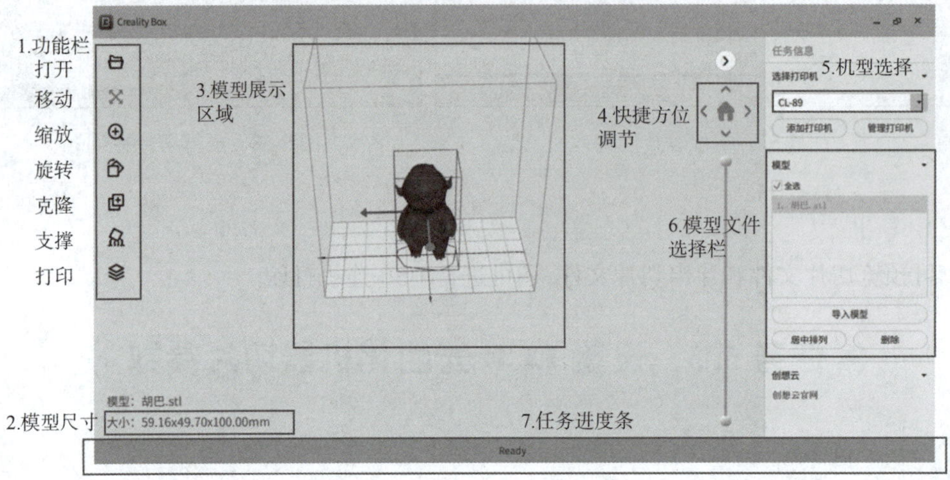

图 5-59 Halot BOX 软件界面

5.3.1 软件界面介绍

单击切片软件主界面左上角图标,弹出如图 5-60 所示对话框:

①打开工程:打开现有的工程文件(.cx3d)。

②打开:打开文件(.stl/.obj)。

③最近访问文件:最近访问的文件列表。

④保存 STL 文件:将模型保存为 STL 格式文件。

⑤工程另存为:将打开的工程重命名保存。

⑥语言设置:设置软件显示语言(中文/英文)。

⑦使用教程:打开本软件操作的使用教程。

⑧更新版本:自动检测更新版本并选择安装。

⑨关于我们:显示软件版本、开发者信息、官网链接。

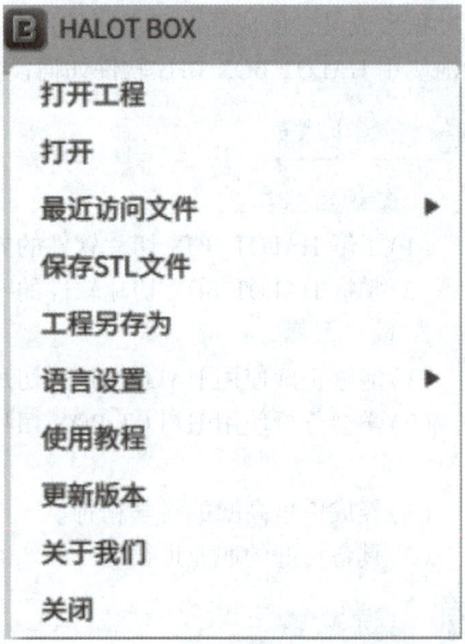

图 5-60 软件主界面对话框

5.3.2　软件操作介绍

1. 打开

打开一个新的模型文件等待操作。打开需要使用的模型文件夹，选中然后打开，如图 5-61 所示。

2. 移动

对选中的模型进行移动操作，包括 *X/Y* 水平方向的移动，同时可直接对模型位置进行居中/置底和重置的操作，如图 5-62 所示。

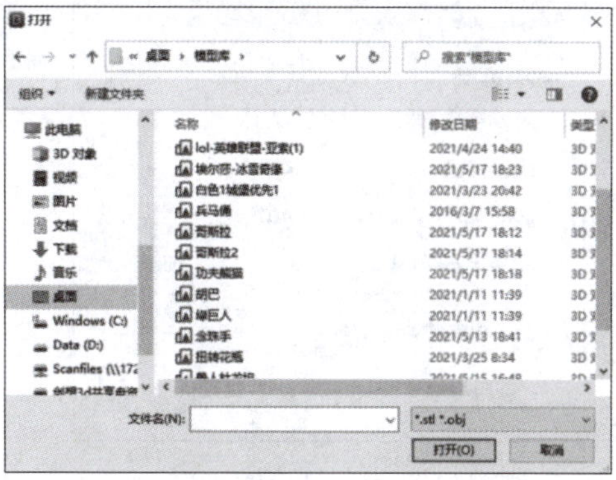

图 5-61　打开对话框

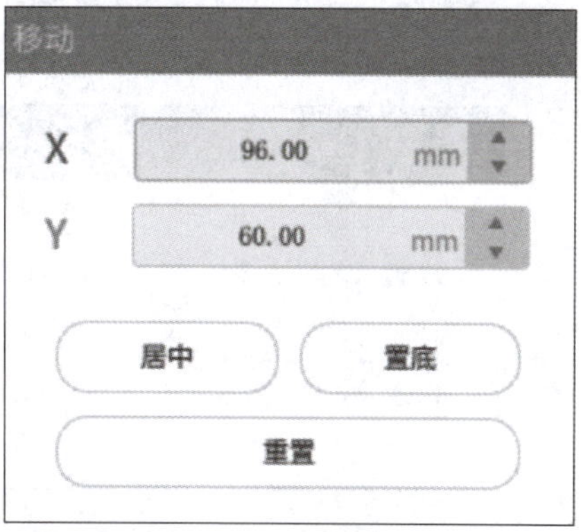

图 5-62　移动对话框

3. 缩放

对选中的模型进行缩放操作，包括 *X/Y/Z* 方向的缩放，也可开关锁定比例对模型的某一个方位进行单独调节和重置的操作，如图 5-63 所示。

4. 旋转

对选中的模型进行旋转操作，包括 *X/Y/Z* 方向的旋转，也可重置，如图 5-64 所示。

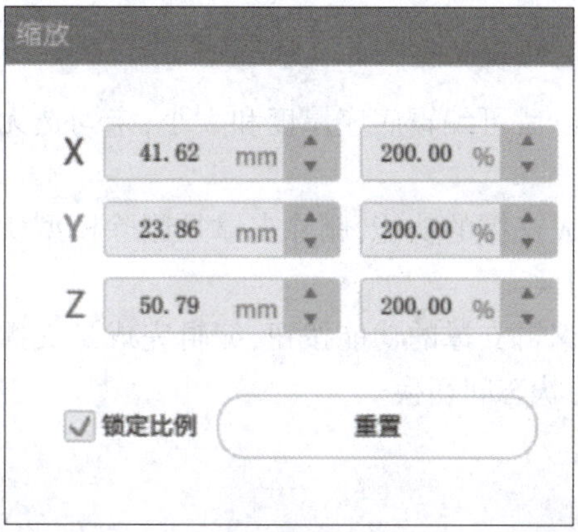

图 5-63　缩放对话框

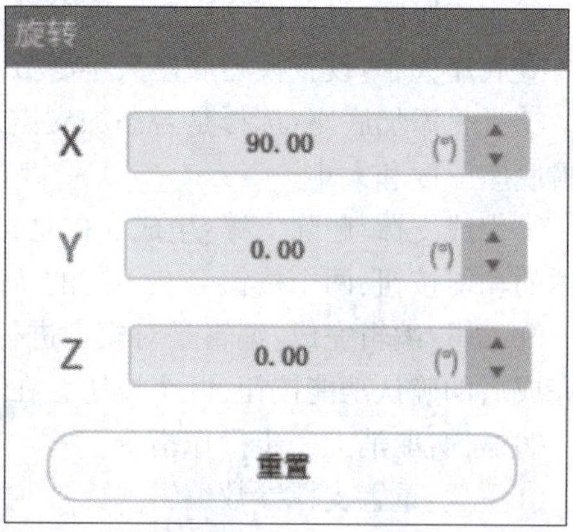

图 5-64　旋转对话框

5. 克隆

对选中的模型进行克隆操作，同时对克隆的数量也需要进行设置，数量默认为 1 个，如图 5-65 所示。

学习笔记

6. 支撑

可对平台选中模型进行支撑参数编辑设置，可操作的设置项有顶尖直径、支撑密度、支撑直径、距离平台高度、底座厚度、底座大小、是否添加底座，操作按钮有生成/删除支撑、编辑/编辑完成、撤销、重置四个选项，如图 5-66 所示。

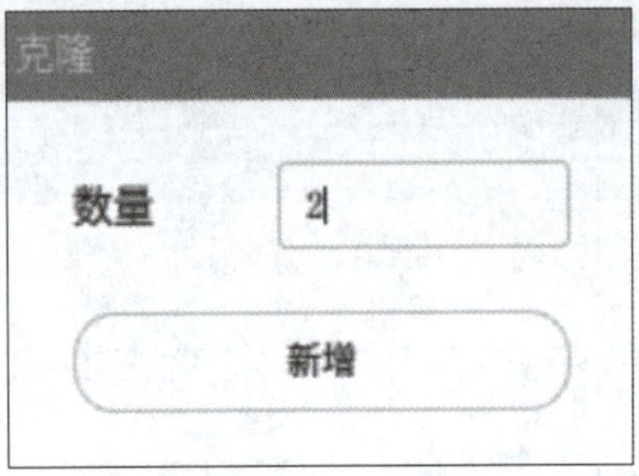

图 5-65　克隆对话框

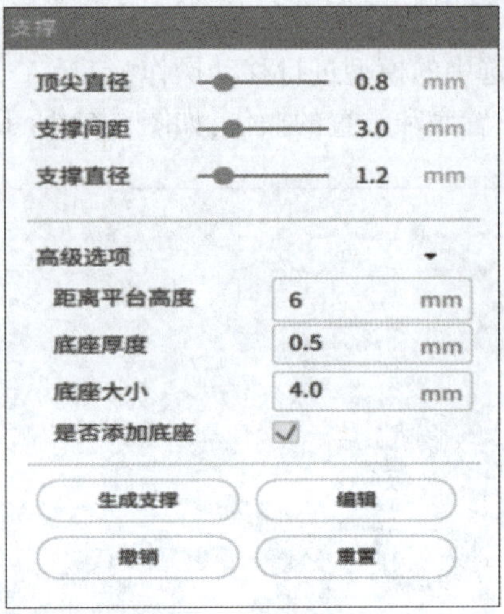

图 5-66　支撑对话框

①顶尖直径：支撑结构与模型间的接触位置圆球的直径。

②支撑密度：支撑分布密度参数设置（数值太小可能无法达到支撑效果，太大可能导致支撑分布密集增加后处理难度，影响模型的表面效果。具体数值根据模型实际设置）。

③支撑直径：支撑柱直径数值的设置。

④距离平台高度：设置模型距离平台高度参数。

⑤底座厚度：设置模型底座厚度参数。

⑥底座大小：设置模型底座大小参数。

⑦是否添加底座：选择是否添加支撑，勾选以后可编辑底座厚度和大小，未勾选无法编辑底座厚度和大小。

⑧生成支撑/删除支撑：生成支撑是自动生成支撑的功能，删除支撑是删除模型所有支撑的功能按钮，两个按钮会在不同的状态间切换。

⑨编辑/编辑完成：编辑是对模型进行手动编辑支撑的功能按钮，编辑完成是支撑编辑完成后的确认功能按钮，两个按钮会在不同的状态间切换。

⑩撤销：取消上一步操作指令。

⑪重置：重置支撑参数编辑。

7. 打印设置

切片前可以对各切片参数进行编辑设置，设置项包括耗材、层高、曝光时间、机变补偿厚度、机变补偿焦距、启用 *XY* 补偿、*XY* 补偿值、启用 *Z* 补偿、*Z* 补偿值、抗锯齿、灰度值范围等，如图 5-67 所示。

①耗材：打印耗材的选择。

②层高：打印层高的打印参数设置项（一般可设置范围为0.01~0.1 mm）。

③曝光时间：曝光时间的打印参数设置项。

④启用 XY 补偿：打开/关闭 XY 补偿的设置项。

⑤XY 补偿值：XY 补偿值的参数设置项，补偿值范围-0.3~0.3。

⑥启用 Z 补偿：打开/关闭 Z 补偿的设置项。

⑦Z 补偿值：Z 补偿值的参数设置项，补偿值范围 1~3。

⑧抗锯齿：打开/关闭抗锯齿的设置项，抗锯齿等级支持4、9、16、25四种选择。

⑨灰度值范围：抗锯齿的灰度值范围设置项，灰度值设置范围 10~255。

8. 模型

①导入模型：与菜单栏内的打开模型类似，单击可在此直接导入模型文件，如图5-68所示，支持的3D文件格式有.stl/.obj。

②居中排列：单击此功能可将模型调节至打印平台的具中位置。

③删除：删除列表中选中的模型。

④全选：勾选后会对列表中的模型全部选取。

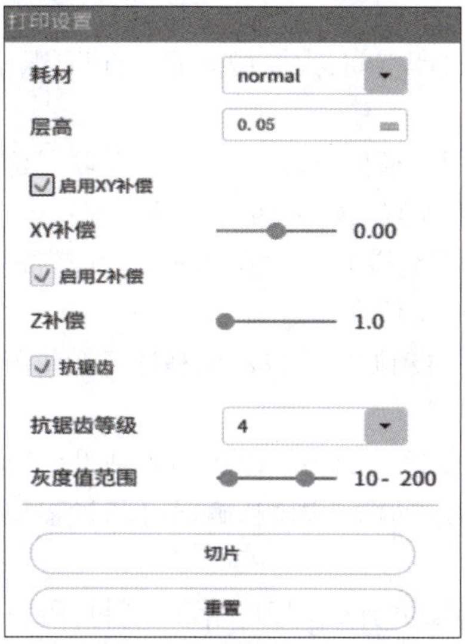

图5-67 打印设置对话框

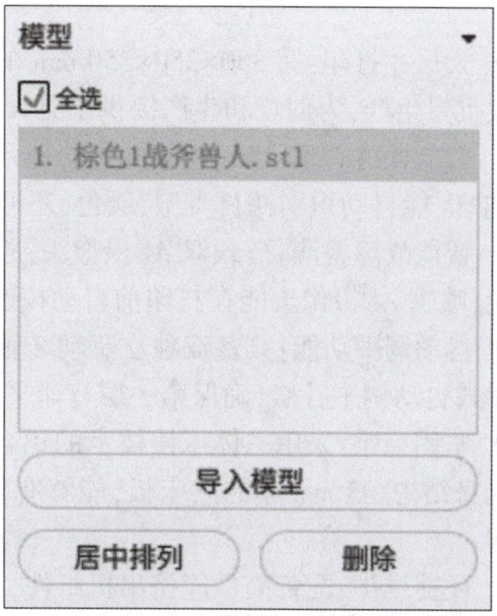

图5-68 模型对话框

9. 模型视角

包含五个选择按钮，分别为：前视图、俯视图、仰视图、左视图、右视图。“模型视角”如图5-69所示。选中模型后选择球形按钮上下拖动按钮可以观察模型各层显示情况，对模型进行查看和分析。

图5-69 模型视角

10. 切片

单击切片按钮，对导入的模型进行切片。切片结束后可以选择将切片文件保存到本地或通过Wi-Fi发送到打印机，“预估”区域会对模型打印所需的时间、树脂体积（耗用量）等进行数据预估。

学习笔记

5.3.3 选择 3D 打印机

1. FDM 打印机介绍

(1) K2 Plus Combo 型打印机

Creality K2 Plus Combo 是一款功能强大的 3D 打印机，如图 5-70 所示，它具有以下特点：

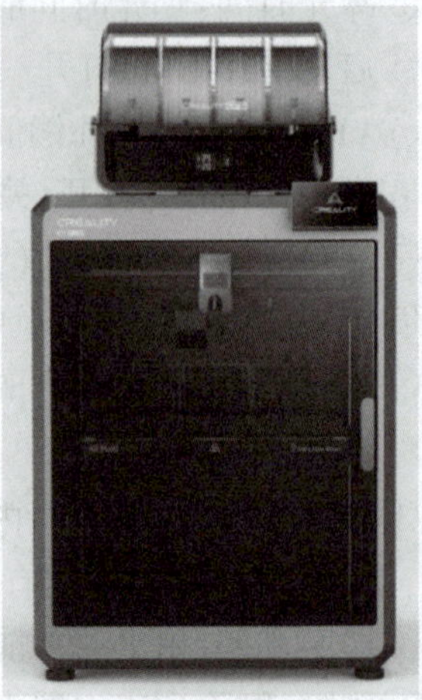

图 5-70　K2 Plus Combo 型打印机

- 高速打印：配备 FOC 伺服电机和先进的振动补偿算法，打印速度最高可达 600 mm/s，加速度达 30 000 mm/s^2，大大缩短了打印时间。
- 高精度打印：FOC 伺服电机可实现 32 768 个可控微步的精准控制，结合先进算法，打印精度可达 0.05 mm，全速度段内均能减少振纹现象，提升打印质量。
- 多材料打印：配备主动腔体恒温系统与带硬化钢尖端的高温喷嘴，可打印 PLA、ABS、PETG 等多种材料，还能打印 ASA、PPA-CF 等高端工业耗材，满足不同需求。
- 大尺寸打印：拥 350×350×350 mm 的超大打印空间，大模型无需分件打印，小模型可高效批量生产，为创意和生产提供了更大空间。
- 智能耗材管理：CFS 智能耗材管理系统采用 4 槽位设计，支持 4 台并联，最高实现 16 色打印，能自动识别耗材类型、颜色，还可以自动换料、续料，防止断料、卡料。
- 智能故障检测：搭载双 AI 摄像头，腔体 AI 摄像头可实时识别故障，并具备延时摄影功能；喷嘴 AI 摄像头能在打印前自动校准耗材 PA 值和流量。
- 自动调平功能：具备双独立驱动 *Z* 轴，可在自动调平前自动调整床身倾斜度，配合应变片式自动调平补偿，确保第一层打印平整。
- 坚固稳定：采用一体压铸技术的铝合金外骨骼，结合强化的 *XYZ* 轴设计，构成超稳定机身结构。5 mm 厚的热床板，能够有效抵消运动惯性影响，确保打印过程形变小、更稳定。
- 便捷维护：配备高性能挤出机组件，集成磁贴回弹式切刀、精准断料检测、一体化喷嘴以及磁吸外壳等设计，经久耐用且维护简便。

(2) CH-260 型打印机

工业级高温 3D 打印机 CH-260，能够稳定打印 PEEK、PEEK-CF 等高性能材料，以及 PC、PA-CF、PA、ABS、ASA 等工程塑料，打印成品没有翘曲和开裂，如图 5-71 所示，其参数如下：

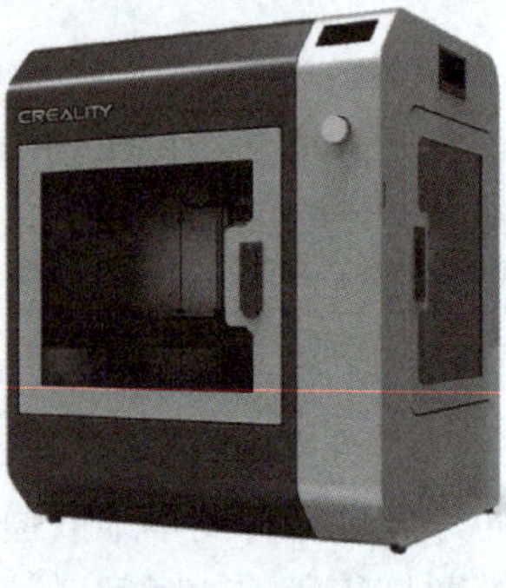

图 5-71　CH-260 型打印机

- 成型尺寸：260×260×260 mm。
- 先进热力学设计：腔室温度 90 ℃，喷嘴温度 450 ℃。
- 智能化设计：自动调平，断丝报警，断电续打。
- 高精度驱动：四个独立的高性能驱动器，能够实现高精度的打印运动控制，确保打印过程中喷头的移动精度，从而提高打印质量，使模型的细节更加精细。

学习笔记

(3)Ender-3 V3 SE 型打印机

Ender-3 V3 SE 采用"精灵"近端挤出机,兼容 PLA、PETG、柔性 TPU 耗材,可供灵活选择。Ender-3 V3 SE 采用简约轻量化设计,改进的 *XYZ* 轴结构、平滑的 T 型型材、简化的 *XY* 轴张紧器,让造型更灵动一体,如图 5-72 所示,其参数如下:

- 打印尺寸:220×220×250 mm。
- 机身尺寸:420×366×490 mm。
- 喷嘴温度:≤260 ℃。
- 屏幕:3.2 英寸彩色旋钮屏。
- 打印方式:SD 卡。
- 最高打印速度:250 mm/s。
- 加速度:2 500 mm/s^2。
- 支持耗材:PLA/PETG/TPU(95A)。
- 机型支持:自动调平。

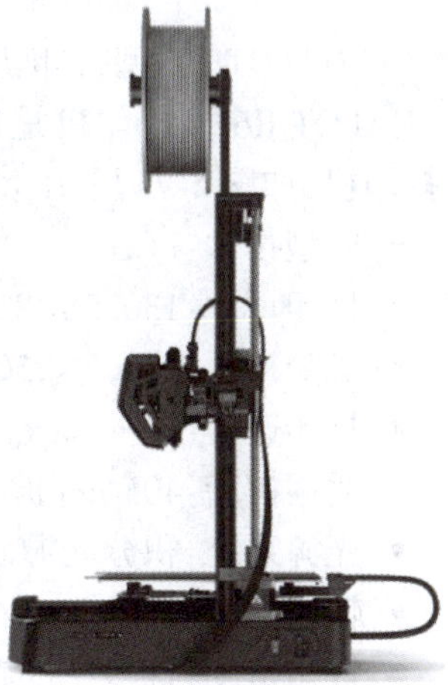

图 5-72　Ender-3 V3 SE 型打印机

(4)BS3DP-223PLUS 型打印机

BS3DP-223PLUS 打印机操作灵活方便简单易学。根据零件的 3D 模型,采用材料精确堆积(由点堆积成面,由面堆积成三维实体)的方法制造原型或零件,如图 5-73 所示,其参数如下:

成型原理:熔融堆积(FDM)。

成型体积:ϕ210×300 mm。

导轨方式:高精直线导轨。

打印速度:300 mm/s。

定位精度:理论重复定位精度 10 μm。

使用耗材:ϕ1.75 mm PLA、ABS 等。

自动调平:最新压力传感外置调平。

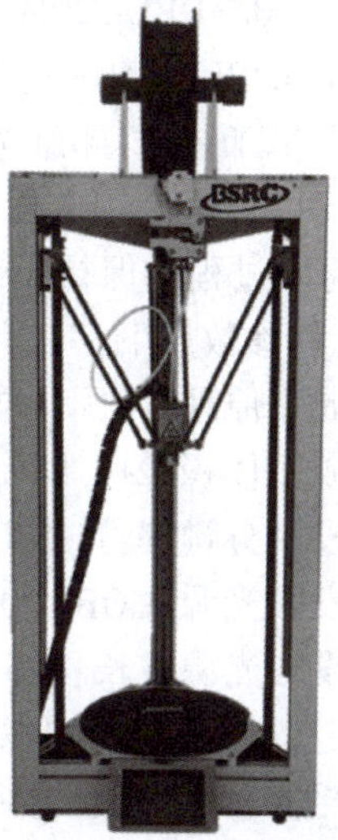

图 5-73　BS3DP-223PLUS 型打印机

(5)BS3DP-400 型打印机

BS3DPL-220MF 打印机超大打印空间,打破尺寸束缚,双 *Z* 轴电机配置联合四丝杆增幅承载重量,操作灵活方便简单易学,如图 5-74 所示,其参数如下:

成型原理:熔融堆积(FDM)。

成型体积:400×400×400 mm。

打印精度:100±0.1 mm。

打印速度:≤ 700 mm/s。

打印层高:0.05~0.3 mm。

喷嘴直径:0.4 mm(兼容 0.6/0.8 mm 喷嘴)。

调平方式:自动调平(36 点自动调平)。

支持耗材:PLA/PETG/TPU95A/ABS/ASA/PLA-CF/PA。

图 5-74　BS3DP-400 型打印机

学习笔记

2. LCD 光固化打印机介绍

（1）HALOT R6 型打印机

HALOT R6 型打印机是创想三维推出的一款光固化 3D 打印机，如图 5-75 所示，其参数如下：

- 成型技术：LCD。
- 打印尺寸：130.56×82.62×160 mm。
- 机身尺寸：235.5×230×395.5 mm。
- 打印速度：60 mm/h。
- 适用树脂：405 nm 波长树脂。
- 光源系统：积分光源。
- 辐照均匀度：>90%。
- 打印精度：打印厚度在 0.01～0.2 mm 之间，定位精度也为 0.01～0.2 mm。
- 显示屏：2.8 英寸触控屏。

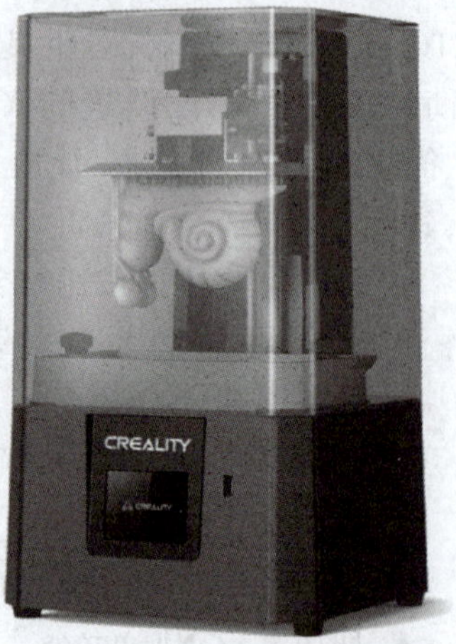

图 5-75　HALOT R6 型打印机

（2）BS3DPL-220MF 型打印机

BS3DPL-220MF 打印机操作灵活方便、简单易学，采用 12K 高清微米工艺，打印细节尽显；模型精细化处理，减少锯齿感；可使用支撑或不使用支撑，更省材料，更快速；可进行空气过滤，并可以在打印过程中保持设备内部恒温，打印效果更精细，如图 5-76 所示，其参数如下：

成型原理：光固化成型。

成型体积：218.88×122.88×250 mm。

投影分辨率：11 520×5 120 像素。

投影光源：COB 面光源。

投影光源波长：405 nm。

定位精度：理论重复定位精度 10 μm。

耗材属性：铸造树脂/非铸造树脂。

打印层厚：10～200 μm。

打印速度：30 mm/H。

XY 分辨率：19 μm、24 μm。

图 5-76　BS3DPL-220MF

3. 打印机选型

若导出目标选择打印机则系统会显示已连接绑定的打印机，在完成选择后可直接将模型发送至打印机执行，同时在此也可以新增远程可连接的打印机。

（1）选择打印机

单击图 5-77 所示的选择打印机下面的下拉菜单选择当前需要使用的打印机型号。

（2）添加打印机

如果下拉列表中没有匹配的打印机机型，可以单击添加打印机，在添加打印机页面选择合适的机型并添加。

图 5-77　选择打印机对话框

学习笔记

(3)管理打印机

可以对打印机进行基本参数的配置，包括打印机类型、分辨率 *X*/*Y*、*X*/*Y*/*Z* 大小、镜像的参数设置，以及保存、重置、删除的功能按钮。

任务实施

1. 选择打印机

单击打印机下方的下拉列表选择合适的打印机机型，如图 5-78 所示。

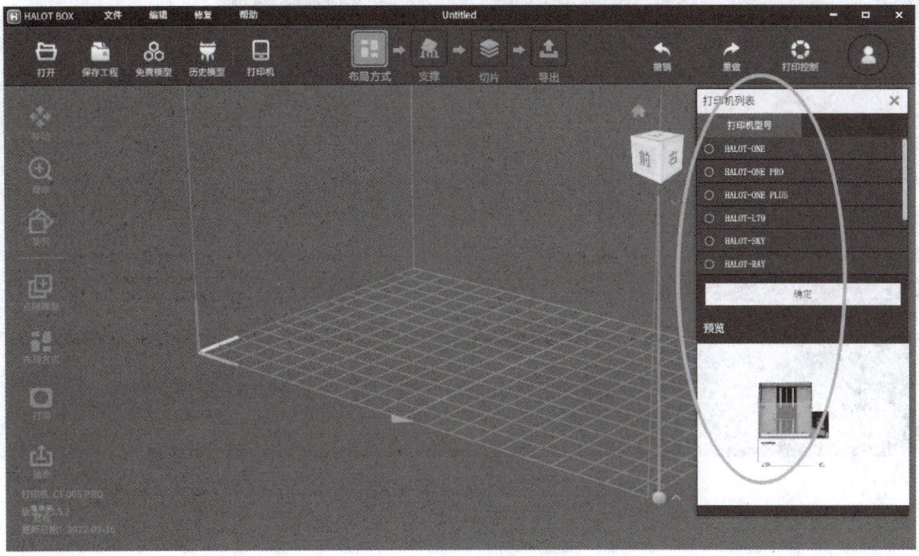

图 5-78　选择打印机

2. 导入模型

将处理好后的海豚模型 STL 文件导入切片软件，并通过旋转和移动命令对导入的模型进行摆正，确定好打印姿态，如图 5-79 所示。

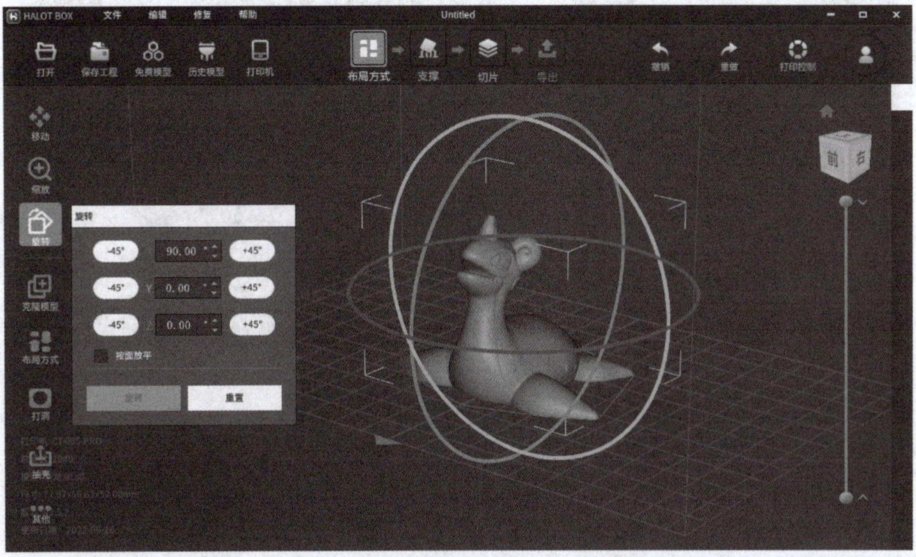

图 5-79　导入海豚模型

学习笔记

3. 设置支撑

在完成以上的姿态布局之后，进行支撑设置。支撑设置有粗、中、细三种默认参数设置，根据模型情况与打印机性能合理选择支撑参数，也可进行自定义支撑参数设置。本模型结合对应打印机情况综合考虑后选择中支撑，如图 5-80 所示。

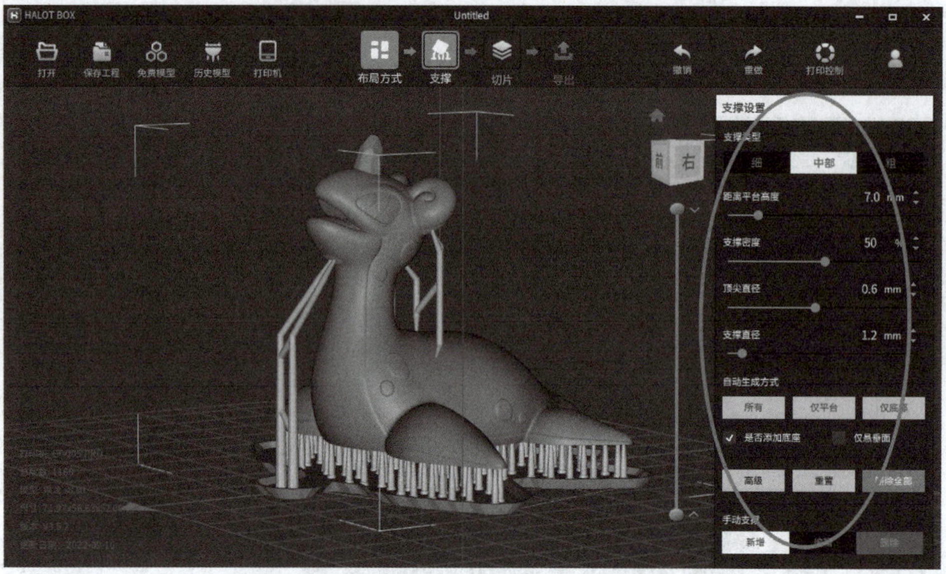

图 5-80　设置支撑

4. 打印参数设置

对打印机打印参数进行设置，层厚选用 0. 05 mm；初始曝光选择 50 s（时间需设置合理，可避免在模型打印过程中脱落）；曝光时间、上升高度等参数根据打印机情况进行对应设置，如图 5-81 所示。

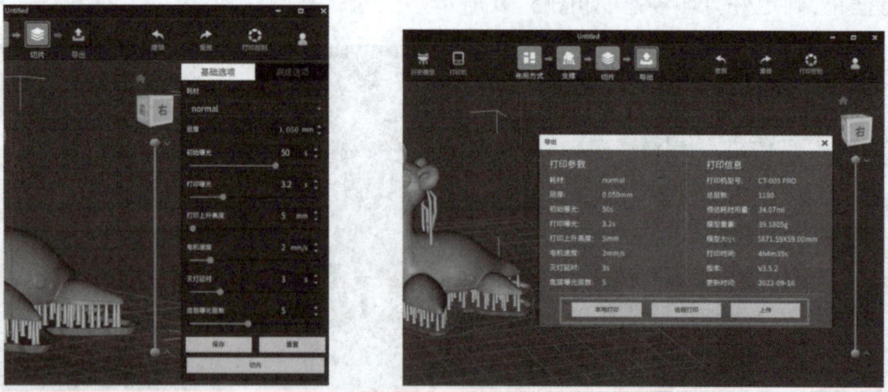

图 5-81　打印参数设置

5. 进行切片并预览

开始切片，切片过程中可取消切片操作。完成切片后在预览页面下方有预览的相关操作，包括层数/步数的拖动和编辑、预览方式（每一层/每一步）、只显示层数的编辑和勾

学习笔记

选、播放打印速度的设置、开始播放的按钮等。

6. 导出

可预览切片文件和导出切片文件，还可进行USB连机打印。

项目自我评估

一、填空题

1. 切片软件的核心功能是将3D模型分割为__________并生成__________文件。
2. FDM打印中，层厚越小，模型表面越__________，但打印时间越__________。
3. Creality Slicer中，填充密度的取值范围通常是__________%至__________%。
4. 光固化打印中，HALOT BOX的支撑参数包括顶尖直径、支撑密度和__________。
5. LCD光固化打印机的光源波长通常为__________ nm。

二、选择题

1. 以下哪种切片软件适合初学者？（　　）

A. Simplify3D　　B. Cura　　C. Slic3r　　D. Repetier Host

2. FDM打印中，喷头温度设置过高可能导致什么问题？（　　）

A. 模型翘边　　B. 材料碳化　　C. 支撑难拆除　　D. 打印速度变慢

3. HALOT BOX切片软件主要用于哪种类型的打印机？（　　）

A. FDM　　B. SLA　　C. LCD光固化　　D. SLS

4. 以下哪项是光固化打印的优点？（　　）

A. 材料成本低　　B. 无需支撑结构

C. 高精度表面　　D. 适合大型模型

5. 在Creality Print中，“克隆”功能的作用是？（　　）

A. 复制模型并调整位置　　B. 生成支撑结构

C. 优化打印路径　　D. 修复模型错误

三、判断题

1. Simplify3D是开源免费的切片软件。（　　）
2. 光固化打印的层厚通常小于FDM打印。（　　）
3. 打印平台附着（如裙边）可以提高模型附着力。（　　）
4. 回抽设置的目的是防止材料在移动时滴落。（　　）
5. HALOT BOX仅支持创想三维的LCD光固化打印机。（　　）

四、简答题

1. 简述切片软件的主要作用。
2. 在FDM打印中，如何设置支撑结构？
3. 光固化打印的支撑结构有何特殊要求？
4. Creality Print的“USB在线打印”功能有何优势？
5. 切片失败的常见原因有哪些？如何解决？

学习笔记

知识拓展

设计铸魂，制造强国

——记中国电建集团华东勘测设计研究院王仁坤水电之路

在制造强国的时代浪潮中，无数大国工匠引领行业突破，王仁坤便是其中一员。作为中国电建集团华东勘测设计研究院的资深工程师，他深耕水电工程设计领域近四十载，为我国水电事业筑牢根基，助力制造强国建设。

王仁坤与水电的缘分始于童年，大禹治水的故事和父亲的期许，在他心中种下水利梦想的种子。1979 年，他考入河海大学，在“厚基础、重实践、强运用”的教学理念熏陶下，积累专业知识。毕业后，王仁坤入职中国电建华东院，开启职业生涯。

刚工作，他就参与紧水滩水电站设计。当地地形复杂，常规方案难以适用。王仁坤扎根现场，徒步勘察每一处地形。经过钻研，他提出“混凝土双曲拱坝”设计方案，成功解决地形难题，降低成本、缩短工期。该项目荣获国家优秀工程设计金奖，王仁坤也崭露头角。

随着经验的增长，王仁坤愈发重视设计创新。在乌溪江流域梯级水电站规划中，他将生态环保理念融入设计，优化水库调度方案，既保障发电效益，又保护流域生态。这一举措为生态友好型水电设计提供了经验，他也因此获得水利部“生态水利设计突出贡献奖”。

进入 21 世纪，我国水电建设向大型化、复杂化迈进。王仁坤主导白鹤滩水电站部分设计工作。面对大坝稳定性和抗震性的严苛要求，他带领团队运用数字模拟技术，经过上千次模拟计算和方案调整，研发出新型大坝结构设计，提升大坝抗震性能 30%。白鹤滩水电站项目斩获国际水电协会“全球水电杰出成就奖”，王仁坤也被授予“全国工程勘察设计大师”称号。王仁坤不仅专注于工作，还致力于培养水电设计人才，将经验与理念毫无保留地分享给年轻一代。凭借卓越的设计成果，他推动我国水电事业实现跨越发展，诠释了大国工匠的使命与担当。

项目6

制作3D模型

学习笔记

资源

制作3D模型

项目概述

FDM(熔融沉积成型)与LCD(光固化)作为桌面级3D打印的主流技术,其打印环节在操作流程与技术细节上存在显著差异。工作台调平是打印的首要步骤,FDM设备需通过手动旋钮或自动传感器校准打印平台与喷头的平行度,确保首层打印精度;LCD设备则需调节树脂槽与打印平台的间距,通常采用磁吸或弹簧结构辅助校准。材料装载方面,FDM使用直径1.75 mm或2.85 mm的线材,需将材料末端插入喷头并完成热端初始化;LCD设备则需将液态光敏树脂倒入树脂槽,并注意液位高度与消泡处理。

模型打印阶段,FDM通过喷头在*XY*平面移动挤出熔融材料,*Z*轴每完成一层打印后提升0.1~0.3mm,需注意温度控制(喷头180~260 ℃,平台50~100 ℃)与支撑结构生成;LCD设备则通过底部透光屏投射紫外线固化单层树脂,打印完成后需通过刮刀或振动装置剥离已固化层,曝光时间通常为5~30 s/层。故障检修环节,FDM常见问题包括堵头(需拆机清理)、层错位(检查皮带张力)、翘边(提高平台温度或添加边缘);LCD设备则需关注树脂固化不足(增加曝光时间)、模型剥离失败(调整离型力参数)、分层断裂(优化支撑密度)等问题。

实际操作中,需根据模型复杂度选择工艺:FDM适合功能性原型制作,LCD则擅长高细节度模型制作。建议打印前通过切片软件(如Cura、Lychee Slicer)模拟打印过程,设置合适参数(层高、填充率、支撑类型),并定期维护设备(清洁导轨、更换耗材)以保障打印成功率。

思维导图

本项目的主要学习内容如图6-1所示。

任务6.1　使用FDM打印机制作模型

任务导入

使用FDM 3D打印机和模型“大力神杯”的切片文件,如何做才能把“大力神杯”制作出来?

学习笔记

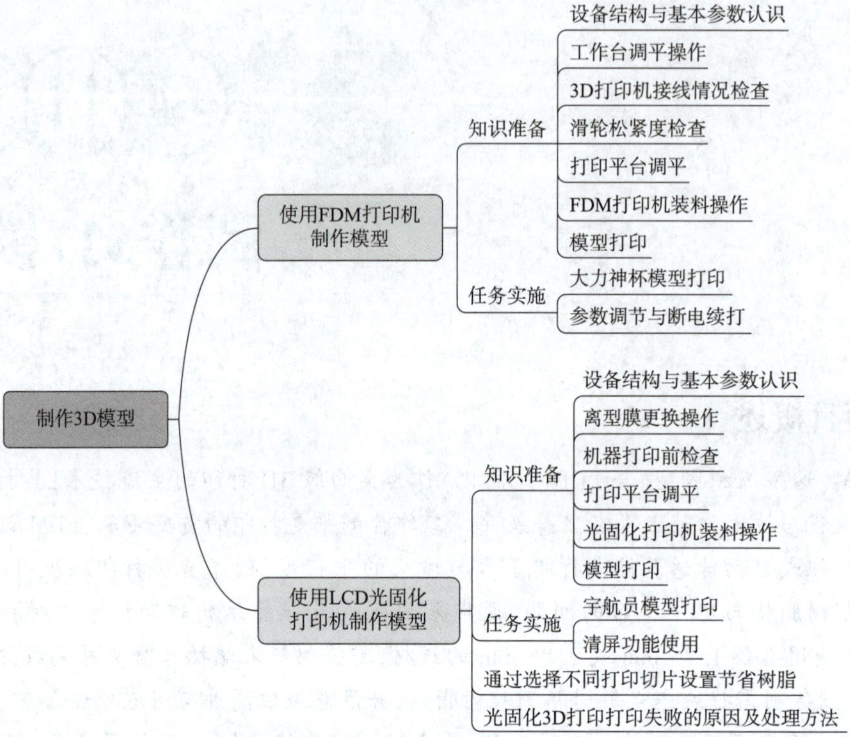

图 6-1 思维导图

任务目标

1. 知识目标

(1)了解 FDM 打印机设备结构与基本参数。

(2)掌握 FDM 打印机出现故障的原因以及解决方法。

2. 能力目标

(1)能使用 FDM 打印机进行模型打印。

(2)能对 FDM 打印机进行装料、调平、故障检修等操作。

3. 素质目标

(1)养成规范操作的职业意识和良好的职业素养。

(2)提高创新和环保意识。

知识准备

6.1.1 设备结构与基本参数

FDM 模型 3D 打印机以深圳创想三维(Ender-3 S1 Pro 型号)打印机为例,如图 6-2 所示。其打印材料主要为 PLA/TPU/ABS 等,成型尺寸为 200×200×270 mm。

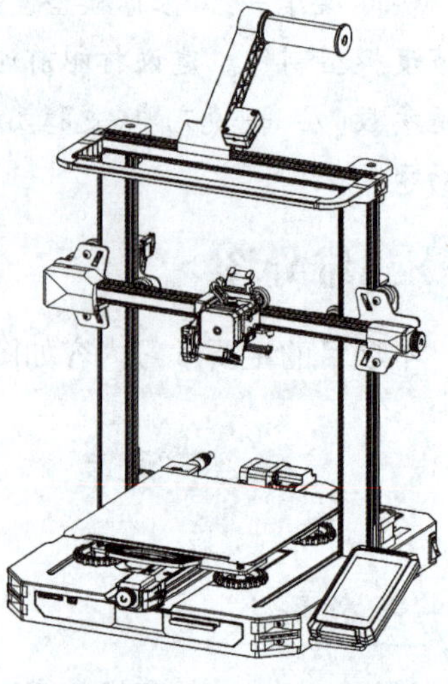

图 6-2 Ender-3 S1 Pro 3D 打印机

学习笔记

1. 设备结构

设备主要由底座组件、龙门架、喷头套件和显示屏等 7 个主要零部件组成，如图 6-3 所示。其中，3D 打印机 *X*、*Z* 方向运动由龙门架组件完成，*Y* 方向运动由底座组件完成，两者联动完成主要进给运动。

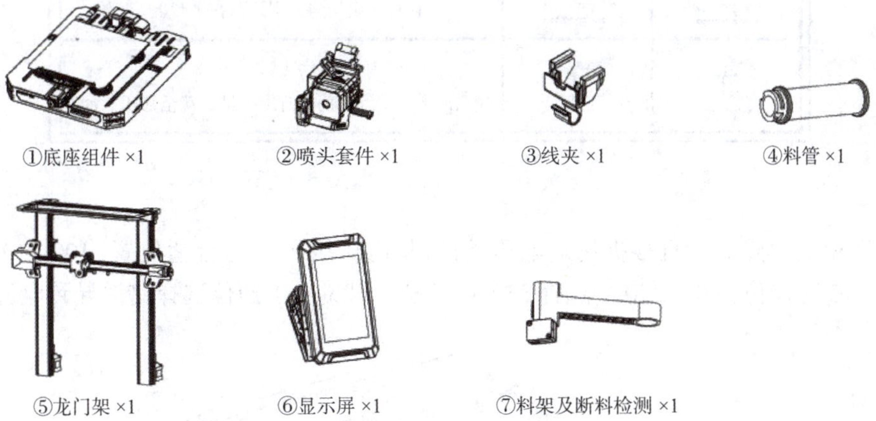

图 6-3　Ender-3 S1 Pro 3D 打印机主要零部件

2. 基本参数

Ender-3 S1 Pro 3D 打印机基本参数见表 6-1。

表 6-1　Ender-3 S1 Pro 3D 打印机基本参数基

基本参数	
成型尺寸	220×220×270 mm
成型技术	FDM
喷头数量	1
切片层厚	0. 05~0. 35 mm
喷嘴直径	0. 4 mm
热床温度	≤100 ℃
喷嘴温度	≤300 ℃
打印速度	最快 150 mm/s，建议 50 mm/s

6.1.2　工作台调平

在 FDM 3D 打印机中，打印平台作为模型的承载平台，如果平台与喷头的相对位置关系有偏差，那么在模型打印过程中，必然会导致打印细节出现差错，如图 6-4 所示，出现模型无法粘附、模型翘边、模型断层错位和刮坏打印平台等问题。因此，在操作 FDM 打印机前，首先要对打印平台进行调平操作。

初次操作 3D 打印机，应检查 3D 打印机的接线情况和滑轮松紧度情况，再对其进行工作台调平等操作。具体操作如下：

(1)3D 打印机接线情况检查。开机之前，先对打印机接线情况进行检查，主要检查 *Z* 轴电机线、断料检测 2 处接线、LED 灯接线等四处位置，如图 6-5 所示，避免接线错误或

学习笔记

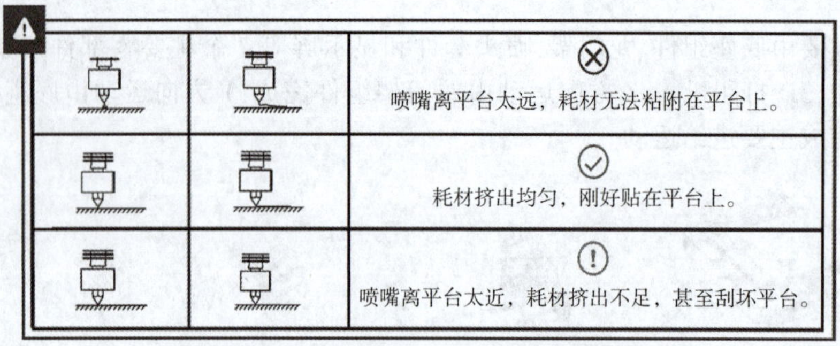

图 6-4 打印平台与喷头的相对位置关系出现三种状态

遗漏导致机器故障。并且根据场地电压条件，将电压拨码调至合适位置（100~120 V 范围选择 115 V 挡位；220~240 V 选择 230 V 挡位），以免由于挡位选择错误导致电源烧坏。

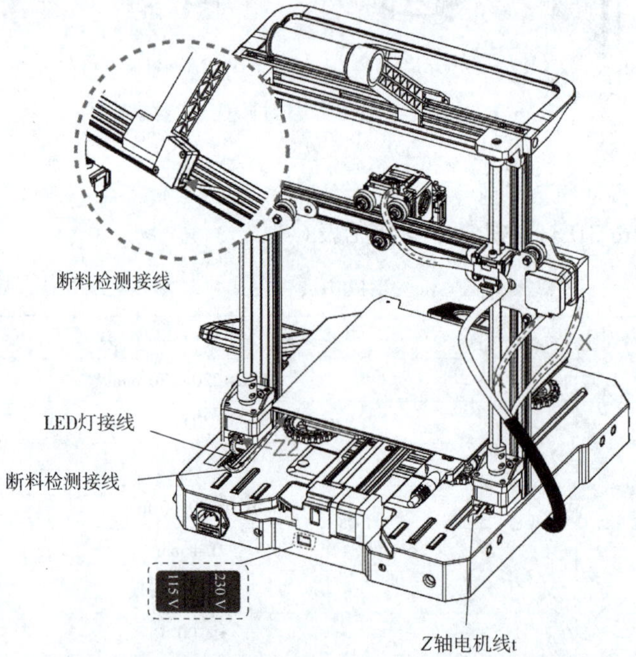

图 6-5 接线情况检查位置示意

（2）滑轮松紧度检查。滑轮如果过松会导致打印出来的模型表面粗糙或者错位断层，所以在进行接线情况检查后需要对 *X*、*Y*、*Z* 轴的滑轮进行松紧度的检查，发现存在空转和卡顿现象时，需要使用调整扳手调节六角偏心隔离柱，使其运转顺畅，如图 6-6 所示。

（3）打印平台调平。开启设备电源，依次选择设置→调平→辅助调平，如图 6-7 所示。

点击①点处，机器将控制喷头移动至相应位置，此时通过调整打印平台底部的旋钮，增大或缩小喷头与平台的间距，依次手动旋紧或旋松②③④⑤处底部旋钮如图 6-8 所示，使喷嘴位于各点处时，与打印平台的高度接近 A4 纸的厚度（0.08~0.1 mm），在该点处拉动 A4 纸时，有轻微阻尼感如图 6-9 所示，即完成打印平台调平工作。

学习笔记

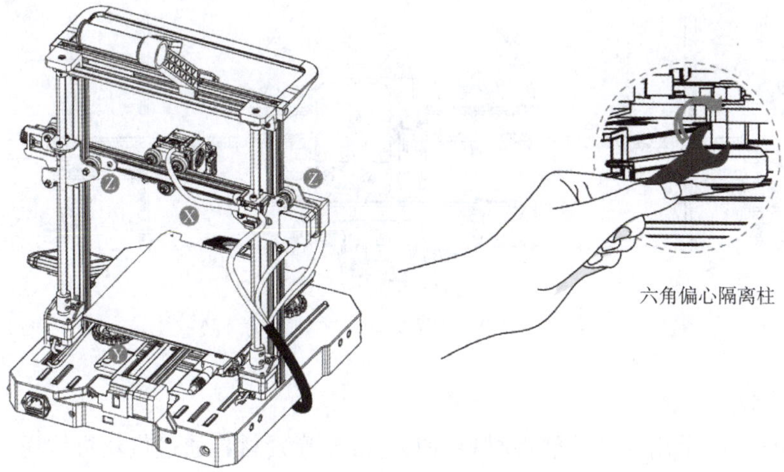

图 6-6　滑轮松紧度检查示意

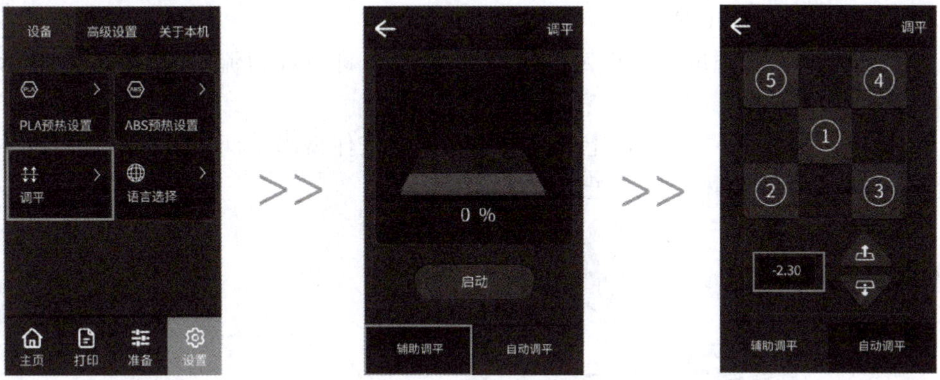

图 6-7　打印平台调平步骤

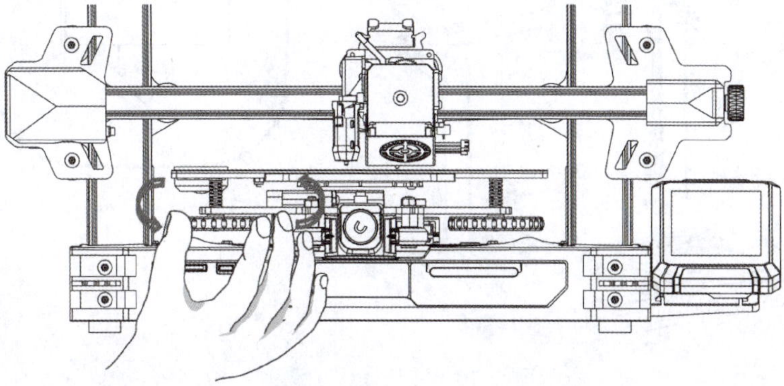

图 6-8　工作台调平示意图 1

学习笔记

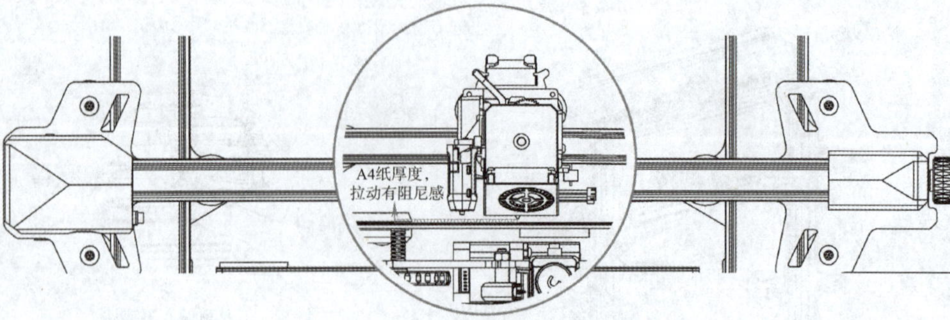

图 6-9　工作台调平示意图 2

6.1.3　材料装载

FMD 3D 打印采用丝状热塑性材料（PLA、ABS 等），材料通过供丝机构送入加热喷头中。装料操作分为以下 4 个步骤：

（1）使用偏口钳修剪耗材末端为 45°左右，以便其顺利装入进料口。

（2）线材穿入断料检测孔，其次按住挤出机手柄，让线材再沿着挤出机孔插入，直至打印喷嘴位置，如图 6-10 所示。

（3）预热喷嘴，当温度达到设定目标值时，喷嘴处即有耗材流出，如图 6-10 所示，则装料完成。

（4）将喷嘴加热到 185 ℃以上，待耗材软化，先按住挤出手柄，向下推耗材使其从喷嘴处挤出，再快速将耗材抽出，防止耗材卡在喉管处。

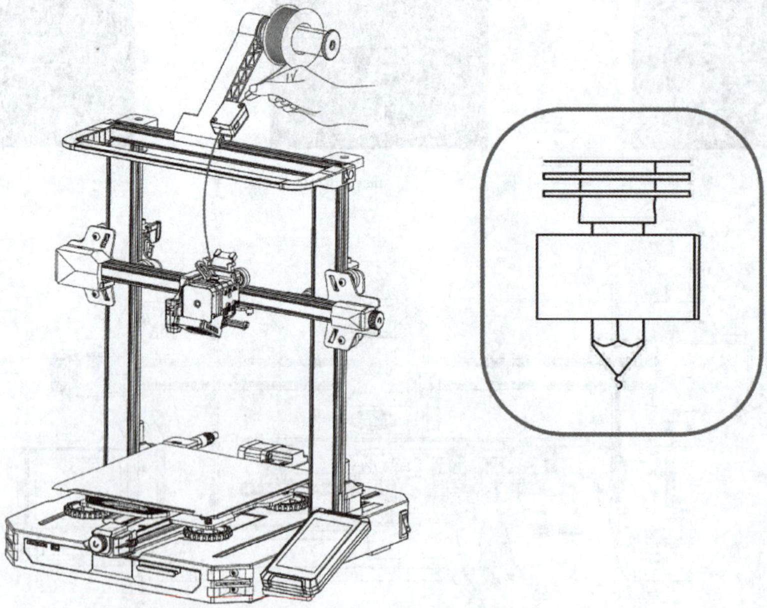

图 6-10　装料操作示意图

注意：若打印过程中，发现材料不足，应先暂停打印，待打印机暂停工作后，按住挤出手柄，快速将耗材抽出，防止耗材卡在喉管处。再重复上述装料步骤，清理干净工作区域即可恢复打印工作。

6.1.4 模型打印

在之前项目中完成对模型的切片工作后即可生成 G 代码文件，继而将 G 代码文件保存至存储卡中，如图 6-11 所示。存储卡插入 3D 打印机读卡区域，再通过显示屏和旋钮选择要打印的模型 G 代码文件后，机器便根据设置的参数对模型进行打印，如图 6-12 所示。打印刚开始时注意调整机器打印速率(建议降低至 60%)，从而低速观察第一层打印情况，第一层出料顺畅且正常粘附于平台上，即可继续打印；待模型打印完成后，机器将自动结束打印工作。

注意：若第一层出现翘边、断料、无法粘附等情况时，应及时停止机器并进行故障检修。

图 6-11　G 代码文件保存至存储卡

图 6-12　打印模型显示界面

FDM 3D 打印技术可以实现复杂结构的制造，并且可以通过一体成型打印完成两个或两个以上零件的并行制造，从而减少装配环节。

说明：一体成型打印指的是 3D 打印不受零件结构限制的优势，将复杂模型整体(包含多个零件)进行并行制造，完成后的模型无需安装即可完成各零件间的相对活动，如图 6-13 所示。

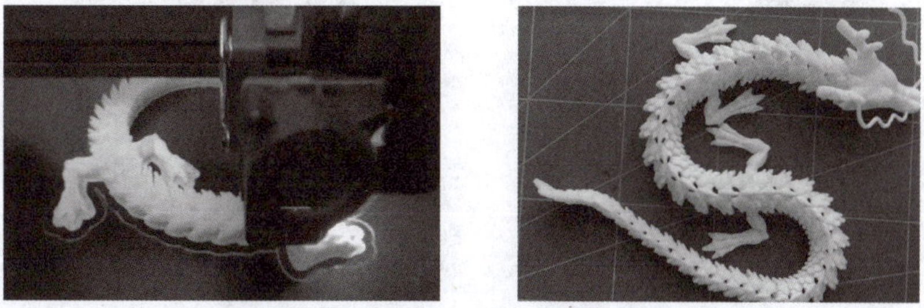

图 6-13　一体成型打印的可活动玩具龙

学习笔记

任务实施

用 FDM 打印机打印如图 6-14 所示的“大力神杯”，主要可分以下四步实施。

1. 装料

装入适合“大力神杯”的颜色材料，修剪耗材末端至 45°左右，将线材穿入断料检测孔，后预热喷嘴，直至耗材顺利挤出。

2. 调平

大力神杯底部面积较大，易发生翘边。应先通过手动调平，对打印机进行调平操作，直至测试耗材挤出后呈扁平状，与平台粘接牢固后，方可结束调平。

3. 打印

装入 SD 卡，选择打印选项，选择“大力神杯切片文件”，如图 6-15 所示，开始进行打印操作。打印刚开始时，调节打印速率至 60% 左右，观察第一层打印情况，当第一层与平台粘接牢固后，再将速率调回 100%。如发现第一层材料并非扁平状时，可通过 Z 轴补偿，对 Z 轴参数进行调节，达到打印效果。如发现第一层出现翘边，则应及时停止打印，重新调平。

4. 主要参数调节

打印时可通过修改机器参数，与切片参数叠加控制打印速度；也可通过修改机器参数，直接调节打印平台、喷头温度，具体调节参数可通过观察打印情况来决定（如：当中途需要提前将产品打印完成时，可临时调高打印速度，建议最高不超过 150%）。

注意：如果打印中途意外断电，待重新通电后，可通过触控面板选择断电续打，无需重新打印。

图 6-14　大力神杯产品

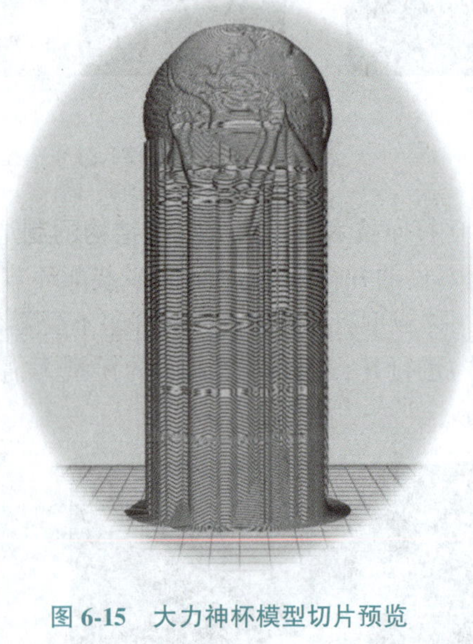

图 6-15　大力神杯模型切片预览

学习笔记

任务 6.2　使用 LCD 光固化打印机制作模型

任务导入

使用 LCD 光固化 3D 打印机和“宇航员”模型的切片文件，如何做才能把“宇航员”模型制作出来？

任务目标

1. 知识目标

（1）了解 LCD 光固化打印机的结构和基本参数。

（2）掌握使用 LCD 光固化打印机制作模型的方法。

2. 能力目标

（1）能使用 LCD 光固化打印机打印模型。

（2）能对 LCD 光固化打印机进行装料、调平、故障检修等操作。

3. 素质目标

（1）具备吃苦耐劳、踏实肯干的工作精神。

（2）提升环保意识和社会责任感。

知识准备

6.2.1　基本参数与设备结构

LCD 光固化 3D 打印机以深圳创想三维 HALOT-SKY 型号打印机（见图 6-16）为例，其打印材料主要为普通刚性光敏树脂、标准树脂、弹性树脂、牙模树脂等，成型尺寸为 192×120×250 mm。

图 6-16　HALOT-SKY 光固化 3D 打印机

1. 基本参数

深圳创想三维 HALOT-SKY 光固化打印机基本参数见表 6-2。

表 6-2　HALOT-SKY 光固化打印机基本参数

成型尺寸	192×120×250 mm
成型技术	LCD
X、Y 分辨率	3 840×2 400 dpi
Z 轴精度	0. 01～0. 1 mm
打印速度	1～4 s/层
光源配置	紫外线集成灯珠（波长 405 nm）

2. 设备结构

设备主要由打印机主体、打印平台和料盘三部分组成。由于光固化 3D 打印机材料

学习笔记

由液态变为固态，因此其相应的配套工具也比其他打印机相应增加，工具包工具如图 6-17 所示，各工具作用见表 6-3。

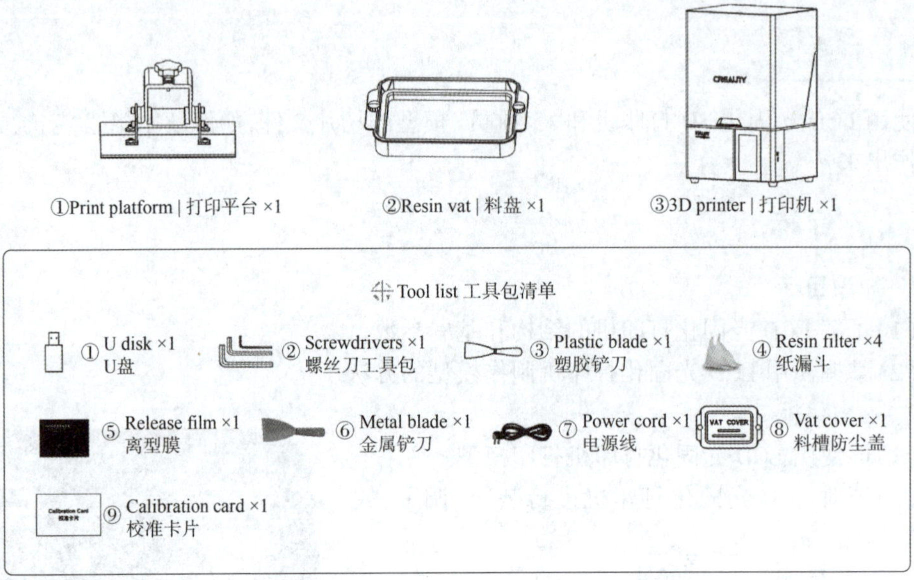

图 6-17　HALOT-SKY 光固化 3D 打印机主要零部件

表 6-3　HALOT-SKY 光固化 3D 打印机工具作用

1	U 盘	切片文件读取
2	螺丝刀工具包	机器与打印平台拆装
3	塑胶铲刀	料槽清洁
4	纸漏斗	树脂耗材回收过滤
5	离型膜	将树脂与成型屏幕隔开，可透过 UV 光
6	金属铲刀	将打印件从打印平台上取下
7	电源线	为整机供电
8	料槽防尘盖	防止闲置时灰尘、强光进入料槽
9	校准卡片	辅助打印平台校准

6.2.2　离型膜更换

在 LCD 光固化打印机中，离型膜的作用是非常核心的，在打印机使用一段时间后，离型膜上会出现许多拉伸印记和前期打印时无法清理干净的残留树脂，如图 6-18 所示。此时如果不及时更换离型膜，将会影响打印效果（打印件无法粘接或出现断层开裂），如果离型膜有破损，甚至会导致树脂滴漏，从而损伤打印机屏幕，影响打印机寿命，因此，离型膜在使用一段时间（正常 3 个月左右）后或者有明显印记和损伤时，应及时更换，从而保证打印质量与打印机寿命。其更换步骤如下：

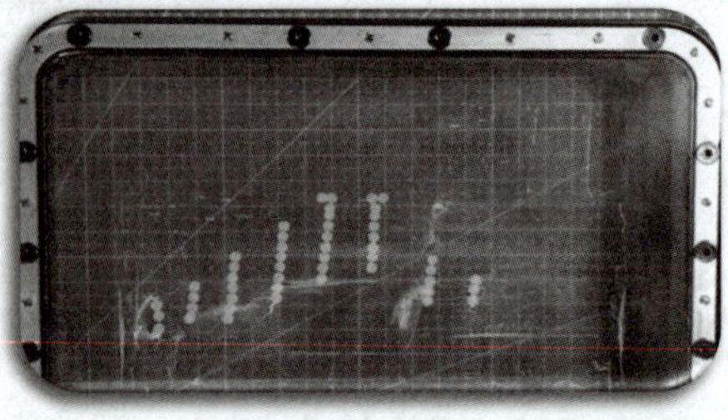

图 6-18　出现打印印记与残留树脂的离型膜

(1)首先拆卸料槽底部的螺丝,取出坏的离型膜如图 6-19 所示。

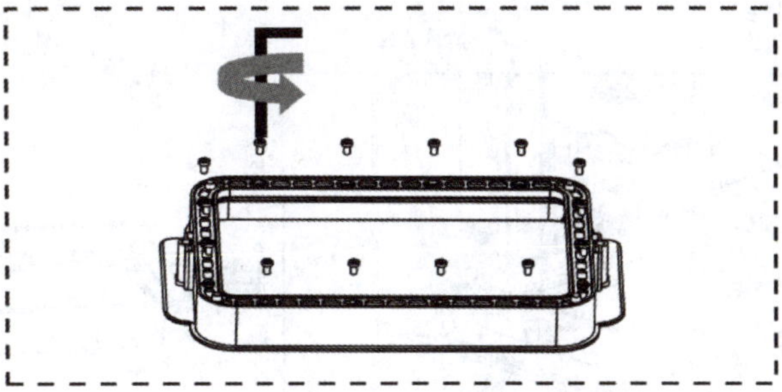

图 6-19　拆卸料槽螺丝

(2)撕掉新的离型膜两个面上的保护膜,对好孔然后将离型膜套在压圈上的柱子上如图 6-20 所示。

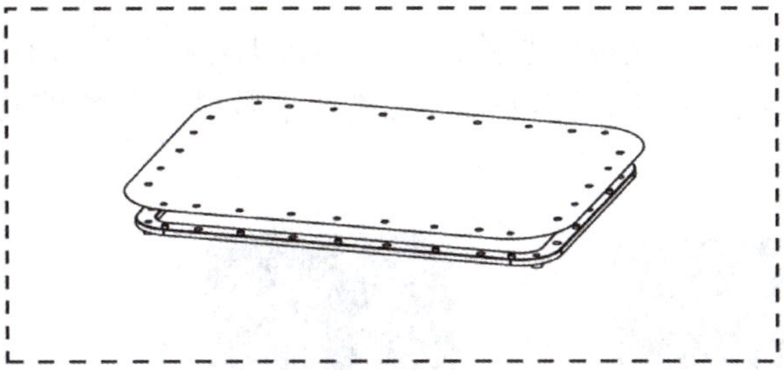

图 6-20　撕开离型膜上下保护膜

(3)最后将套好离型膜的压圈放回料槽,安装底部的螺丝并采用对角方式锁紧如图 6-21 所示。

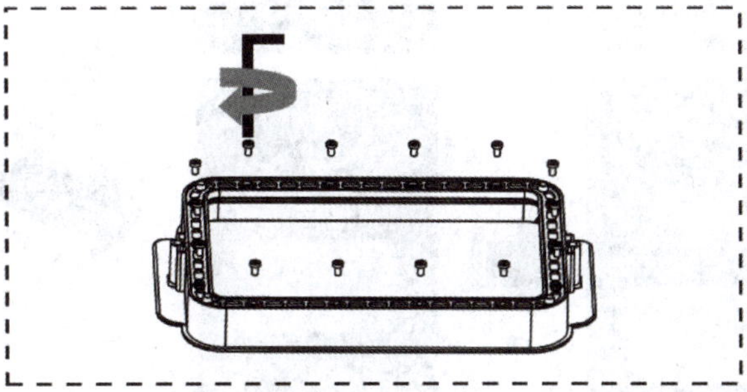

图 6-21　离型膜的压圈放回料槽锁紧

(4)安装好的离型膜如图 6-22 所示。

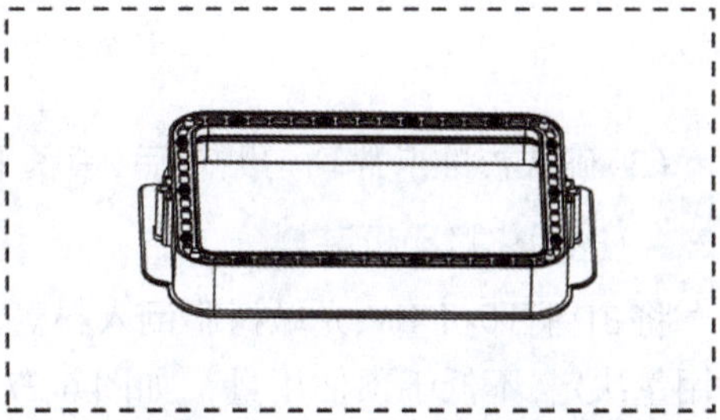

图 6-22　安装完的离型膜

6.2.3　打印平台调平

光固化打印机由于运输振动或错误使用、高频次使用等原因可能导致打印平台出现水平误差,因此为保证打印质量,在打印任务开始前我们需要对打印机进行打印平台调平操作。调平步骤如下:

(1)进行打印平台的校准,首先上升平台,拧松料槽左右两侧胶头,手拧螺丝,将料槽取出,如图 6-23 所示。

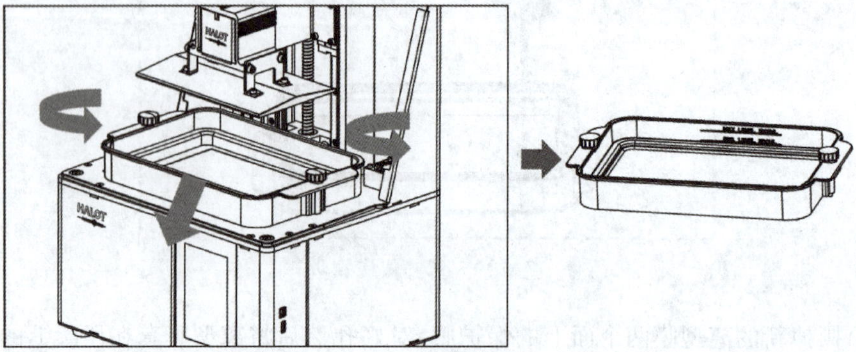

图 6-23　打印平台校准

(2)松开成型平台板连接板的四颗螺丝,将校准卡片贴紧打印屏,依次选择设置→打印设置→Z 轴运动→调平,如图 6-24 所示,检查平台是否与纸张均匀贴合,如图 6-25 所示。

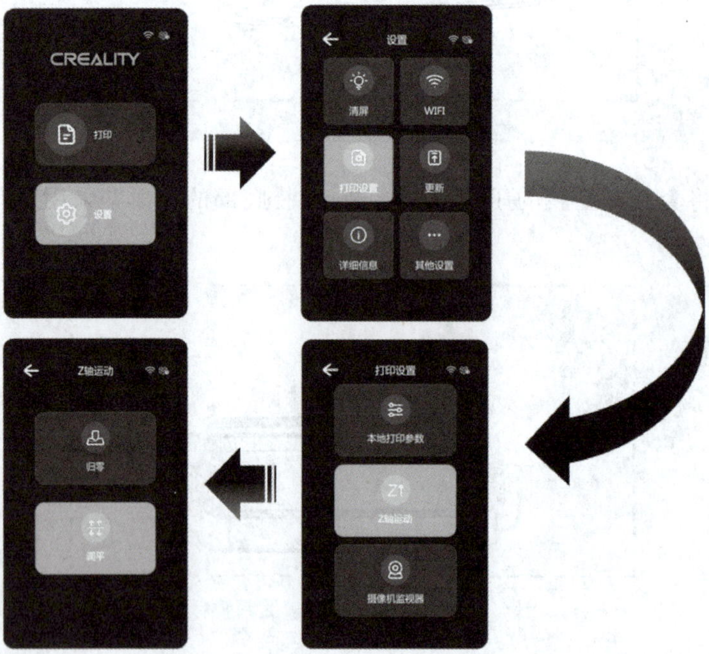

图 6-24　打印平台调平步骤

(3)确认校准卡片均匀贴合后,锁紧平台的四颗螺丝,如图 6-26 所示。

6.2.4　光固化打印机装料

将 3D 打印机 UV 光敏树脂倒入料盘,槽位容量分别:500/1 000 mL(根据切片预估耗材用量决定,不低于预估用量),如图 6-27 所示,装料前充分摇匀光敏树脂,避免有沉积物影响。

学习笔记

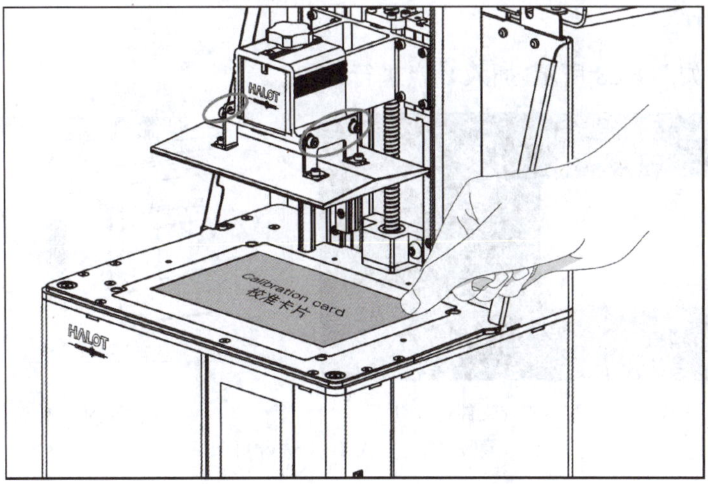

图 6-25　检查平台是否与纸张均匀贴合

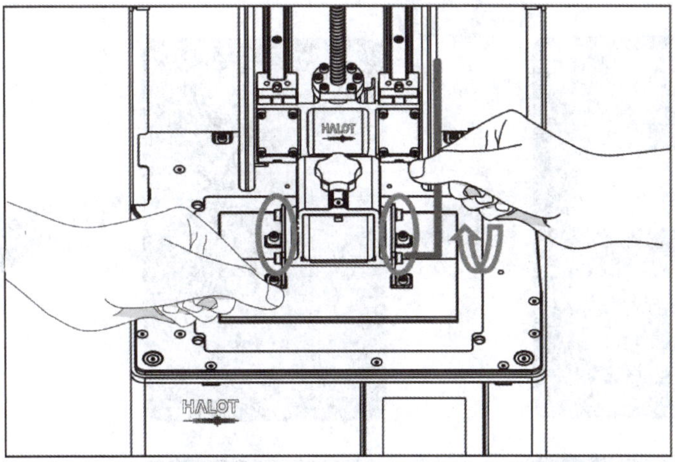

图 6-26　锁紧平台螺丝

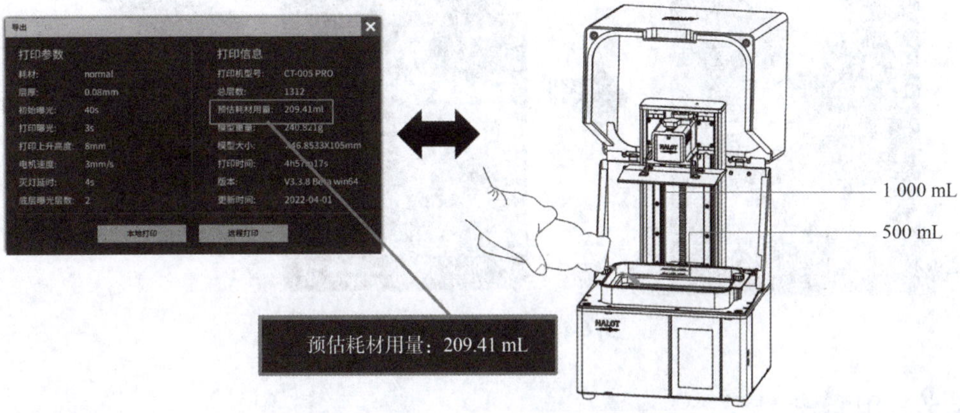

图 6-27　导入合适容量的光敏树脂

6.2.5　模型打印

模型打印如图 6-28 所示，插入 U 盘进行打印。

(a)生成 cxdlp 文件→保存文件到 U 盘　　(b)插入 U 盘

图 6-28　插入 U 盘进行打印

依次选择打印→所打印模型名称→使用文件参数→开始；机器即开始打印工作，如图 6-29 所示。

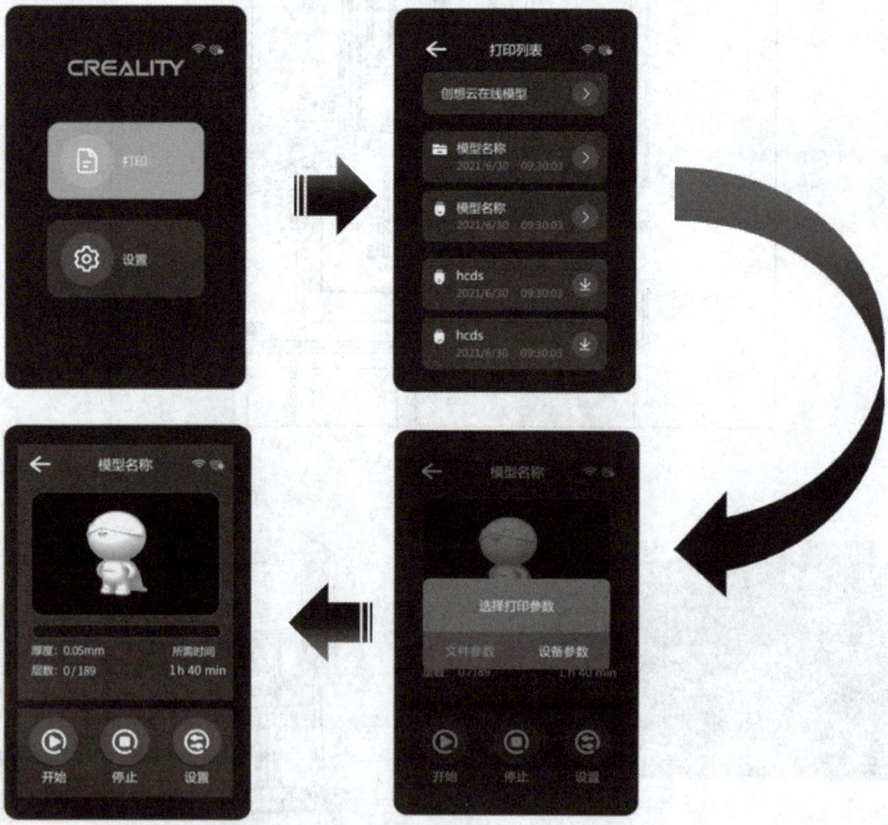

图 6-29　选择参数进行打印

6.2.6　打印前注意事项

1. 调整切片参数设置，节省树脂材料

在 3D 打印工艺中，如果我们希望获得更光滑的表面和精致的细节，树脂可能是最理

想的材料之一。然而，树脂不像前面学的 FDM 工艺所使用的 PLA 等材料那样实惠，标准 SLA 树脂的平均价格达到 300 元/升左右。一些特殊树脂，如牙科树脂或陶瓷树脂，更是价格不菲。因此，同学们作为未来的 3D 打印从业者，除了选择经济型树脂外，还需要了解一些其他节约树脂的方式，可以节省大量成本。常用的三种方式如下：

(1)将模型变为空心结构(利用切片软件抽壳命令)，如图 6-30 所示。在大多数情况下，我们不必将模型打印成实体，将原本实体的模型在软件中抽壳可以为我们节省大量树脂。

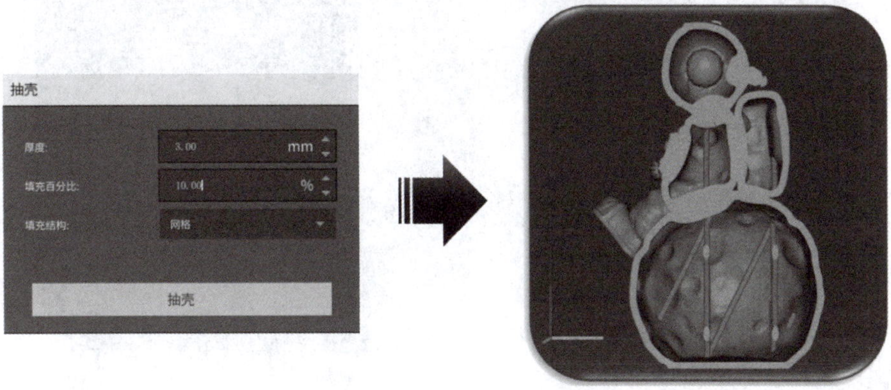

图 6-30 将模型变为空心结构

抽壳时需要特别注意：较薄的墙壁肯定会更经济，但它也会使模型变得脆弱，甚至可能增加精致结构打印失败的风险；抽壳部分在打印过程中可能会形成一个密闭的腔室，腔室中的低压可能会破坏模型或导致意外问题，我们需要使用切片软件对模型进行打洞以平衡内压和外压，以避免此类问题。打洞参数设置如图 6-31 所示。

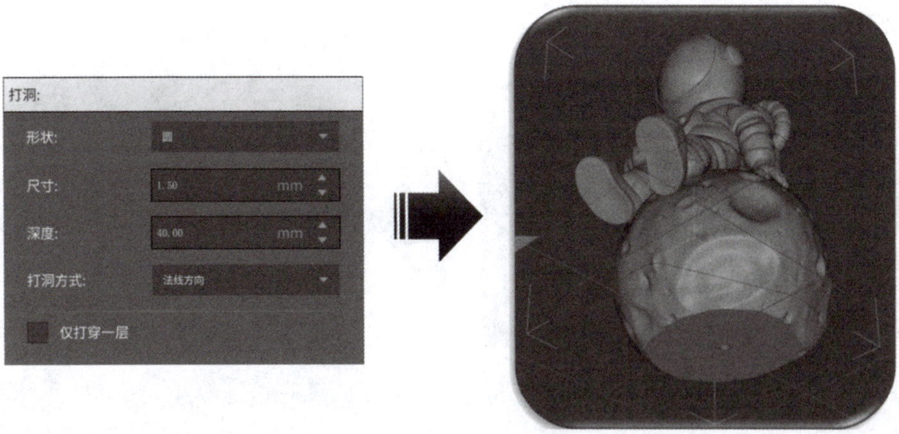

图 6-31 对模型进行打洞

(2)优化 3D 模型结构。打印失败是导致树脂浪费最大的原因，尤其是对于大型模型，在具有大打印尺寸的高分辨率打印机上打印失败可能会白白浪费大半瓶的树脂，甚至更多。

为避免打印失败，我们在使用 3D 建模软件设计时，需要特别注意模型的结构并尽可

学习笔记

能优化它。例如,较薄的壁可以减轻模型重量,这意味着更少的树脂消耗,但也意味着牺牲模型的坚固性,结构强度不足对上拉式树脂打印的影响可能是致命的。模型倒挂在构建板上并在打印过程中承受重力。更尖锐的拐角会增加结构应力,也会增加裂缝的可能性。骨架和角撑板结构可帮助我们加强某些需要承受外力的结构位置,如图 6-32 所示。

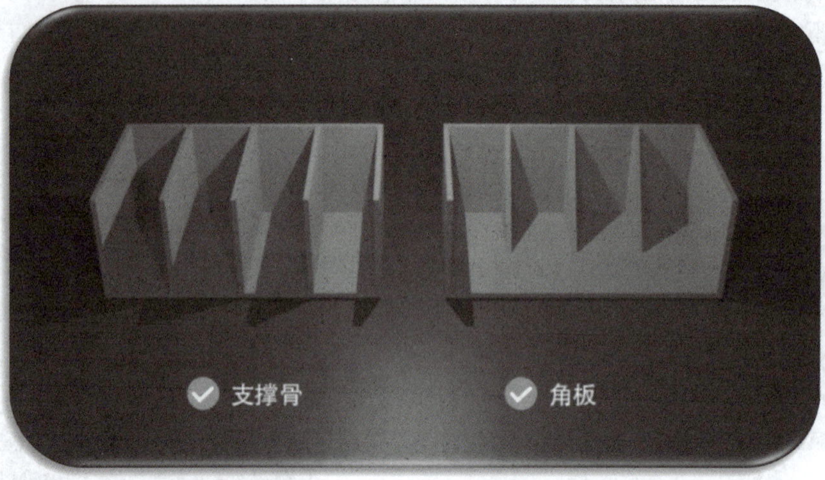

图 6-32　不同的支撑结构

(3)移除不必要的支撑和底筏。在前面学习切片操作的项目中,我们学习到将模型放置在不同的方向,自动添加的支撑和筏板的数量可能也会有所不同。所以应尽量找到一个可以产生较少支撑和筏板的角度(确保首先保证支撑的强度),挑选出多余的支撑并手动删除它们。通常来说垂直方向摆放模型所需要的支撑较少,如图 6-33 所示。在结构稳定的前提下,更少的支撑在减少树脂浪费的同时,也可以带来更平滑的打印表面,减少后处理工作量。

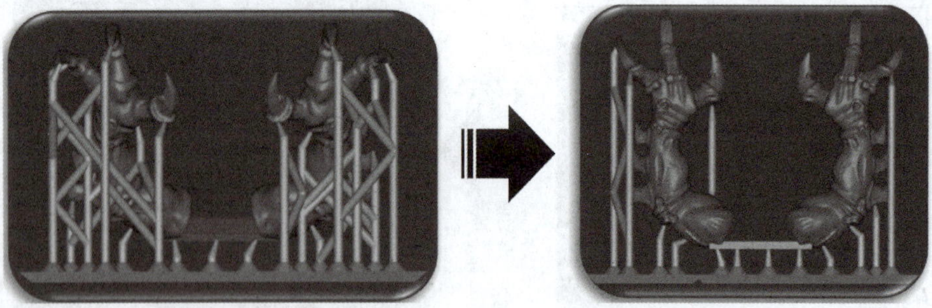

图 6-33　不同的支撑与底筏方式

上诉三种方式有助于减少树脂的消耗与浪费。3D 打印与传统加工工艺虽然不同,但是需要从业者所具备的职业素养与钻研精神是相通的,我们的经验能够提高 3D 打印材料利用率与打印效率的同时,也是在为 3D 打印行业的发展做出相应的贡献。

2. 打印件脱落

光固化打印时,光敏树脂材料从液态变为固态,这个过程中如果设置或操作不合理,

学习笔记

常常会出现打印失败的情况。例如，打印一半粘底或完全粘底（打印件固化在离型膜上）、打印件粘不上打印平台、打印件脱落、只打印支撑、底筏翘边、打印件呈海带状等。

脱膜失败可能由多种原因导致，但归根结底可以分为以下几类：

（1）多种原因引起的整体或局部曝光不足导致未固化或固化不完全，从而不能很好地和前一层或打印平台（对于底层而言）粘合。

（2）料槽或打印平台上存在杂质。

（3）离型膜对模型的拉力或模型承受的重力超过模型的承受范围。

3. 脱膜失败案例

对于上拉式（目前消费级市场常用）光固化 3D 打印机，打印失败通常由于脱膜（离型膜）问题，下面是一些常见的脱膜失败案例。

（1）底筏翘边，如图 6-34 所示。

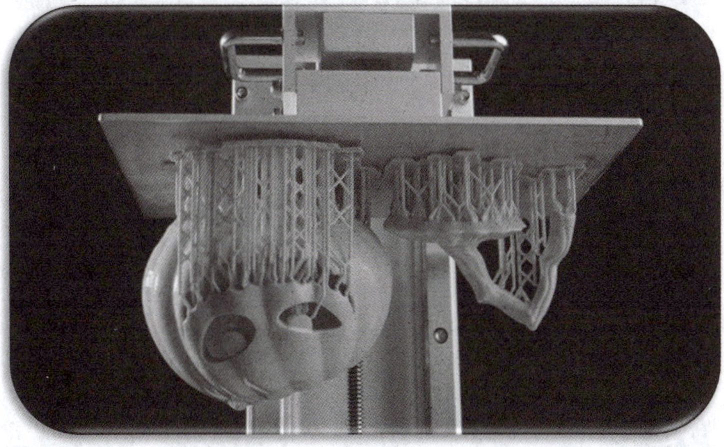

图 6-34　底筏翘边

（2）仅支撑部分打印成功，打印件无法成型，如图 6-35 所示。

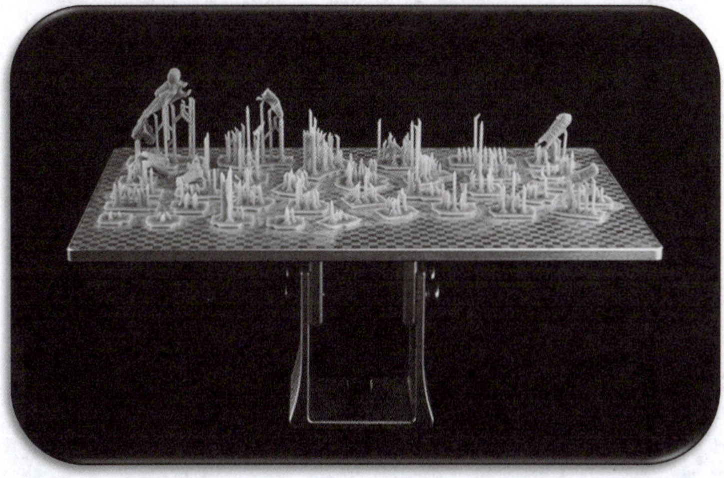

图 6-35　仅支撑部分打印成功

学习笔记

（3）打印件粘在离型膜上，如图 6-36 所示。

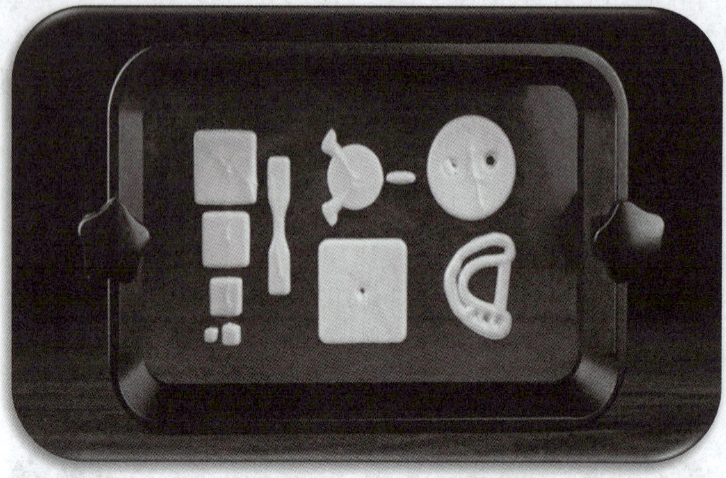

图 6-36　打印件粘在离型膜上

（4）打印件分层或有气泡，如图 6-37 和图 6-38 所示。

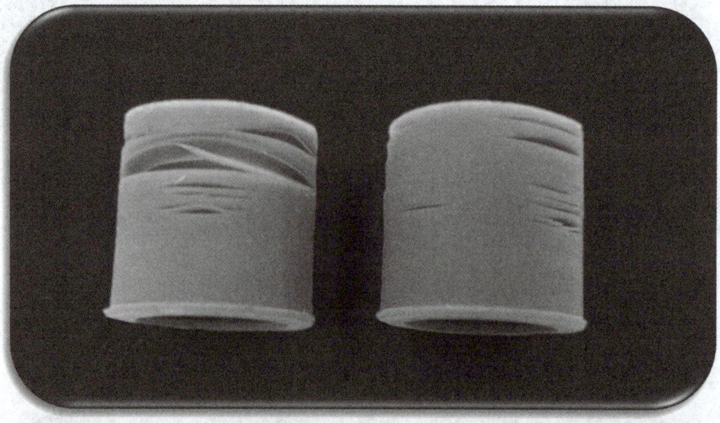

图 6-37　打印件分层

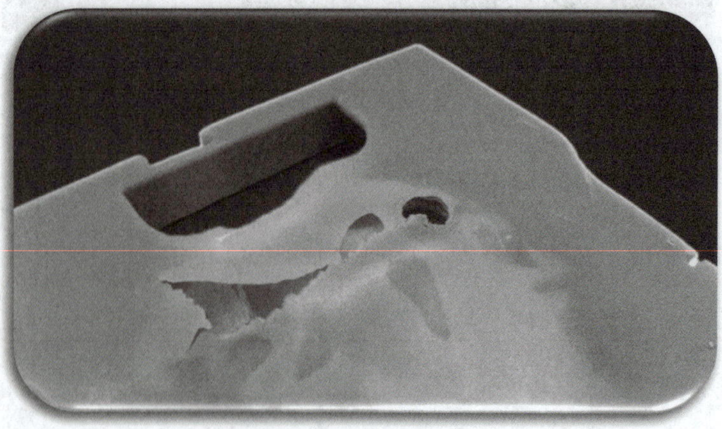

图 6-38　打印件有气泡

学习笔记

4. 脱模失败的原因

（1）未正确调平或调零

底层粘在离型膜上的主要原因跟打印平台和首层息息相关。如果打印平台不平行于屏幕，在打印较大模型时，不同位置平台和屏幕的间距不同，间距过大的地方可能无法成型或固化不足而导致打印失败，如图 6-39 所示。

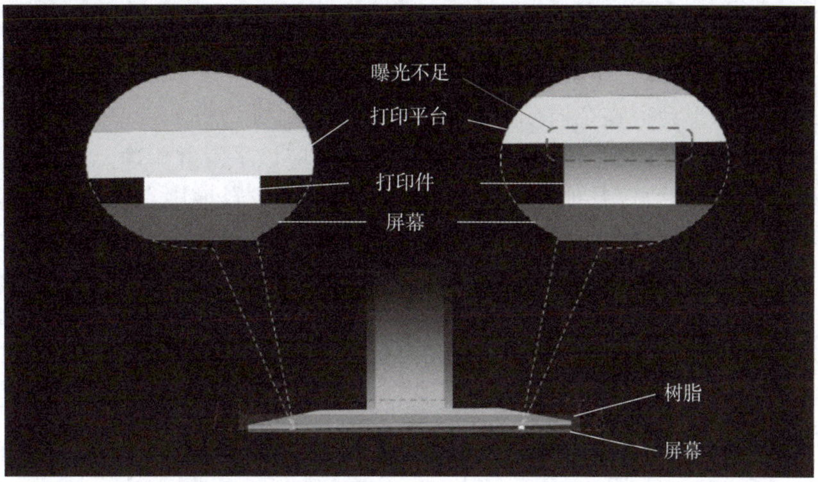

图 6-39　间距过大导致曝光不足

此外，调零距离过大（即屏幕和打印平台之间的距离过大），模型就无法粘在打印平台上。因此，在开始 3D 打印之前，第一步是确保 3D 打印机调试完成，打印平台水平并且距离合适。

（2）层高设置过大

和调零过大类似，层高设置过大时会削减紫外光穿过当前层到达前一层的强度，从而导致固化程度不足以使打印件成型。

（3）横截面过大

脱膜时打印件受到离型膜的拉力和当前层的横截面有关，若横截面为一个整体且接近圆形，根据斯蒂芬吸力公式

$$F=\frac{3\pi\eta R^4\mathrm{d}h}{2h^3\mathrm{d}t}$$

式中，η 为液体的粘度系数；R 为两个平行圆面的直径；h 为两个平行圆面的距离。

拉力和当前层的横截面可粗略近似为 4 次方的关系，即当横截面增加 n 倍时，拉力变为原来的 n^4倍。摆放模型时应尽可能避免单个横截面过大的情况。

（4）模型和离型膜形成密封腔体结构

如果模型和离型膜之间形成一个密封腔体结构，那么在上拉开始时腔体内的气压会低于外部气压，从而增大离型膜对模型的拉力，要避免这种情况，可以在不起眼的位置打孔，破坏密封腔体结构，减小腔体内外气压差。

（5）模型存在孤岛

当模型存在孤岛，且孤岛位置起对模型的其他部分需要到支撑作用时，模型自然无

学习笔记

法被正常拉起。我们可以用 HALOT BOX 切片软件的模型修复功能修复模型。

(6)上拉速度过快

打印速度对拉力的影响依然可以用上述提到的斯蒂芬吸力公式来粗略估计，平台上升越快，dt 越小，拉力 F 越大。dt 和 F 成反比。如果平台上升的速度过快，过大的拉力可能使当前层脱膜时从打印平台上被扯下，甚至是整个模型被扯下。

(7)离型膜磨损严重

如果离型膜磨损严重，会增加脱膜时对模型的拉力，这也可能导致当前固化层粘在离型膜上，无法正常剥离。主要表现在以下几个方面：

①料槽或打印平台存在杂质或有磨损。

为了保证良好的附着力，模型和打印平台接触面应该平滑并干净。这就需要打印平台上没有油脂、打印残留等其他杂质。如果打印前平台或料槽中存在杂质，自然会阻止固化的部分附着到打印平台上。同样，如果平台存在磨损问题也会影响固化后的树脂对平台的附着力，如果打印平台有明显的划痕，可以用砂纸进行打磨使其更加平滑，砂纸可以选用 8 000 目左右的，也可以选择用磁吸板，这样方便直接更换，省去打磨的时间。

②支撑参数不合适。

我们需要通过调整支撑参数来增加脱膜时支撑对模型的拉力以保证模型可以被正常拉起。以爪子模型(见图 6-40)放入切片软件为例，并用 HOLOT BOX 来演示测试调整支撑设置。

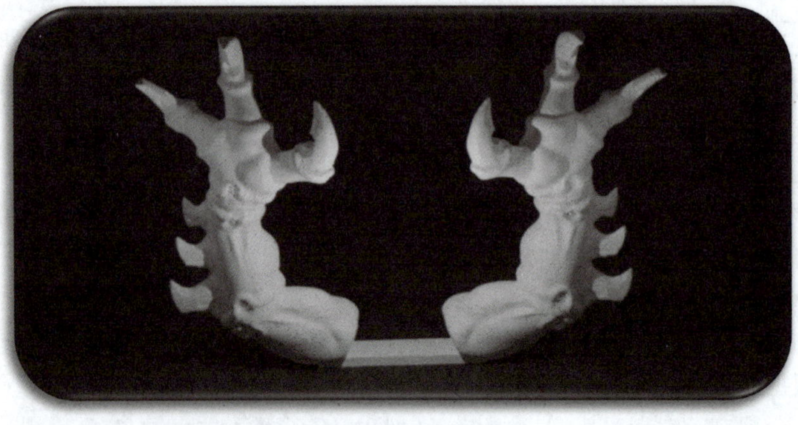

图 6-40　手爪模型

在支撑的参数中，最重要的就是支撑顶部(见图 6-41)。顶部是用来连接模型和支撑的关键部位。顶部结构中有两个参数至关重要，即接触深度和上端直径。

接触深度越深，支撑头插入模型的深度就越深(见图 6-42)。我们需要确保接触深度足以支撑打印平台和离型膜之间的拉力。

上端直径越大，支撑头与模型的接触面积就越大，模型和支撑之间的连接就越牢靠。合理地调整上端直径很重要。

正常来说，由于爪子特殊的结构导致在结构起始处截面变化过大，细支撑明显无法将打印件从离型膜上拉起，会导致打印失败，仅支撑部分打印成功；而中支撑的头部与模型接触面积较大，可成功将模型拉起。如图 6-43 所示。

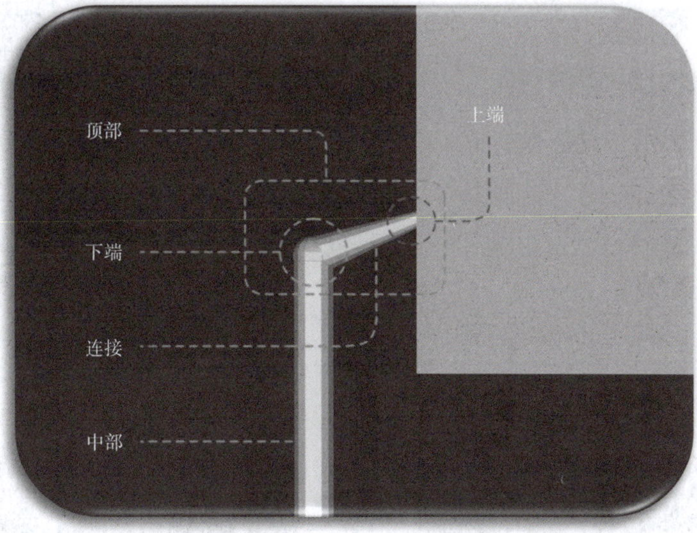

图 6-41　支撑结构示意图

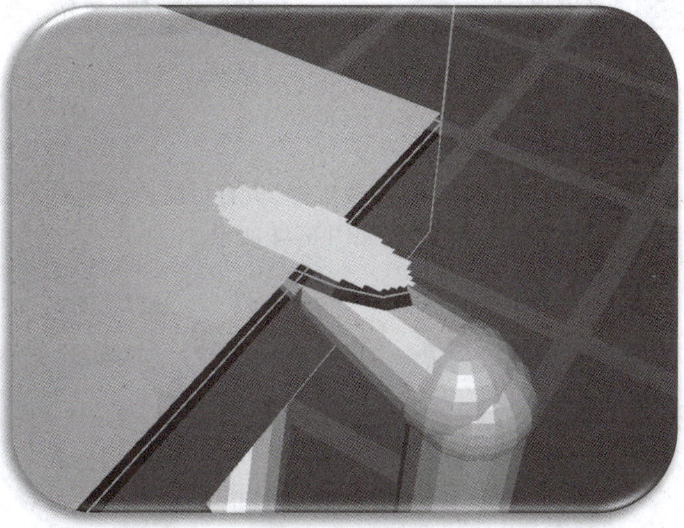

图 6-42　支撑头插入模型

（8）温度过低

树脂温度会影响树脂的粘度，过低的温度会增大树脂的粘度，从而影响到固化速度，因此打印时需要避免树脂温度过低。通常来说应保证树脂温度至少高于 21 ℃，建议是 27 ℃，同时避免在过低温环境或暴晒的高温环境下使用。

（9）设置曝光不足

由曝光不足引起的固化不充分是导致打印失败常见的原因，增加底层的曝光时间会有所帮助。一般来说，底层的曝光时间可以设为正常层曝光时间的 5~10 倍。但是过长的曝光时间会导致过曝从而丢失模型细节，合适的曝光时间受光源强度、树脂光敏特性等因素影响，因此可以通过多次曝光测试的结果来获得最适合自己需求的曝光时间。

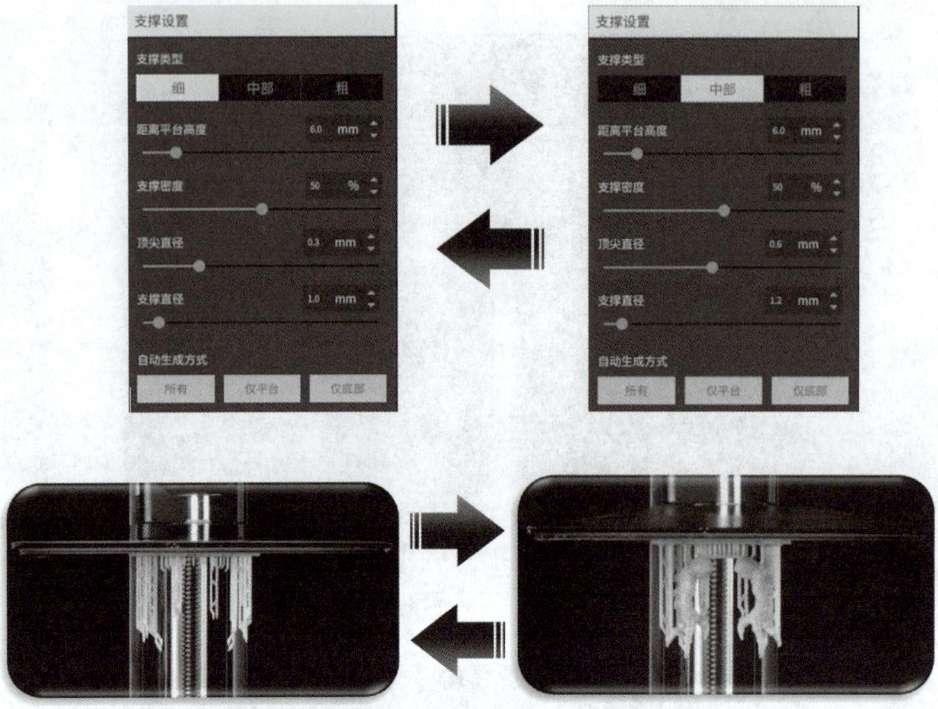

图 6-43　两种不同的支撑形式

(10)硬件问题

如果屏幕或光源出现故障或老化而导致欠曝,也有可能造成脱膜失败。对于硬件问题的排查需要用到专业的紫外光照度计,如图 6-44 所示。

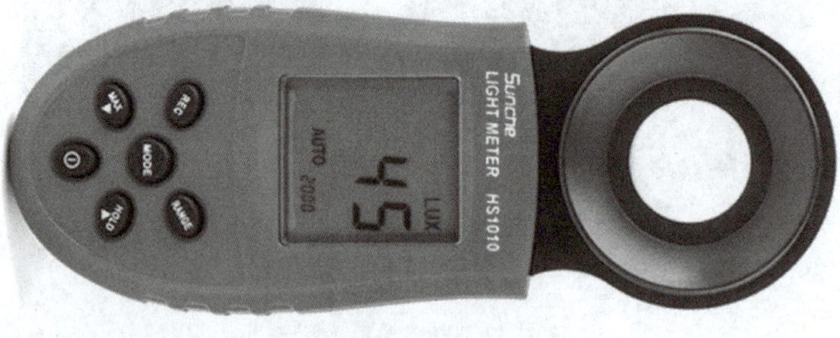

图 6-44　紫外光照度计

注意:测试时需佩戴紫外光防护眼镜以保证眼睛不受紫外光伤害。

首先取下料槽,观察屏幕曝光图案形状是否和预期一致以及是否有异常,若肉眼看起来正常,可以使用打印机的曝光测试模式对全屏进行曝光,然后用照度计测试屏幕上方的光强,通常来说平均照度应在 4 500 $\mu W/cm^2$ 以上,若远低于这个值,则考虑是否需要替换屏幕或光源。

以上就是脱膜失败的常见原因与解决方式。同学们在学习光固化打印机使用时应逐项排查并保证每次仅改变一个变量,其他变量保持不变,否则即便问题解决了,也无法明确故障点。

学习笔记

任务实施

用 LCD 光固化打印机制作图 6-45 所示的“宇航员”模型，主要可分以下四步实施：

①调平。宇航员模型外观较为复杂，为避免模型打印中途发生脱落，应先对打印平台进行调平。

②装料。将光敏树脂材料充分摇匀，导入料槽（不可超过最高液位）。

③打印。插入 U 盘，选择打印选项，开始进行打印操作。打印开始大概进行至 10 层左右，可暂停查看产品底部固化是否存在问题，如无问题可继续打印。

④主要参数调节。打印时遇的产品固化不合理，无法成型的问题时，适当增加每层固化时间参数（固化时间与产品强度呈正比，但固化时间太久可能会出现产品支撑拆除困难等问题）。

注意：如果打印失败，可通过清屏功能进行清屏，清屏时间建议不超过 10 s，避免浪费材料。

图 6-45　宇航员模型切片预览

项目自我评估

一、填空题

1. FDM 打印机采用的成型技术是__________。
2. Ender-3 S1 Pro 的成型尺寸是__________。
3. LCD 光固化打印机的光源波长是__________ nm。
4. 光固化打印机调平时使用的校准卡片厚度是__________ mm。
5. FDM 打印机装料时，耗材末端应修剪为__________度角。

二、选择题

1. FDM 打印机调平时，喷嘴与平台的间距应接近（　　）。

A. 0.08~0.1 mm　B. 0.2~0.3 mm　C. 0.5 mm　D. 1 mm

学习笔记

2. LCD光固化打印机中,离型膜的作用是(　　)。

A. 增加打印速度　　B. 防止树脂滴漏

C. 隔离树脂与屏幕　　D. 提高打印精度

3. FDM打印机打印第一层时,建议将速率调至(　　)。

A. 40%　　B. 60%　　C. 80%　　D. 100%

4. 光固化打印机打印失败,可能的原因不包括(　　)。

A. 离型膜磨损　　B. 曝光不足

C. 层高设置过小　　D. 支撑参数不合适

5. FDM打印机的喷头温度最高可达(　　)。

A. 200 ℃　　B. 250 ℃　　C. 300 ℃　　D. 350 ℃

三、判断题

1. FDM打印机调平后,打印第一层时无需观察。(　　)

2. LCD光固化打印机装料时,树脂可以超过最高液位。(　　)

3. FDM打印机装料前需要预热喷嘴。(　　)

4. 光固化打印机离型膜更换后,螺丝需对角锁紧。(　　)

5. FDM打印机打印中途断电,无法续打。(　　)

四、简答题

1. 简述FDM打印机工作台调平的步骤。

2. LCD光固化打印机离型膜更换的原因是什么?

3. FDM打印机装料时如何防止耗材卡在喉管?

4. 光固化打印机打印失败的常见原因有哪些?

5. 如何优化光固化打印以节省树脂?

知识拓展

智绘蓝图,德塑匠心

——记中国航天科技集团有限公司第四研究院徐立平的航天强国梦

在中国航天科技集团有限公司第四研究院有一位让同事们钦佩不已的大国工匠——徐立平。他所从事的固体火箭发动机药面微整形工作,精度要求极高,操作稍有不慎,便会引发爆炸,危险性极大。然而,徐立平凭借非凡的智慧与高尚的品德,在这个特殊的岗位上默默奉献,践行着“智绘蓝图,德塑匠心”的深刻理念。

刚进入研究所时,面对复杂的固体火箭发动机结构和危险的操作环境,徐立平没有丝毫退缩。为了掌握精湛的技术,他利用业余时间,翻阅了大量专业书籍,学习固体火箭发动机的构造原理和药面整形的技巧。通过反复练习,他很快熟练掌握了各种工具的使用方法,为后续的工作打下了坚实的基础。在参与某新型火箭发动机研发项目时,传统的手工整形方法难以满足高精度要求,徐立平大胆创新,引入数字化技术,结合多年的实践经验,研发出一套全新的药面整形工艺。经过无数次的试验和改进,成功将药面整形精度提高了近一倍,为新型火箭的研制成功立下了汗马功劳,用智慧为航天事业绘制出壮丽的蓝图。

徐立平始终将质量和安全放在首位。在一次重要任务中,一批火箭发动机药面出现

学习笔记

细微瑕疵,虽然不影响整体性能,但徐立平坚持按照最高标准进行返工处理。他说:“航天事业容不得半点马虎,每一个细节都关系到国家的安危和人民的利益。”在他的坚持下,这批发动机药面经过重新整形,完全达到了设计要求,确保了发射任务的圆满成功。

徐立平还积极培养年轻技术人才。他毫无保留地分享自己的工作经验和技术心得,手把手指导年轻同事。在他的悉心教导下,一批又一批年轻的技术人员迅速成长,成为了研究所的中坚力量。

从一名普通的技术工人,成长为航天领域的大国工匠,徐立平凭借智慧攻克了一个又一个技术难题,凭借高尚的品德赢得了广泛的赞誉和尊重。他用自己的实际行动,诠释了“智绘蓝图,德塑匠心”的深刻内涵,激励着更多人投身航天事业,为实现航天强国的梦想奋勇前行。

项目7

处理3D打印模型

项目概述

学习笔记

随着全球3D打印市场规模突破240亿美元(2024年Wohlers Report数据),增材制造技术正从原型制作向批量生产转型。然而,逐层堆叠的制造原理导致打印件普遍存在表面粗糙度 Ra10~50 μm、尺寸偏差±(0.1~0.5) mm等质量缺陷,后处理环节成为制约技术规模化应用的关键瓶颈。行业调研显示,78%的工业用户将后处理成本控制列为技术应用首要考量,传统手工后处理方式导致单件成本增加30%~80%,生产周期延长40%~60%。

资源

处理3D打印模型

从工艺步骤来看,后处理首要是支撑去除。3D打印过程中,为维持模型特定结构稳定,常需添加支撑结构。打印结束后,必须小心移除支撑,以免损伤打印件主体,小尺寸或复杂结构的打印件,甚至需借助镊子、手术刀等精细工具。如果是光固化打印,清洗紧随其后,旨在清除打印件表面残留的未固化树脂、粉末或其他杂质,依据打印技术和材料,可选择酒精擦拭、超声波清洗等方式。此外,表面处理能显著提升打印件的外观和性能,通过打磨、抛光,可降低表面粗糙度,使其更加光滑;借助化学涂层、电镀工艺,还能增强打印件的耐磨性与耐腐蚀性。

后处理技术因打印技术和材料的不同而存在差异。例如,光固化3D打印后,需进行二次固化,以增强打印件的机械性能;粉末床熔融打印则要清除残留在孔隙中的粉末。不同材料对后处理的需求也不尽相同,金属打印件通常需进行热处理,消除内部应力,提升材料强度;而塑料打印件,表面处理更多为了满足美观需求。

后处理在3D打印流程中扮演着极为重要的角色,不仅能够改善打印件的外观与性能,还能拓宽其应用范围,推动3D打印技术迈向更广阔的领域。

思维导图

本项目的主要学习内容如图7-1所示。

学习笔记

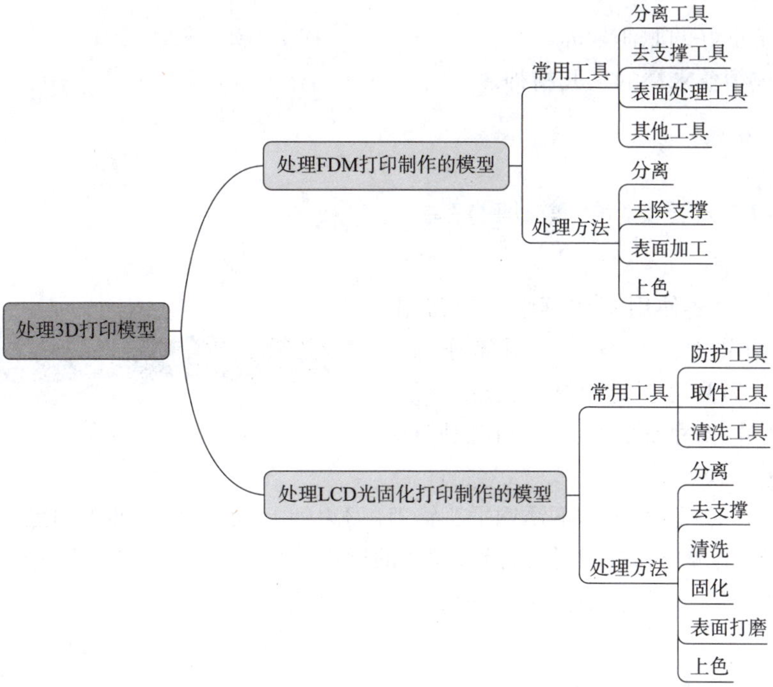

图 7-1 思维导图

任务 7.1 处理 FDM 打印制作的模型

任务导入

小张同学在使用 FDM 打印机打印小车时遭遇了一系列问题。打印前设置支撑，虽成功成型，但模型内部和外部都残留支撑物，不仅影响外观，处理时还可能损伤模型。而且车轮无法滚动，大大降低小车的可玩性，车的颜色也很单一，缺乏吸引力。那么，如何去除模型内外的支撑物，同时避免对模型造成损伤，实现外观光滑呢？有没有更巧妙的支撑设计，既能确保打印成功，又不会在模型上留下过多痕迹？要让车轮能够灵活滚动，在打印时应怎样调整参数，或是选择合适的材料和结构？怎样通过改进打印方式，如多材料打印、上色工艺，赋予小车多种颜色，打造漂亮外观？

任务目标

1. 知识目标

(1)了解使用 FDM 机器打印模型后处理工具的功能及种类。

(2)掌握使用 FDM 机器打印模型后处理工艺的种类及方法。

2. 能力目标

(1)能正确使用工具对 FDM 打印产品进行后处理。

(2)能熟知 FDM 打印产品后处理工艺过程。

学习笔记

3. 素质目标

(1)具备良好的职业素养。

(2)养成精益求精的工匠精神。

知识准备

7.1.1 FDM 打印产品后处理常用的工具

1. 分离工具

分离工具主要使用不锈钢平头铲刀用于取件,结构分为刀身与刀柄两部分,如图 7-2 所示。刀身为不锈钢材料,长度一般分为 2 寸、3 寸、4 寸及 5 寸;刀柄有橡胶柄和木柄两种。

图 7-2 不锈钢平头铲刀

①使用方法。取件时用不锈钢平头铲刀(刀刃朝上)的一个角伸入模型与平台之间,使模型与平台出现分离缝隙,铲刀沿着模型的周边铲入,直到模型与平台完全分离。

②注意事项。避免铲伤打印机平台;刀刃比较锋利,避免由于操作不当对人体造成伤害。

2. 去支撑工具

(1)偏口钳

偏口钳又称为水口钳或斜口钳,用于去除模型支撑,钳头材料为碳钢淬火处理,钳身带塑胶绝缘柄,如图 7-3 所示。

图 7-3 偏口钳

①使用方法。使用钳子常用右手操作,将钳口朝内侧,便于控制钳切部位,用小指伸在两钳柄中间来抵住钳柄,张开钳头,这样分开钳柄灵活。

②注意事项。对照数模分清模型部分和支撑部分,避免对模具部分进行剪切;不能用来剪切钢丝、钢丝绳和过粗的铜导线和铁丝,否则容易导致钳子崩牙和损坏。

(2)刻刀

用于去除模型支撑及修整模型毛边,结构分为刀身与刀片两部分,如图 7-4 所示。刀片为弹簧钢材料,有多种形状,可以根据模型结构特点进行更换,如图 7-5 所示。

图 7-4 刻刀结构

图 7-5 刀片形状

①使用方法。两眼距刀锋约 30 cm 作业，坐姿正确，保护视力；握刀正确，要让手加在刀上的力在刀杆上呈一条直线不能让刀锋有弯曲，如果施力的方向和刀锋的自然方向有偏差容易折断刀尖。手指控制刻刀随模型转动。

②注意事项。用力均匀，避免对人体及模型造成伤害。

(3)镊子

镊子是用于夹取模型上细刺及其他细小部分的工具。常用的有直头、弯头镊子，如图 7-6 所示。

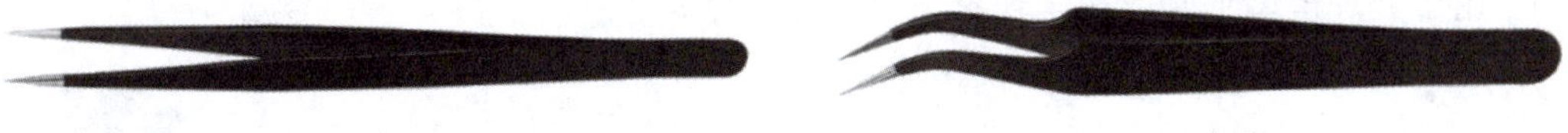

(a)直头　　(b)弯头

图 7-6　镊子

①使用方法。用大拇指和食指夹住镊子，使镊子后柄位于掌心，有时需要加上中指进行配合。

②注意事项。用力均匀，以避免手产生抖动。

3. 表面处理工具

(1)整形锉

整形锉又称为组锉或什锦锉，主要用于修整模型细小部分的表面，按其断面形状分为平锉、方锉、三角锉、圆锉、半圆锉等，如图 7-7 所示。

图 7-7　整形锉

①使用方法。对于尺寸较大的模型，通常需要将模型进行固定，操作者右手握锉刀柄，左手握锉刀前部，对模型表面进行处理；对于尺寸较小模型，可以一只手固定模型，另一只手握锉刀，对模型表面进行处理。

②注意事项。锉刀要避免沾水、沾油或其他脏物；使用整形锉用力不宜过大，以免折断。

(2)砂纸

砂纸，俗称砂皮，如图 7-8 所示。用以打磨模型表面，以使其光洁平滑，达到相应的技术要求。砂纸的目(或号)是指磨料的粗细及每平方英寸的磨料数量。目数越大，磨料越细、数量越多；反之，磨料粗、数量少。常用的砂纸是 120～2 000 目，精细打磨所需砂纸为 800～3 000 目。

图 7-8　砂纸

①使用方法。使模型表面与砂纸接触，施加适当压力用砂纸将模型表面进行打磨。

②注意事项。砂纸打磨模型表面一般从粗目到细目进行使用；需要沿同一个方向来回打磨，这样可以使模型表面更光滑、明亮；砂纸目数越高，打磨越光滑，但速度也越慢。

(3)电动打磨机

电动打磨机可用于模型的磨削加工及表面抛光处理，使用电源做动力，产品的转速高，噪声小，如图 7-9 所示。

选择不同形状和型号的磨头，可以在相应加工面上进行打磨、抛光、雕刻、钻孔、修磨、去毛刺等作业。因其重量轻、体积小、头部跳动小（可以达到 0.02 mm 内），使用者操作方便。电动打磨机的打磨效率与常规工具比较，可以提高 5~10 倍。

①使用方法。使用时根据模型的结构特点，选择不同形状的打磨头。

②注意事项。模型在使用电动打磨机磨削时，要注意打磨速度和打磨量，否则容易损伤模型表面。薄壁件不适合使用电动工具打磨。

(4) 酒精灯、打火机

用于处理模型毛刺或拉丝现象，如图 7-10 所示。

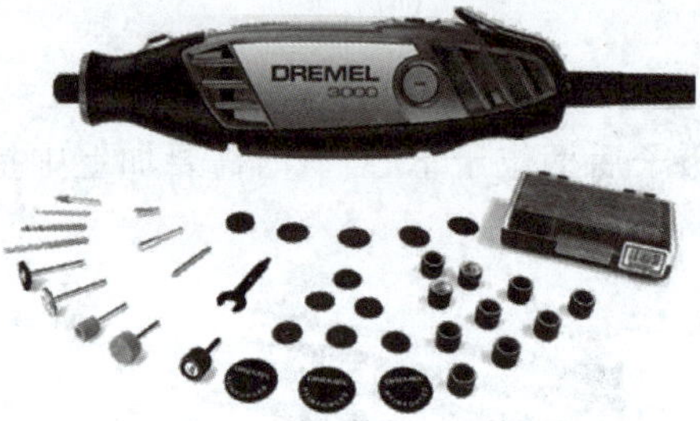

图 7-9　手持式电动打磨机及打磨头

(a) 酒精灯　　(b) 打火机

图 7-10　酒精灯、打火机

①使用方法。模型打印后用打火机或酒精灯迅速掠过模型表面燎一下，用这种简便易行的方法处理毛刺或表面拉丝。

②注意事项。速度一定要快，防止烧坏模型。

(5) 补土

牙膏补土是一种混合了有机溶剂的补土，其包装和外观与牙膏相似，如图 7-11 所示。特点是软、粘，与模型的结合度高，但干燥后会收缩，出现凹陷。

图 7-11　牙膏补土

原子灰补土多用于模型塑型、改造和雕刻等作业，可以用美工刀、刻刀等工具去切削，切削要在半硬化的时候进行，不能太用力，以免变形。这种补土方式和泥塑差不多，也可以用来填补模型黏结缝隙。如图 7-12 所示。

水补土也叫喷涂水性漆，可作为底漆，类似于涂料，用喷涂的方法来附着到模型表面上，如图 7-13 所示。水补土有修复表面缺陷、统一模型底色和增强涂料的附着力等作用。

图 7-12　原子灰补土

图 7-13　水补土

学习笔记

(6)胶水

常用的胶水包括:502 胶、ab 胶、软性胶、焊接剂等,如图 7-14 所示。

①使用方法。当模型和打印平台接触角度不好,或支撑过多,可利用软件将模型切开,分成几部分进行打印,打印完成后利用胶水进行粘结。在对模型后处理时,如模型损坏,也需要进行粘结处理。

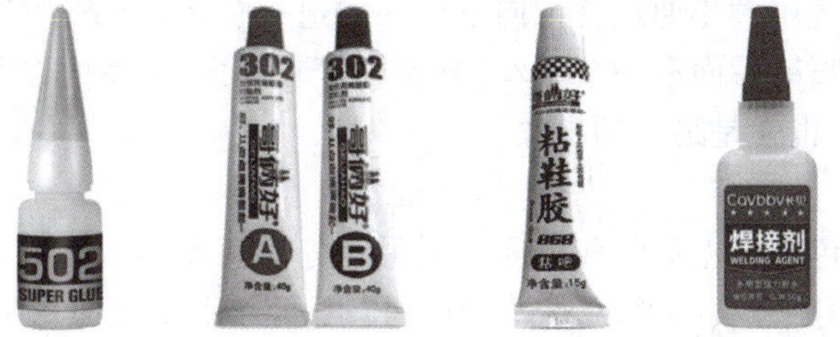

(a)502 胶　　(b)ab 胶　　(c)软性胶　　(d)焊接剂

图 7-14　胶水

②注意事项。涂抹过程中,胶水使用要均匀,避免模型粘结错位或将手粘住。

(7)抛光液

利用抛光液让材料在化学介质中表面微观凸出的部分和凹陷部分优先溶解,从而得到平滑表面,如图 7-15 所示。

①使用方法。将抛光液倒入容器中浸泡等待模型表面光滑后,取出自然风干即可。

②注意事项。不同品牌的 PLA,反应的时长不一样,具体时长需要根据测试确定;使用过程中,不要追求一步到位,如初次抛光效果不明显,可以晾干模型后进行再次抛光,用少量多次的方法抛光,避免掌握不好时间而导致的模型损坏;对于细节很多且不太明显的模型,谨慎抛光,因模型在抛光的时候,很可能会溶解掉一些细节部分;对于薄壁类模型,可以采取少量涂抹或少量喷洒的形式去抛光,也需要遵循少量多次的原则去抛光,抛光后需要放到平面上晾干,以免模型软化变形。

(8)喷笔

利用喷笔可以对模型进行喷涂上色,如图 7-16 所示。喷笔是使用压缩空气将模型漆喷出的一种工具,喷笔上色可以节省大量的时间,涂料也能均匀地涂在模型表面上。但喷笔成本高,上手较难。

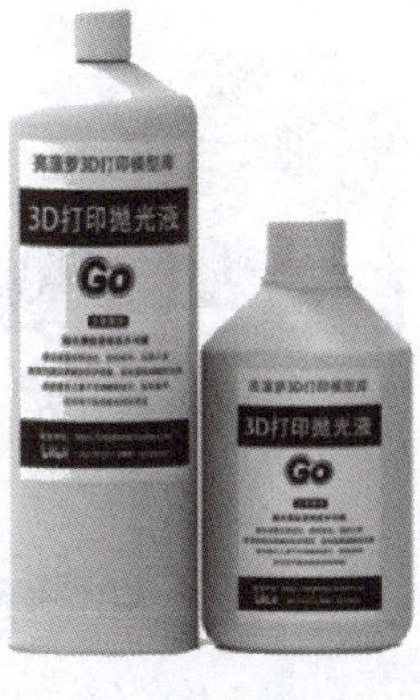

图 7-15　抛光液

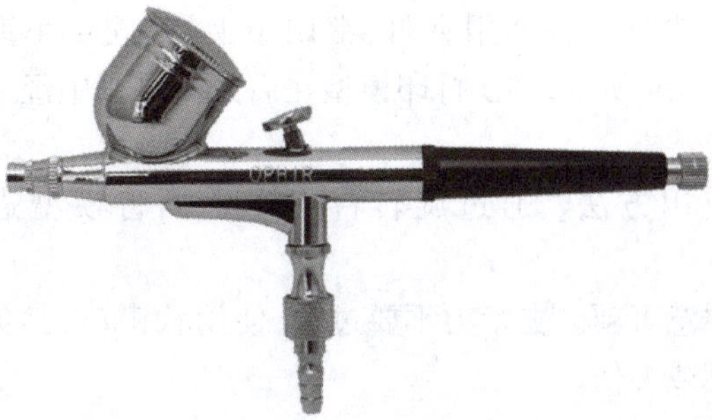

图 7-16　喷笔

学习笔记

①使用方法。喷笔的涂料的传输方式是依靠重力的，所以喷笔的喷嘴时刻都在向下，同时保证杯里的涂料不会向喷笔的后面倒灌，清洗喷笔就变得很容易。否则涂料倒灌，干了会粘住喷笔的顶针，不仅不方便清洗，而且会影响喷笔的使用。正确的使用喷笔的方法是，食指向下按着按钮，此时喷笔就会喷出气流，然后轻轻向后拉，就会有涂料喷出，对着想要喷涂的地方喷出即可。

②注意事项。气压大小通过食指向下按的力道来控制；出漆量的大小是通过食指后拉的幅度来控制。喷笔后面有一个螺丝（外调喷笔在外面，内调的在里面）是用来确定顶针的最后面的位置，也就是最大的出漆量。

(9)上色笔

模型常用的上色笔根据形状和材质不同可以分成两大类。

①形状。一般分平笔、细笔两种，如图 7-17 所示。平笔用来涂刷面积较大的部分；细笔最适宜点画或描绘精致的效果线和局部的阴影，也用于模型比较精巧的部分，如涂刷人物脸部等细节。

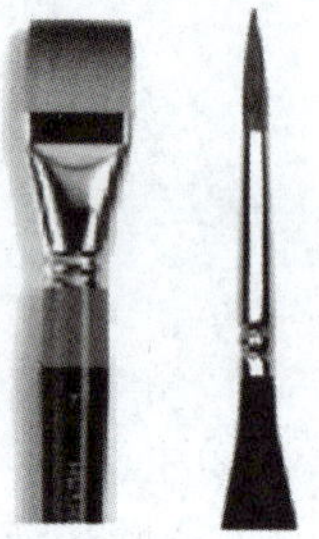
图 7-17　上色笔

②材质。一般有兽毛笔和尼龙笔两种。兽毛笔有白色、褐色等不同类型，兽毛笔笔毛纤细，柔韧性强，颜料吸收度和涂色时颜料的流动性好；尼龙笔是用极细的尼龙纤维做成的笔，笔头呈半透明的茶色，很容易识别，弹性强，耐摩擦，对颜料的吸收力较差，笔头使用后较易清洗，比较适合水性涂料。

4. 其他工具

(1)3D 打印笔

利用 3D 打印笔来填补一些大的缝隙或者断裂的地方，如图 7-18 所示。3D 打印笔的原理与桌面级 FDM 打印机原理相同，都是热熔原理。

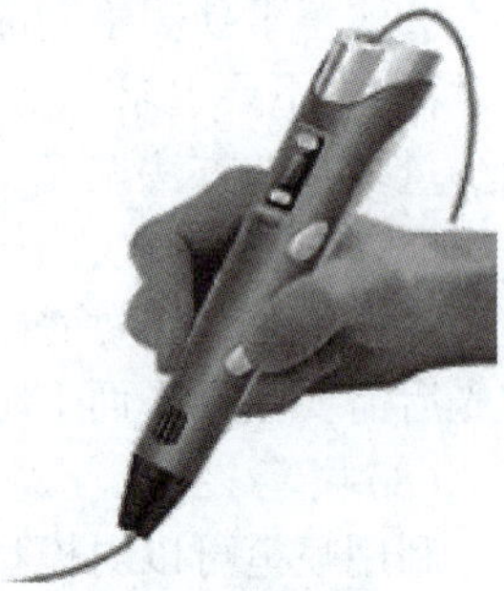
图 7-18　3D 打印笔

①使用方法。使用时注意控制 3D 打印笔移动的速度，同时要选取与打印模型相同的材料，如模型采用 PLA 材料，那么要用 PLA 进行修补。还要注意不能挤出太多的材料，否则易造成模型表面更多的不平整。

②注意事项。每次使用后都需要退出耗材，防止堵塞 3D 打印笔；如果电量不足在操作过程中会自动关机。

(2)台虎钳

台虎钳是一种通用夹具，常用于夹持、固定小型工件，如图 7-19 所示。3D 打印模型在后处理过程中经常利用台虎钳装夹。

图 7-19　台虎钳

①使用方法。通过旋转台虎钳手柄将模型进行固定。

②注意事项。夹紧力不要过大，使用软钳口，避免将模型损坏或夹伤。

学习笔记

7.1.2 FDM打印产品后处理方法

1. 分离

当完成模型打印时，打印机会发出蜂鸣声，喷嘴和打印平台会停止加热。将扣在打印平台周围的弹簧顺时针别在平台底部，将打印平台轻轻撤出。把平头铲刀慢慢地滑动到模型下面，来回撬松模型，如图7-20所示。

2. 去除支撑

模型由两部分组成，一部分是模型本身，另一部分是支撑材料。支撑材料和模型主材料的物理性能是一样的，只是支撑材料的密度小于主材料的密度，所以易从主材料上移除支撑材料。图7-21用刻刀去除支撑材料，可以使用多种工具来去除支撑材料。

图7-20 模型拆除

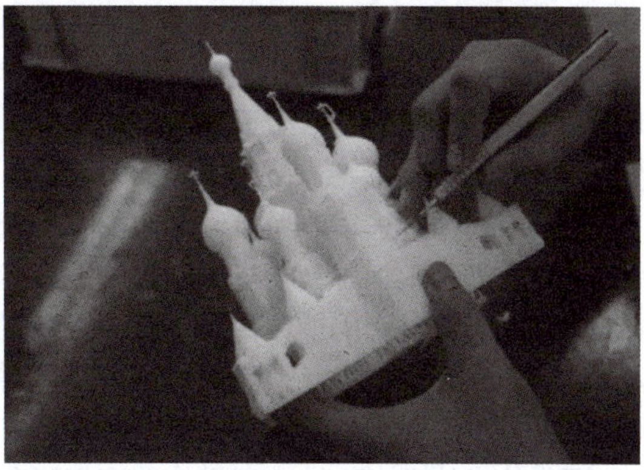

图7-21 去除支撑

3. 表面加工

表面加工主要包括表面打磨和表面处理。一般的工艺流程为粗打磨—半精打磨—精细打磨—表面处理四大部分。

(1)表面打磨

表面打磨是借助粗糙度较高的物体通过摩擦改变材料表面粗糙度的一种加工方法，目的是去除零件毛坯上的各种毛刺、加工纹路(层隙及支撑痕迹)。表面打磨一般使用锉刀打磨、砂纸打磨、电动工具打磨等。

①锉刀用于粗打磨，可以分为普通锉刀、整形锉刀和异形锉刀三等。普通锉刀用于锉削一般的工件，整形锉刀又称为什锦锉，适合于工件上细小部位的修整，异形锉刀用于加工各种工件上的特殊表面。锉刀的清理用钢刷或者牙刷沿着锉刀纹路进行刷清。

②砂纸打磨在经过锉刀的粗打磨后，就要使用砂纸进行细加工。砂纸打磨是一种廉价且行之有效的方法，优点是价格便宜，缺点也比较明显，打磨精度难以掌握。用砂纸打磨消除纹路速度很快，如果零件对精度和耐用性有一定要求，则不要过度打磨。

砂纸分为各种目数，目数越大就越细。前期砂纸打磨应采用150~600目型号的砂纸。

用砂纸打磨也要顺着弧度去磨，要按照一个方向打磨，避免毫无目的地画圈。用砂纸沾上一点水进行打磨时，粉末不会飞扬，而且磨出的表面会比没沾水打磨的表面平滑些，或者用一个能容下部件的容器装上一定的水，把部件浸放在水下，同时用砂纸打磨。

学习笔记

这样不但打磨效果完美，而且还可以保持砂纸的寿命。在没有水的环境下，砂纸也可直接进行打磨。

一种实用的打磨方法是把砂纸折个边使用，折的大小完全视需要而定。因为折过的水砂纸强度会增加，而且形成一条锐利的打磨棱线，可用来打磨需要精确控制的转角处、接缝等地方。在整个打磨过程中，会多次用到这种处理方式，用折出水砂纸的大小来限制打磨范围。

③电动工具打磨电动工具打磨速度快，各种磨头和抛光工具较为齐全，对于处理某些精细结构，电动打磨比较方便。注意，使用电动工具时，要掌握打磨节奏和技巧，提前计算打磨的角度和深度，防止打磨速度过快造成不可逆的损伤。电动工具如图 7-22 所示。

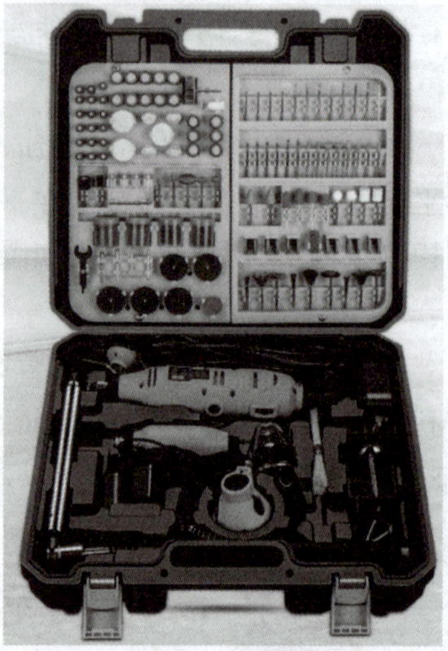

图 7-22　电动工具

(2)表面处理

表面处理通常采用珠光处理、化学抛光法等。

①珠光处理。工业上最常用的后处理工艺就是珠光处理。操作人员手持喷嘴朝着抛光对象高速喷射介质小珠从而达到抛光的效果、一般是经过精细研磨的热塑性颗粒。珠光处理的速度比较快，处理过后产品表面光滑，有均匀的哑光效果，可用于大多数 FDM 材料上。它可用于产品开发到制造的各个阶段，从原型设计到生产都能用。

因为珠光处理一般是在密闭的腔室里进行，所以处理的对象有尺寸限制，且整个过程需要用手拿着喷嘴，一次只能处理一个，不能用于规模应用。

②化学抛光法。化学抛光法有擦拭法、搅拌法、浸泡法、抛光机法和熏蒸法等。擦拭法是用可溶解 PLA 或 ABS 的不同溶剂擦拭打磨；搅拌法是把模型放在装有溶剂的器皿里搅拌；浸泡法是将模型放入盛有抛光溶剂的杯子或者其他器具浸泡一两分钟后，模型表面的纹路变得非常光滑，如图 7-23 所示，须注意避光操作和防护，有的抛光溶剂会产生毒性气体；抛光机法是将模型放置在抛光机里面，用化学溶剂将模型浸泡特定的时间，表面会比较光滑，如用丙酮来抛光打印产品，但丙酮易燃，且很不环保；熏蒸法有蒸汽平滑、丙酮蒸汽熏蒸等。蒸汽平滑是将 3D 打印件放入一个可密封蒸汽室内，蒸汽室内部含有加热可挥发的溶剂作为填蒸汽，加热处理一段时间后，再将 3D 打印件从蒸汽室内取出进行烘干处理，即完成了蒸汽平滑处理。该技术的主体部分是让蒸汽在材料的零件表面凝结并熔化其表面，消除台阶效应，使零件表面更平坦；丙酮蒸汽熏蒸是利用丙酮对材料的溶解性，通过加热使丙酮蒸发，蒸发的丙酮蒸汽凝结到零件表面上，对表面材料进行溶解流淌后使表面变得平滑，如图 7-24 所示。对 ABS 制品熏蒸一定时间，可使 ABS 制品表面粗糙度得到改善。丙酮蒸汽熏蒸的使用要求丙酮的沸点大约为 56 ℃，只要简单加热即可沸腾产生蒸汽，但不可过度加热。过高的温度会使丙酮浓度过高，当它在空气中的浓度超过 11%时，就会有爆炸的危险。同时，过度吸入丙酮对人体有害，故在熏蒸过程中要求环境通风情况良好，避免爆炸和对人体产生危害。若有防毒措施，操作人员可做好防毒准备。因为 ABS 材料溶于丙酮，只对 ABS 材料的 3D 打印件有效，PLA 材料不可用丙酮抛光，有专用的 PLA 抛光液，把模型放入液体中浸泡数秒即可抛光。

学习笔记

图 7-23　化学抛光

图 7-24　丙酮蒸汽熏蒸前后对比

4. 上色

模型上色目的是让模型颜色丰富多彩，可以将模型变得生动和富有层次感，从而提高工件的外观质量。

FDM 打印产品一般采用涂料上色法。涂料着色有两种方法，一种是手刷着色，另一种是喷涂上色。

手刷上色是在模型经过打磨抛光后，用刷子手工上色。这种方法能体现细节，在模型细节颜色都基本处理到位之后，等待颜料经风干基本干透之后，再用光油进行最后的处理，喷上光油的零件更加透亮美观，也更好保存。手工精细上色简单易学、易操作，表面想要获得较好的色彩效果，需先涂上一层浅色底色打底，再涂上主色，以防出现颜色不均匀或反色的现象。

上色需要采用十字交叉涂法进行上色，即在第一层将干未干之时，加上第二层的新鲜油漆，第二层的笔刷方向与第一层成为垂直直角。

因使用的大多是油性染料，手工精细上色的色彩光泽度微高于浸染，而低于喷漆、电镀和纳米喷镀。在产品效果方面，受人工熟练程度、二次上色把握程度等多种因素影响，在效果上很难达到理想状态，同等产品上色效果最差，但手工上色简单易操作，造价成本低于其他四种，如图 7-25 所示。

图 7-25　上色

喷涂上色常用的工具有喷笔与喷罐，其原理一样，都是将喷料喷成气雾状沉积在零件表面，并使表面涂层光洁无上色痕迹，如图 7-26 所示。而手刷上色，要做到无痕迹很难。喷笔涂装与喷罐涂装两者在喷涂面积、涂料浓度、油漆的选用上有着一定的区别，要根据设备的使用要求进行选择和操作。喷漆的油漆附着度较高，适用范围较广。受产品原镜面影响，喷漆的色彩光泽度仅次于电镀和纳米喷镀效

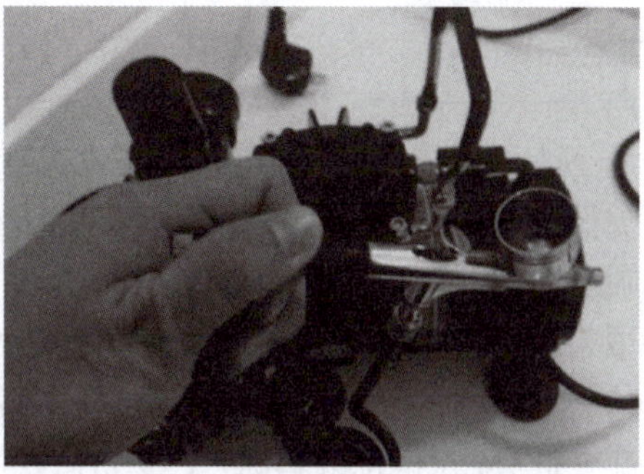

图 7-26　喷漆

学习笔记

果，但作业色彩比较单一，受喷涂技术和油漆干燥度等影响，多色喷涂较为困难。在制作周期上，喷涂后需要晾晒和细节处微调，作业周期需 3 到 4 个小时。产品效果上，受人工熟练程度、二次上色把握程度、喷点衔接等多种因素影响，技术需求较强。喷漆上色，造价成本适中且适用范围最广。

任务实施

用 FDM 打印机打印一小车结束后第一步用铲刀把小车同打印平台上分离；第二步用偏口钳或者刻刀去除支撑；第三步用 120～800 目砂纸进行粗打磨；第四步用 2 000～3 000 目砂纸进行精细打磨；第五步给模型上色。

由于小车比较小，采用手工涂抹法使用笔直接上色。在涂装颜料的过程中，要选用大小适合的笔来进行涂装，笔可以直接购买常用的水粉笔即可。具体操作如下：

①稀释。为了使颜料更流畅、涂装色彩均匀，可以使用吸管滴入一些同品牌的溶剂在涂料皿里进行稀释。普通丙烯颜料更加简便，可以用干净的水来稀释。稀释时，根据涂料干燥情况配合不同量的稀释液。让笔尖自然充分地吸收颜料，并在调色皿的边缘刮去多余颜料，调节笔刷上的含漆量。

②涂绘方法。手工涂漆时平头笔刷在移动时应朝扁平的一面刷动，下笔时由左至右保持手的稳定且以均匀的力道移动，笔刷和表面的角度约为 70°，轻轻地涂刷，动作越轻笔痕会越不明显。只有保持画笔在湿润的状态进行，含漆量保持最佳湿度，才能有最均匀的笔迹。动作不标准可能会产生难看的笔刷痕迹，并且使油漆的厚度极不均匀，使整个模型表面看起来斑驳不平。

③消除笔痕。涂料干燥时间的长短也是决定涂装效果好坏的因素之一。一般要等第一层还未完全干透的情况下再涂上第二层油漆，这样才能消除笔触痕迹。第二层的笔刷方向和第一层成为垂直直角，称为交叉涂法，以井字来回平涂两到三遍，使模型表面笔纹减淡，色彩均匀饱满，如图 7-27 所示。

图 7-27　上色后的小车模型

任务 7.2　处理 LCD 光固化打印制作的模型

任务导入

小李同学成功使用 LCD 光固化机器打印出游览车模型，可打印结束后，模型上附着着支撑物，并且颜色单一，这极大影响了模型的美观度。要如何才能去除模型上的支撑物呢？是用专门的工具小心地进行拆除，还是借助化学药剂使其溶解？去除支撑物后，又该采取哪种上色方法，让模型拥有多种颜色呢？是采用喷笔上色，利用细腻的喷雾，打造均匀且丰富的色彩层次？还是选择手涂的方式，通过画笔精心描绘，实现色彩的巧妙搭配？此外，在挑选颜料时，又该如何抉择，才能确保颜料既附着牢固，又能展现出丰富的色彩效果，让游览车模型真正变得外型美观，成为一件精致的作品？

学习笔记

任务目标

1. 知识目标

(1)了解后处理工具的功能、类型,掌握后处理工具的应用。

(2)掌握后处理工艺流程及操作方法。

2. 技能目标

(1)能使用工具对光固化打印产品进行后处理。

(2)能按照操作规范使用工具。

(3)能按照工艺流程进行后处理操作。

3. 素质目标

(1)具备崇高的理想信念和家国情怀。

(2)养成热爱生活、保护环境的意识。

(3)培养脚踏实地、吃苦耐劳和精益求精的精神。

知识准备

7.2.1 LCD光固化打印产品后处理常用工具

1. 防护工具

(1)丁腈手套

①使用方法。先从指间戴上,然后慢慢往上拉。在处理液体树脂时,正确戴上手套,以免弄脏手或接触树脂引起过敏,操作完成后使用洗手液清洗双手,如图7-28所示。

②注意事项。千万不要先让手掌进入手套,避免扯破手套。

(2)口罩

光固化树脂现在大多数用的是甲基丙烯酸甲酯类的,这种光固化树脂一般有一股异香。除了保持良好的通风外,还可以戴口罩来隔绝气味,如图7-29所示。

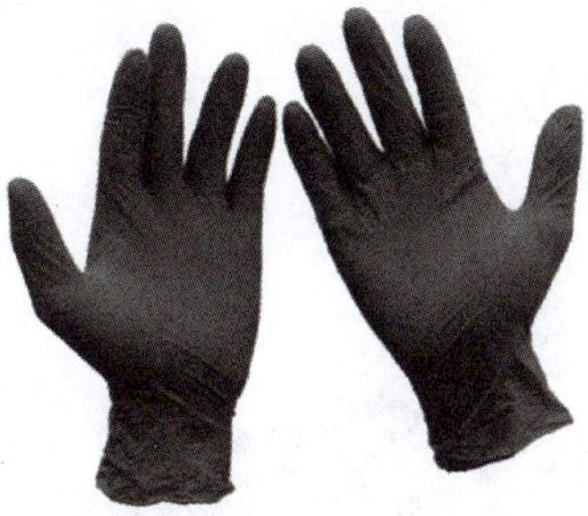

图7-28 丁腈手套

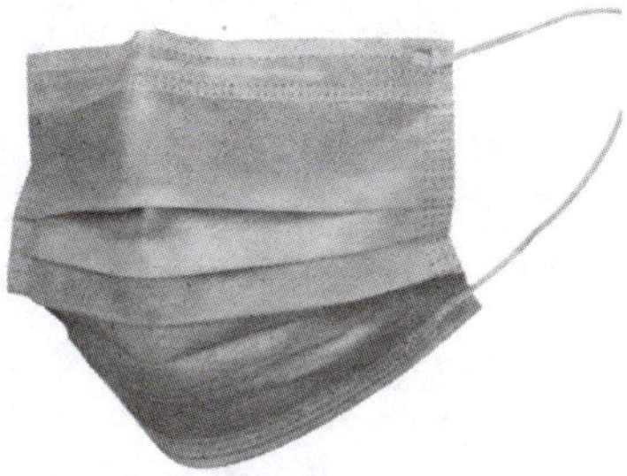

图7-29 口罩

2. 取件工具

(1)金属铲刀

金属铲刀(见图7-30),可以用来把成品或失败品从成型平台上取下来。

①使用方法。金属铲刀可以用来把成品或失败品从成型平台上取下来。铲除时要耐心、小心,找到发力点,这样可以避免弄断模型。只要模型和成型平台铲出一丝缝隙,

学习笔记

接下来的铲除就很容易。

②注意事项。取打印平台的模型时用金属铲刀，切记不要用金属铲刀触碰料槽内的离型膜。

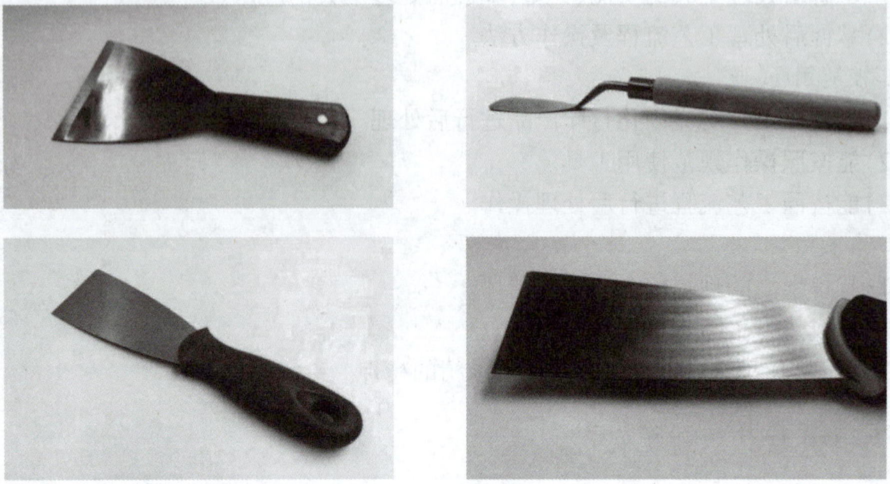

图 7-30　金属铲刀

（2）塑料铲刀

①使用方法。当打印失败时，用塑料铲刀铲除粘在料槽底部的固化树脂，如图 7-31 所示。

②注意事项。取打印平台的模型时用金属铲刀，切记不要用塑料铲刀，否则铲刀易损坏。

3. 清洗工具

（1）软毛刷

在酒精中清洗模型的时候，可用软毛刷轻轻刷掉模型表面的树脂，如图 7-32 所示。

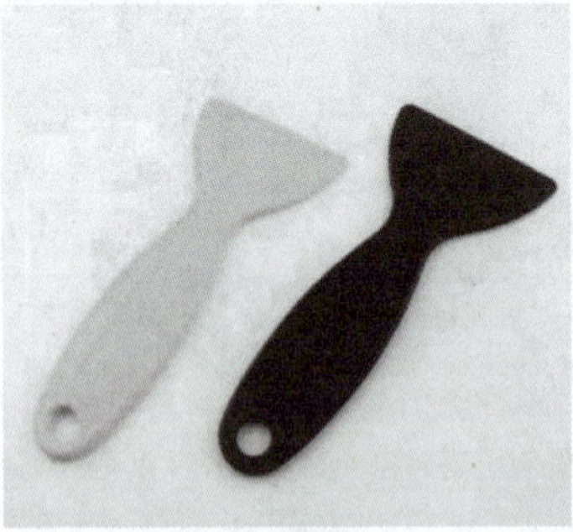

图 7-31　塑料铲刀

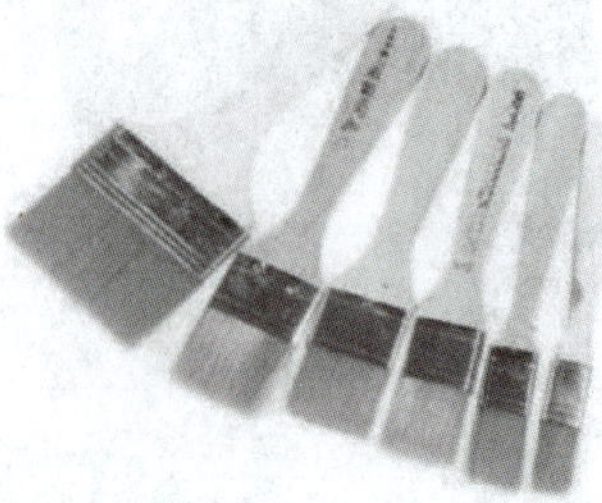

图 7-32　软毛刷

（2）喷瓶

①使用方法。模型的有些部位是软毛刷刷不到的，使用装有酒精的喷瓶对准角度冲洗模型较深的部位，如图 7-33 所示。

②注意事项。在使用装有酒精的喷瓶进行清洗操作时，远离明火。

学习笔记

(3)无尘布/纸巾

把模型从酒精中取出后，用纸巾或无尘布来擦拭模型表面，如图 7-34 所示。

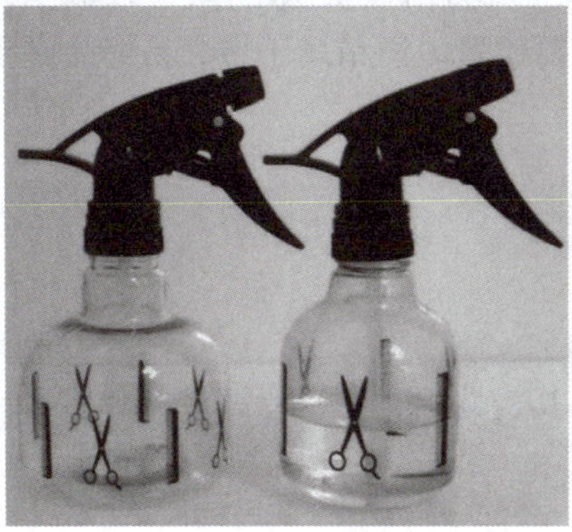

图 7-33　喷瓶

图 7-34　纸巾

7.2.2　LCD 光固化打印产品后处理方法

1. 分离

分离是从平台取下模型的过程。模型打印完毕后，戴上口罩、手套用刀具取下模型。取下模型需要一定的技巧，不能蛮力地撬，要有耐心，用铲刀围绕着底筏四周，直到找到切入点。只要铲刀铲进底筏和成型平台之间的缝隙，慢慢地继续深入，模型就很容易从成型平台分离，如图 7-35 所示。

2. 去支撑

去支撑即去除因加工过程中生成的用于起到支撑作用的多余结构，内部支撑可不去除。使用裁剪工具，去除掉靠近模型的支撑，千万不要直接用手抠支撑，这样很容易让模型留下坑坑洼洼的洞，如图 7-36 所示。

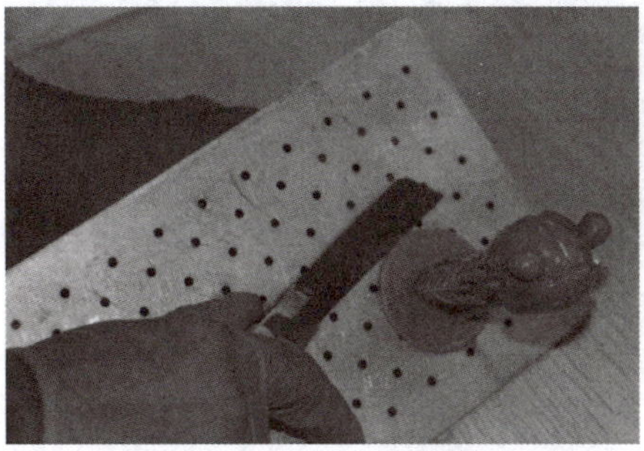

图 7-35　分离操作

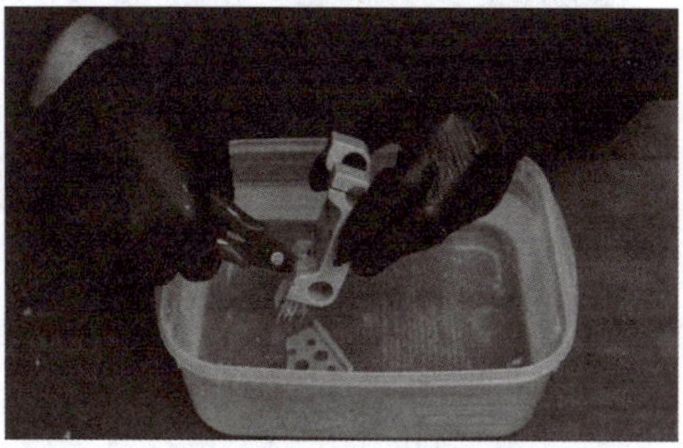

图 7-36　去支撑操作

3. 清洗

清洗是指用酒精或其他有机溶剂将成型件表面残留的光敏树脂彻底洗掉，如图 7-37 所示。模型支撑拆除完毕后，将模型放入收纳箱内，加入酒精没过整个模型，浸泡 5 min。在这个时间做好防护工作，穿工作服，戴好口罩和护目镜，开始用排刷清洗模型，清洗完成后，查看模型接口内是否有残余树脂，如一些螺纹柱，夹角等，对于排刷进入不了的地

学习笔记

方，再次放入超声波内清洗，时间为 20 min 左右，清洗完成后，取出用气泵或风筒吹干，如图 7-38 所示。

清洗时收纳箱最好放置于工作台上，使工作人员为站立状态工作，可以减少树脂在清洗过程中溅射到衣服和鞋子上，或者面部等重要位置。酒精属于易燃易爆品必须存放于防爆箱内。

图 7-37　清洗操作

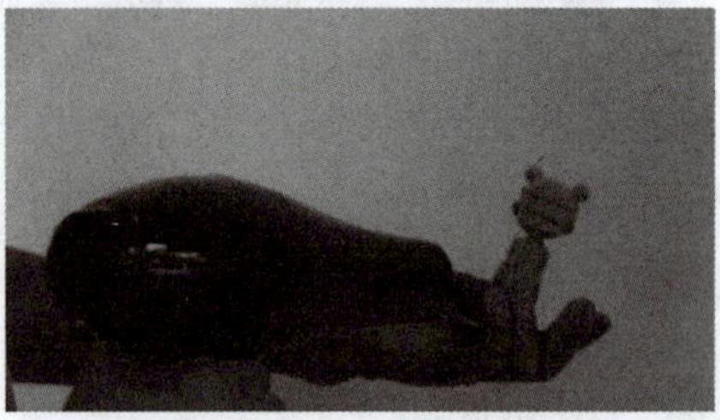
图 7-38　吹干操作图

4. 固化

固化是指将树脂原型放到后固化箱中进行紫外光照射，以便进一步提高原型强度。固化后的模型表面更加坚硬与干燥，这使得它们更容易打磨和喷漆。

模型用压缩空气吹干后，放入固化箱内，固化 15 min 左右，然后把模型翻面再次固化 15 min。使用固化箱的时候按下电源并启动，设置好计时器设备就会开始工作。

5. 表面打磨

表面打磨是指打磨原型件表面以提高表面粗糙度和尺寸精度，特别是附着有支撑及台阶效应明显的部位。砂纸打磨和砂棒打磨分别如图 7-39 和图 7-40 所示。

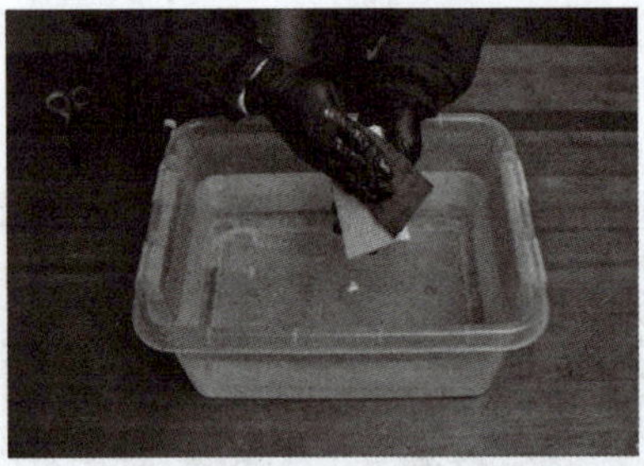
图 7-39　砂纸打磨

图 7-40　砂棒打磨

6. 上色

对于喷漆上色的模型，先进行打磨处理到足够的目数，一般在 1 500 目左右，分析喷漆所需的颜色，准备相应颜色的染料，高规格的喷漆需用色卡来标识以准确涂装颜色，如图 7-41 所示。

上色可以使用画笔描绘与喷笔喷涂等，画笔通常用于对模型细节处进行勾勒，如图 7-42 所示。

喷笔通常用于喷涂较大区域。喷笔喷涂时应根据被喷工件选择合适的涂料以及适当的粘度，根据涂料的种类、空气压力、喷嘴的大小以及被喷面的需要量来进行喷涂操作。

图 7-41　色卡、喷漆、染料

图 7-42　手绘上色操作

上色壶的喷笔涂料的传输方式是依靠重力的，故喷笔的喷嘴时刻都在向下，这样还有一个好处是杯里的涂料不会向喷笔的后面倒灌，清洗喷笔就变得很容易，否则涂料倒灌，干了会粘住喷笔的顶针，不仅不方便清洗，而且会影响喷笔的使用。

(1)使用方法

食指向下按着按钮，此时喷笔就会喷出气流，然后轻轻向后拉，就会有涂料喷出，对着需要喷的地方喷出就可以了，喷嘴稍稍向下，如图 7-43 所示。

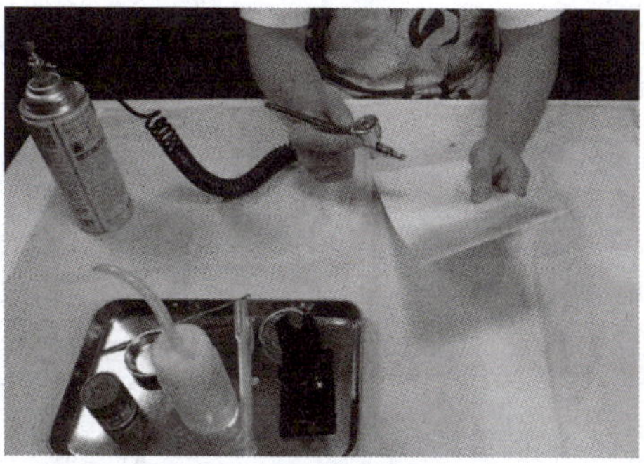

图 7-43　喷笔喷涂操作

(2)喷涂技巧

喷嘴口径一般设为 0.5～1.8 mm；供给喷枪的空气压力一般设为 0.3～0.6 MPa；喷嘴与被喷面的距离一般为 20～30 cm 为宜；喷出漆流的方向应尽量垂直于物体表面；操作时每一喷涂条带的边缘应当重叠在前一已喷好的条带边缘上（以重叠 1/3 为宜），喷枪的运动速度应保持均匀一致，不可时快时慢。

7.2.3　光固化打印产品后处理常用的设备

1. 超声波清洗机

(1)超声波清洗机的工作原理

超声波清洗机主要是通过换能器将功率超声频源的声能转换成机械振动，通过清洗槽壁将超声波辐射到槽子中的清洗液。由于受到超声波的辐射，使槽内液体中的微气泡能够在声波的作用下保持振动，破坏污物与清洗件表面的吸附，引起污物层的疲劳破坏

学习笔记

而被剥离，用气体型气泡的振动对固体表面进行擦洗。

(2)超声波清洗机的特点

超声波清洗机清洗速度快，清洗效果好，清洁度高，工件清洁度一致，对工件表面无损伤；不须人手接触清洗液，安全可靠，对深孔、细缝和工件隐蔽处亦能够清洗干净；节省溶剂、热能、工作场地和人工等；清洗精度高，可以强有力的清洗微小的污渍颗粒。

(3)超声波清洗机的应用

超声波清洗机应用范围广泛，适用于各行业的工件清洗。如：精密电子元件、钟表零件、光学玻璃零件、五金机械零件、珠宝首饰、半导体硅片、涤纶过滤芯/喷丝板、医疗器械等的清洗及零件电镀前后的清洗。

(4)超声波清洗机的结构

超声波清洗机由不锈钢清洗槽、过滤循环系统、恒温加热系统等组成，采用优质不锈钢板制作，耐腐蚀能力强，使用寿命长。采用超声换能器配合先进粘接工艺，电声转换效率高，超声输出功率强。配有恒温自动加热装置，温控范围为常温到 95 ℃之间。超声波清洗机主要有内置发生器机型和外置发生器机型两种，其命名方式如图 7-44 所示。

JP - 120ST

ST代表数码型，超声波功率可调。G代表数码型，超声波功率可调，带过滤循环功能。

震头数量识别码。如有三位数，则前两位代表震头数量，如有四位数，后三位代表震头数量。

型号识别码。JP代表标准型号，JTS代表定制单槽，JTM代表定制多槽。

JP-120ST即为：带12个震头，功率可调的数码型标准机。
JP-120G即为：带12个震头，带过滤循环功能的功率可调的数码型标准机。

图 7-44 超声波清洗机命名方式

超声波清洗机内置发生器机型 JP-120ST 结构简图如图 7-45 所示，其内置发生器机型控制面板如图 7-46 所示。使用时需要注意事项：

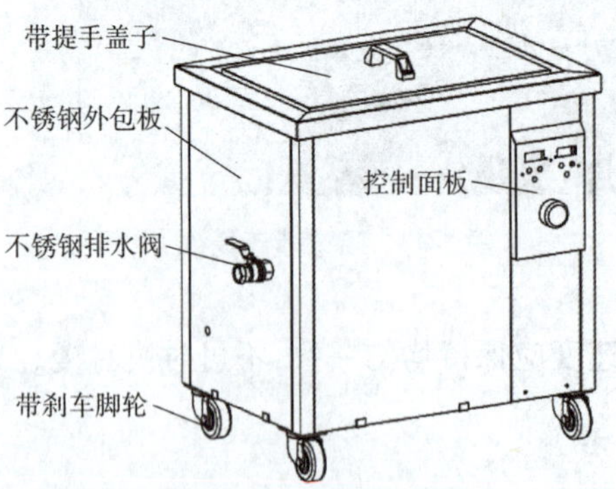

图 7-45 超声波清洗机内置发生器机型 JP-120ST 结构简图

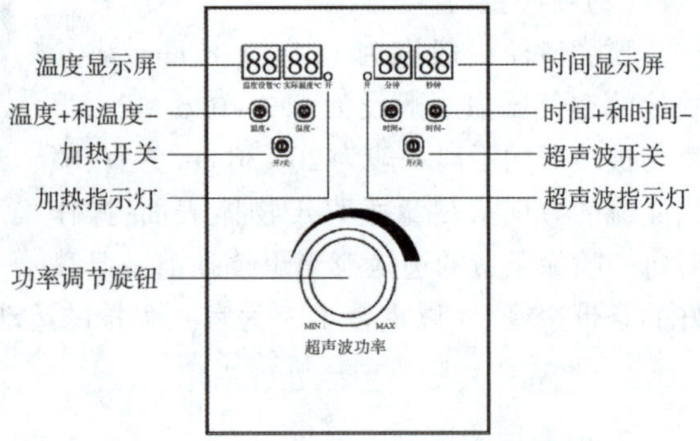

图 7-46 内置发生器机型控制面板

①将机器万向轮锁死，防止机器溜动。

②将机器进左侧排水球阀与排水管路连接。

学习笔记

③将机器电源线插头插入供电插座内，不带插头的电源线要接入供电空气开关中。注意一定要有可靠接地。

④加清洗液至清洗槽内槽高度2/3处。将需要清洗的工件放在清洗篮中，清洗篮放入机器内槽码架上。

⑤在控制面板中按“温度+”和“温度-”按钮设置好温度，按加热开关开启加热功能，此时，加热指示灯亮。

⑥温度到达设定温度后，按“时间+”和“时间-”按钮设置好超声波清洗时间，按超声波开关开启超声波，超声波指示灯亮，发出滋滋滋的声音，超声波功率旋钮可调节超声波功率大小。

⑦清洗完毕后，关掉加热开关，加热指示灯不再闪烁，断开超声波电源线，打开排水球阀，排净内槽清洗液，完成清洗。

超声波清洗机外置发生器机型JP-120G结构简图如图7-47所示。使用时需要注意事项：

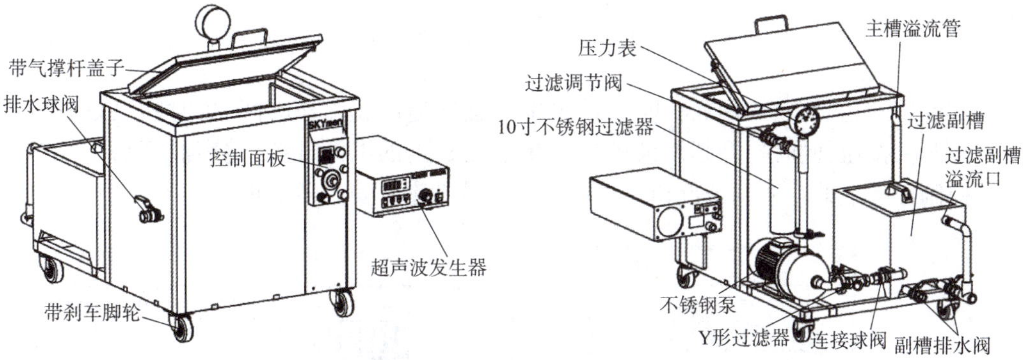

图7-47　超声波清洗机外置发生器机型JP-120G结构简图

①将机器万向轮锁死，防止机器溜动。带脚杯的机器，应将脚杯扭至地面支撑起机器，万向轮悬空1~2 cm。

②将机器高频驱动线和远程插头连接到外置发生器后侧。其中“A+”和“A-”分别连接发生器后部“+”和“-”位，“NC”为空位，不需要连接，远程插头插入航空插座内，发生器电源线接入客户插座内，如图7-48所示。

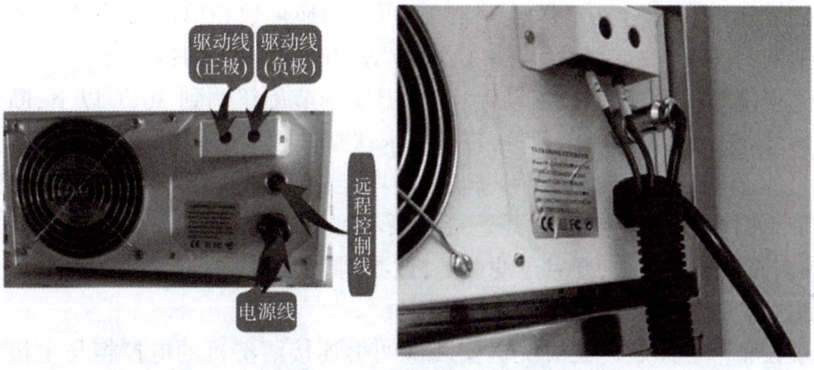

图7-48　发生器电源线接入客户插座内

学习笔记

③将机器电源线接入供电插座内，不带插头的机器和三相 380 V 的机器电源线要接入供电空气开关中。注意一定要有可靠接地。

④加清洗剂至清洗槽内槽高度 2/3 处。将需要清洗的工件放在清洗篮中，清洗篮放入机器内槽码架上。

⑤在控制面板旋转温度调节旋钮，即可设置好加热温度，此时，“正在加热”指示灯亮起。当温度到达时，“温度到达”指示灯会亮起，如图 7-49 所示。

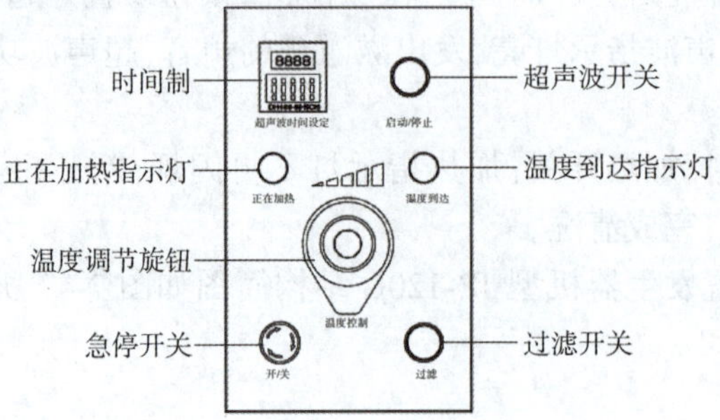

图 7-49　外置发生器机型控制面板

⑥温度到达后，在控制面板时间设置中设置好超声波工作时间，按时间设置右侧的超声波开关按钮，同时打开超声波外置发生器面板上的电源开关，超声波开启。外置发生器控制面板上的功率调节旋钮可以调节超声波功率。发生器面板如图 7-50 所示。

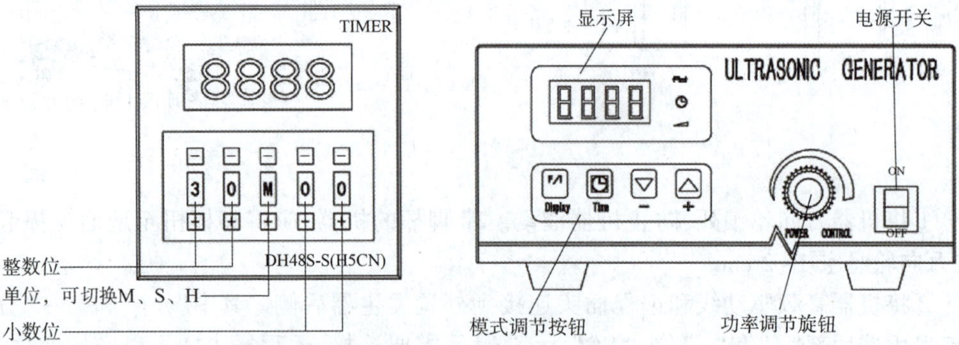

图 7-50　发生器面板

时间制设定方法：按上方“-”和下方“+”可以切换位数和单位，默认“30M00”代表超声波清洗时间为 30 min，如要设置 1 h 设置为“60M00”或者“01H00”。

⑦到达设定时间后，超声波自动停止，将温度调节旋钮调到 30 ℃以下，断开超声波清洗机电源线，关闭发生器电源开关，打开排水球阀，排净内槽清洗液，完成清洗。

⑧带过滤循环的机器，如要使用过滤循环功能，主槽水位要加到溢流口位置，过滤副槽水位要加到副槽溢流口位置，打开连接水泵和副槽的球阀，过滤调节阀要处于半开状态，打开控制面板过滤开关，开启过滤循环，过滤调节阀可调节过滤循环速度。

(5)超声波清洗机使用步骤

①安装设备。参照超声波清洗机安装说明书连接清洗机的电控柜与主机间的温控传感器信号线、超声驱动线、加热器控制线等线路，并接通 380 V AC 电源，安装清洗机的

学习笔记

上水管、放水管与溢流排放管。

②加入清洗溶液。向清洗池内加入适量清洗液（水或酒精），液面高度以浸没将要清洗的零部件为准，一般不超过清洗池的四分之三。

③超声波清洗机预处理。清洗之前宜先将零部件表面的污垢，简单清洁后放入其中，以便延长清洗液使用寿命。

④清洗。采用浸洗方式，将待清洗的零部件浸泡在清洗液里，依托清洗液和污垢之间发生的物理、化学反应而使污垢逐渐溶解、逐步转为剥离状态，最终从零部件表面脱落下去。

⑤整理设备。清洗完毕后，取出零部件，并整理超声波清洗机，注意防火防电。

注意：超声波清洗机一般具有加热功能，切记不可以开启，酒精属于易燃易爆物品。

2. 紫外线固化箱

（1）紫外线固化箱的工作原理

紫外线光（UV）固化是利用光引发剂（光敏剂）的感光性、在紫外线光照射下光引发形成激发生态分子，分解成自由基或是离子，使不饱和有机物进行聚合、接枝、交联等化学反应达到固化的目的。

紫外灯的红外辐射的处理方法：紫外线高压汞灯将60%的总功率转变为红外辐射，灯管表面温度可升到700~800 ℃。为了避免材质过热，紫外光固化装置中采用高功率灯和多灯系统，因此装置中一般要采取多种措施来冷却灯管、反射灯罩以及基材。在用于光固化涂料时，要设法调节好温度，一方面要避免材质过热，另一方面又要使涂层温度有所升高，升高温度有利于固化反应。现常用办法有三种，其一是风冷却，这种方法是现今应用最多的方法，成本较低；其二是水冷却，在灯管外加装水套，该方法效果好，但成本较高；其三是加装光学片，将红外辐射与固化物隔离，适用于易变形产品。

（2）紫外线固化箱的特点

①紫外线固化时间短，没有挥发性溶剂（水、醇）的挥发。

②不会引起产品的变质、变色。

③紫外线固化树脂是单一液剂，不必和溶剂等混合。

④在紫外线照射前不会硬化，可修正操作。

（3）紫外线固化箱的应用

目前紫外线固化技术已广泛用于化工、电子、表面处理、印刷等领域，适合于高产快速、节省能源和空间、环境改善、低温处理等应用场合。

（4）紫外线固化箱的结构

紫外线固化箱如图7-51所示，主要由电源、灯箱（可变形为手持式光源）和固化箱三部分组成。紫外面光源采用模块型设计，可手持、固定、箱式使用。

①可移动的UV灯头。手持式光源包含一个长寿命的400 W高压汞灯，发射出紫外线

固化箱 电源开关

固化箱内部 计时器

图7-51 紫外线固化箱

学习笔记

(320~390 nm),主光强度分布均匀。灯泡寿命为 1 000 h。灯头由软线与主电源箱连接,方便移动使用或安装在客户的夹具、传送带或是自动化机器上。

②V 固化箱。设备包含固化箱,带有箱门,开关方便,在元件的固化过程中,能够保护用户免受紫外辐射。内置遮光型快门,设备集成可伸缩遮光型手动快门,确保固化的优良重复性,保护用户开关固化箱门时免受紫外辐射。固化箱内有反光的内壁结构以及优化设计的反光镜,可保证达到均匀照射效果。

③强制风冷系统。光源、电源、固化箱都集成冷却风扇,使得系统在散热良好的环境工作,增加了系统可靠性。

任务实施

1. 分离

游览车模型由三个部分组成,每个部分打印完成后,戴上口罩、手套将打印平台与打印件一并从打印机上取出,如图 7-52 所示;用铲刀找到切入点轻铲支撑底座边缘,使打印件与平台分离,如图 7-53 所示。注意:使用铲刀时请务必注意安全! 以免刮伤手指或者打印件。

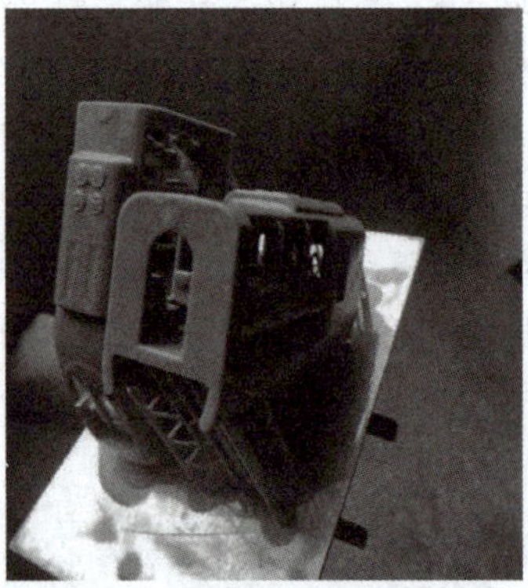

图 7-52 取出打印件

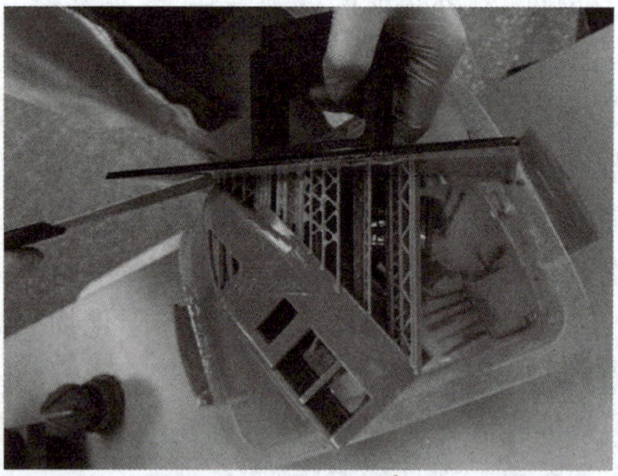

图 7-53 部件分离

2. 去支撑

在将打印模型与平台分离后,此时整个打印件上布满支撑,采用剪刀钳剪除支撑,将剪除的支撑单独存放在一个垃圾桶中,如图 7-54 所示。

在剪除支撑的过程中,注意不可完全贴着支撑与打印件接口处剪切,否则易出现因树脂材料过脆而去除过量,破坏打印件表面质量。

3. 清洗

打印模型时如采用可水洗树脂打印,结构无死角易清洗,故可直接采用清水冲洗;如采用普通树脂材料打印,需采用酒精进行喷洗或超声波清洗。清洗后效果图如图 7-55 所示。

4. 固化

对打印模型进行了去支撑、清洗操作后,模型主体材料的质地仍较柔软,无法对模型进行打磨,需将打印模型放入固化箱进行二次固化 5~15 min(若无固化箱可将模型放入阳光下照射固化,但固化时间较长)。

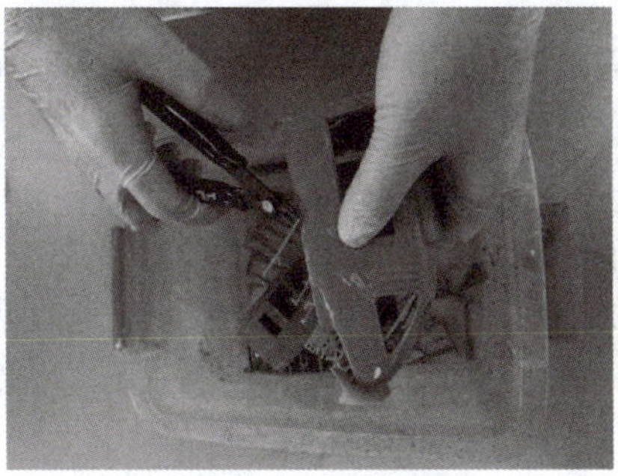

图 7-54 去除支撑

图 7-55 清洗后效果图

5. 表面打磨

①初步打磨。打印模型固化完成后，采用 200～400 目粗砂纸对模型进行初步打磨，磨平模型上凸起的瑕疵。

②细节部位打磨。采用电动打磨工具打磨细节部位，并清洗，如图 7-56 所示。

③细打磨。用 800～1 000 目砂纸对模型进一步打磨、清洗，得到表面较为光滑的打印模型，如图 7-57 所示。

由于游览车模型对外观质量要求极高，故最后采用 1 200～2 000 目砂纸沾水再次对模型进行打磨、清洗。最后得到光滑的游览车模型，如图 7-58 所示。

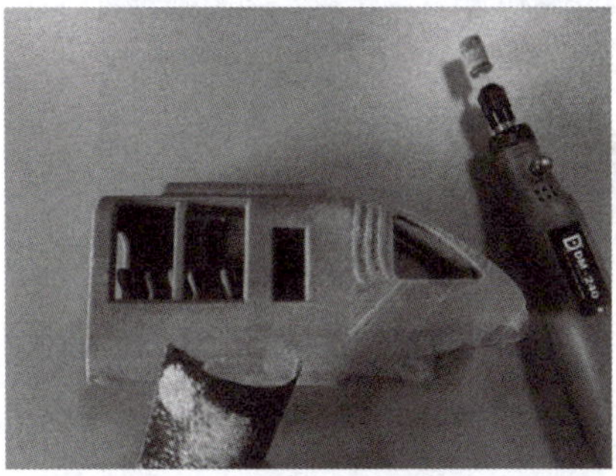

图 7-56 初步打磨

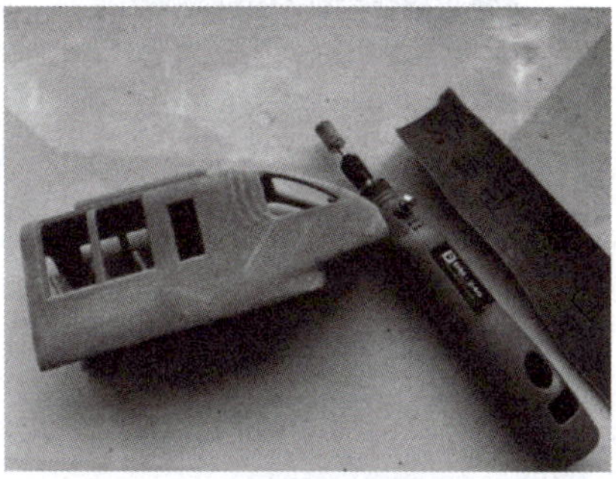

图 7-57 细节打磨

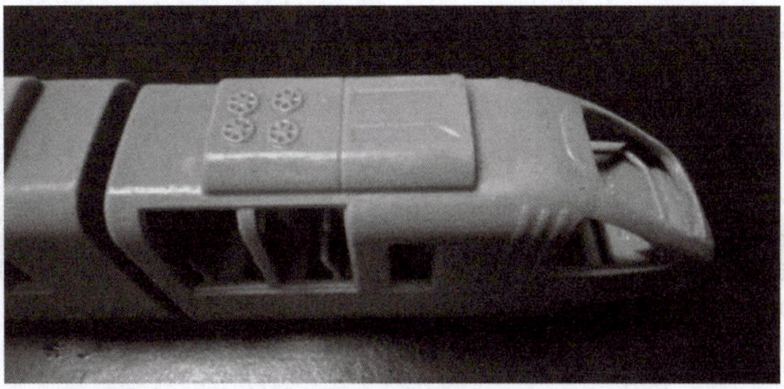

图 7-58 细打磨后游览车模型

学习笔记

6. 上色

根据游览车的涂装设计要求，分析喷漆所需的颜色，准备相应颜色的油漆。采用潘通色卡最终选定油漆颜色：外观交通黄对应潘通 115U，外观群青蓝对应潘通 2935U，内装颜色对应潘通 5305U。

①零件预处理。对于喷漆上色的模型，需进行打磨处理到足够的目数，一般在 1 500 目左右，再彻底清洗。由于游览车模型已打磨到 2 000 目左右，可直接进行上色处理。打磨，是为了增加油漆附着力；清洗是为了洗去油污，让漆面平整自然没有缩孔（零件表面有污渍使此处表面张力过大，油漆不附着在漆面上形成一个小孔）。

②喷底漆。为了增加游览车模型表面油漆的附着力，必须要在游览车模型表面喷一层底漆。

③喷面漆。因为油漆漆面并不是完全不透明的，所以下层的颜色对上层有影响。比如，在黑色上喷红色和在黄色上喷红色是不同的，前者暗淡（艾比安红）、后者明亮（新安洲红）。

游览车模型底漆采用郡士白色底漆，考虑蓝色油漆遮盖能力大于黄色油漆，故首先整体喷涂黄色油漆，在黄色基础上进行遮盖，喷涂蓝色油漆，如图 7-59 所示。

④保护漆。通常模型要喷消光漆，也叫喷光油（即通常说的“清漆”），一来是保护漆面不受划伤、保护水贴纸，二来是统一模型零件的光泽度，如图 7-60 所示。

图 7-59　喷涂面漆

图 7-60　喷涂光油

7. 组装

对打印模型进行后处理后，使用模型胶水将三个部分粘接在一起，最后得到游览车模型如图 7-61 所示。

图 7-61　游览车模型

项目自我评估

一、填空题

1. FDM 打印后处理中,使用__________去除支撑。
2. LCD 光固化模型清洗通常使用__________作为溶剂。
3. 光固化后处理的步骤包括分离、去支撑、__________、固化、打磨、上色。
4. FDM 模型表面处理的工艺流程是粗打磨、半精打磨、__________、表面处理。
5. 紫外线固化箱的作用是__________。

二、选择题

1. 以下哪种工具用于 FDM 模型的分离?(　　)

A. 偏口钳　　B. 不锈钢平头铲刀
C. 镊子　　D. 刻刀

2. LCD 光固化模型去支撑后需要进行的步骤是?(　　)

A. 直接固化　　B. 清洗
C. 打磨　　D. 上色

3. FDM 模型化学抛光常用的溶剂是?(　　)

A. 酒精　　B. 丙酮(针对 ABS)
C. 水　　D. 汽油

4. 光固化模型清洗后使用什么设备进行固化?(　　)

A. 烤箱　　B. 紫外线固化箱
C. 超声波清洗机　　D. 台虎钳

5. 以下哪种工具用于光固化模型的取件?(　　)

A. 金属铲刀　　B. 塑料铲刀
C. 喷笔　　D. 砂纸

三、判断题

1. FDM 模型去支撑时可以直接用手抠。(　　)
2. LCD 光固化模型清洗后需要立即固化。(　　)
3. 光固化模型打磨使用的砂纸目数越高,表面越光滑。(　　)
4. FDM 模型上色只能使用喷笔。(　　)
5. 超声波清洗机可以用于光固化模型的清洗。(　　)

四、简答题

1. 简述 FDM 模型后处理的步骤。
2. 光固化模型去支撑时需要注意什么?
3. 化学抛光法有哪些常见方法?
4. 光固化模型清洗的具体步骤是什么?
5. 如何优化光固化模型的上色效果?

学习笔记

拓展阅读

航空报国、航空强国

——记航空工业沈阳飞机工业(集团)有限公司李晓丹航空之梦

2012 年,带着航空报国的赤子之心,李晓丹博士毕业后毅然加入被誉为“中国歼击机摇篮”的沈飞集团。面对国内航空制造领域的技术空白,她勇挑重担,将目光锁定在金属增材制造技术这一国际前沿领域,开启了长达十余年的科研攻关之旅。

2013 年,在缺乏材料性能数据和工艺标准的困境中,李晓丹带领团队仅用 28 天就研制出国内首个 3D 打印航空零件——三通管路件,创造了行业最短时间实现高端装备应用的纪录。为突破“产得出”到“用得上”的技术瓶颈,她带领团队耗时 8 个月完成 800 多页试验数据及分析报告,最终推动该技术在 2016 年首次应用于中型四代机首飞,标志着我国增材制造技术正式迈入工程化应用阶段。

2021 年,面对某验证机研制任务的全新挑战,李晓丹再次“揭榜挂帅”。在没有现成经验可循的情况下,她带领团队 100 天不舍昼夜,创新性建立快速试制流程体系,最终比计划提前近一周完成新机交付,为型号研制赢得宝贵时间窗口。

作为航空工业集团一级技术专家,李晓丹主导的增材制造技术已实现多型号、多材料、多领域应用突破,参与编制 30 多项行业及企业标准,培养出一支敢打硬仗的青年技术团队。她始终以“罗阳精神”为指引,将“航空报国、航空强国”的使命镌刻在每一个零件的精度里。

在她的工作笔记中,“信仰不是学问而是行动”的箴言始终如新。从青涩的科研新兵到技术领军者,李晓丹用青春诠释着新时代航空人的责任担当,让科技创新的丰碑在祖国蓝天上巍然矗立。

项目 8

排除3D打印故障

项目概述

随着3D打印技术在工业制造、医疗、教育等领域的广泛应用，设备使用过程中因操作不当、配件损耗及耗材质量引发的故障问题日益凸显。据行业调研显示，全球3D打印设备年均故障率达23%，其中60%的故障源于非技术性因素，包括用户操作失误、耗材存储不当及设备维护缺失。这些问题导致打印效率下降30%~50%，成品合格率降低至75%~85%，严重制约了技术优势的发挥。3D打印作为精密制造技术，其打印质量受设备状态、耗材性能、环境条件和操作规范的多重影响。常见故障可归纳为四大类：机械传动故障、材料适配问题、热管理异常和环境干扰。机械类故障表现为层错位、模型移位等，多由皮带松动、电机失步或平台未校准引发；材料问题常导致堵头、断丝，与耗材杂质含量、受潮程度及送丝系统磨损相关；热管理异常易引发翘边、拉丝，涉及热床温度设置、喷嘴与平台间距等参数；环境干扰则表现为表面缺陷，如冷却不当或环境温度波动。

学习笔记

资源

排除3D打印故障

思维导图

本项目的主要学习内容如图8-1所示。

任务 8.1　排除 FDM 3D 打印故障

任务导入

小强同学打算用FDM打印机打印一辆玩具小车，本满怀期待，可在打印过程中却麻烦不断。先是打印的模型无法沾到平台，这可怎么办呢？模型不能稳固在平台上，后续打印肯定会失败。紧接着，模型出现了翘曲现象，这不仅影响小车的外观，还可能让它的结构不够牢固，该如何避免模型翘曲呢？最让人着急的是，打印途中挤出停止，这究竟是喷头堵塞，还是耗材供应出了问题？面对这些棘手难题，小张同学怎样才能让打印机恢复正常，顺利打印出玩具小车呢？打印结束后怎样做好FDM打印机保养工作？

任务目标

1. 知识目标

(1)了解使用FDM打印的常见故障。

学习笔记

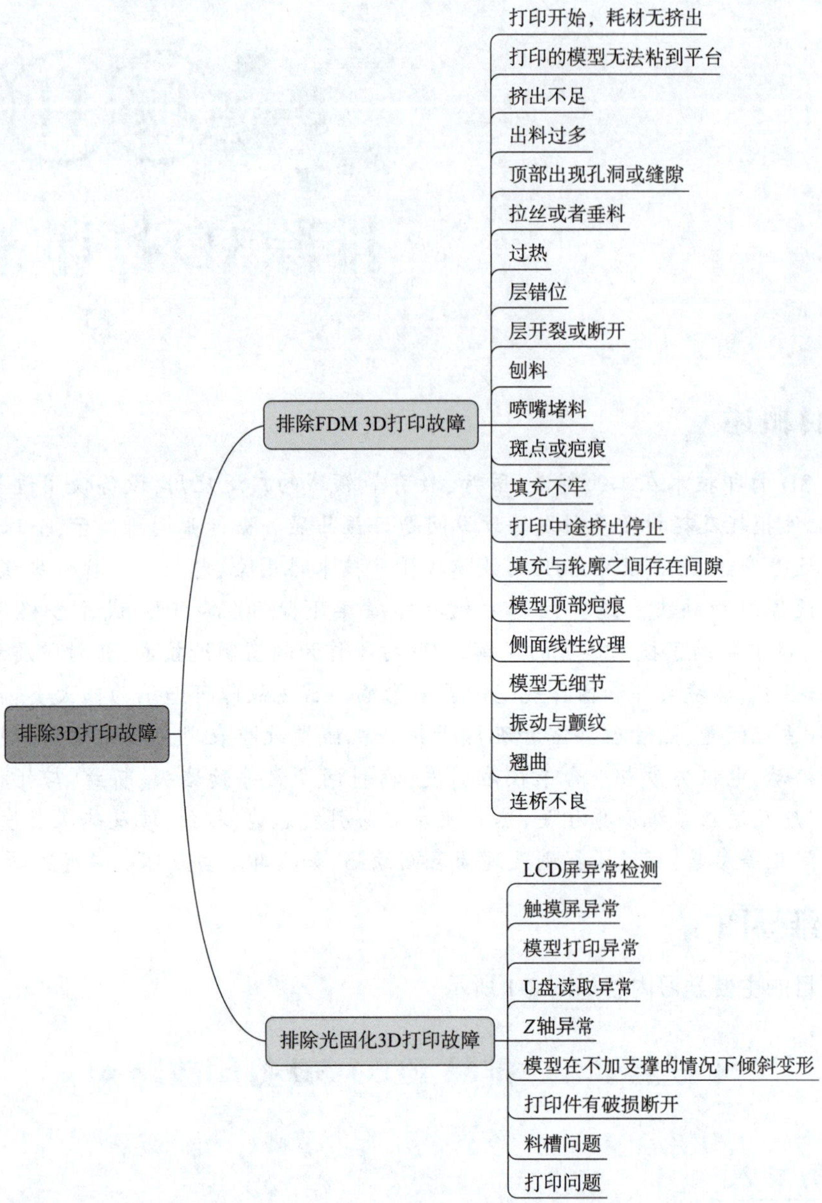

图 8-1　思维导图

(2) 掌握 FDM 打印故障排除方法。

2. 能力目标

(1) 熟知 FDM 打印的常见故障及相应可能的原因。

(2) 能发现 FDM 过程中的问题并能动手解决问题。

3. 素质目标

(1) 养成科学严谨的工作态度。

(2) 具备爱岗敬业的职业素养。

学习笔记

知识准备

8.1.1 FDM 打印常见故障及可能原因

FDM 打印常见故障及可能原因见表 8-1。

表 8-1 FDM 打印机常见打印故障及可能的原因

序号	问题描述	可能原因
1	打印开始，耗材无法挤出	耗材未加载到位
		喷嘴距离成型面板太近
		挤出机刨料
		堵料
2	打印的模型无法粘到平台	打印平台没有调平
		喷嘴距离平台太远
		第一层打印太快
		打印温度或冷却设置有问题
		成型面板问题
		增加边缘和底座
3	挤出不足	耗材直径不正确
		流量过小
4	出料过多	参照挤出不足的处理办法进行反向排查
5	顶部出现孔洞或缝隙	顶部实心层数不足
		填充密度太低
		挤出不足
6	拉丝或者垂料	回抽距离太短
		回抽速度太慢
		喷头温度太高
		空行程距离太长
		空行程速度太慢
7	过热	散热不足
		喷头温度过高
		打印速度太快
		一次打印多个模型
8	层错位	打印速度太快
		机械原因
		电气原因
		外力引起错层
9	层开裂或断开	层高太高
		打印温度太低
		打印速度太快或壁厚太薄

学习笔记

续表

序号	问题描述	可能原因
10	刨料	挤出回抽参数太高
		打印温度太低
		打印速度太快
		堵料
		喉管内铁氟龙管碳化
11	喷嘴堵料	温度设置不当
		喷嘴内部堵塞
		喷嘴装配问题
12	斑点或疤痕	材料受潮
		喷嘴温度异常
		喷嘴堵塞或磨损
		回抽设置不合理
13	填充不牢	填充图案选择不合理
		打印速度过高
		走线宽度低
14	打印中途挤出停止	断料或耗材用完了
		刨料
		喷嘴堵料
		挤出机电机驱动温度过高
15	填充与轮廓之间存在间隙	轮廓重叠不够
		打印速度太快
16	模型顶部疤痕	层高与打印速度不匹配
		喷嘴高度设置不当
17	侧面线性纹理	挤出不稳定
		喷嘴温度不稳定
		机械问题
18	模型无细节	层高设置过高
		喷嘴直径过大
		喷嘴校准有偏差
19	振动与颤纹	打印速度太快
		加速度过高
		机械问题
20	翘曲	喷嘴与热床温度不足
		冷却风扇不工作
		平台未调平
		底面积过小

续表

序号	问题描述	可能原因
21	连桥不良	喷嘴温度过高
		平台与喷嘴温差大
		桥接跨度过大

8.1.2　FDM 打印常见故障分析及排除方法

1. 打印开始，耗材无挤出

耗材无挤出主要有以下 4 种情况：

(1)耗材未加载到位

原因分析：预热时挤出机处于静止状态，耗材熔化后由于自身重力原因会流出喷嘴，导致喷嘴内无耗材。打印开始时，喷嘴的耗材会延迟挤出。

解决办法：

①打印前，先预热进料。预热喷嘴，按住挤出夹，然后手动推动耗材，直到喷嘴有耗材流出、确保喷嘴里充满耗材再打印，如图 8-2 所示。

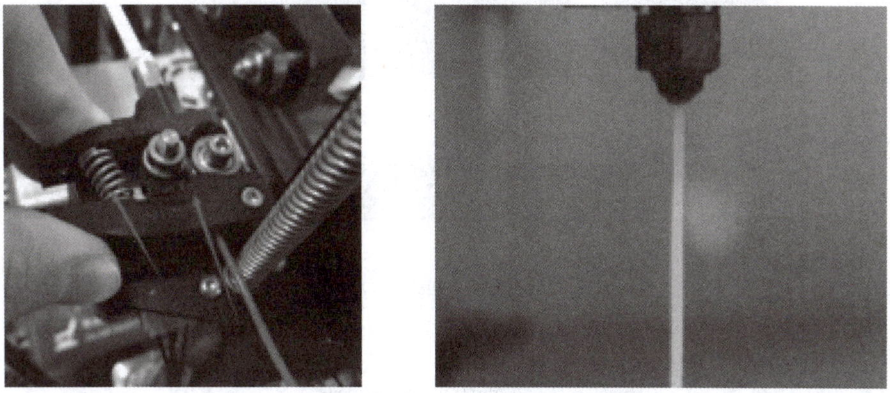

图 8-2　手动推动耗材

②切片软件中设置裙边(Skirt)。裙边不属于模型的一部分，切片时设置裙边如图 8-3 所示，可以让耗材延迟挤出的部分消耗在裙边。打印模型时，喷嘴里面就会充满耗材，正常打印。

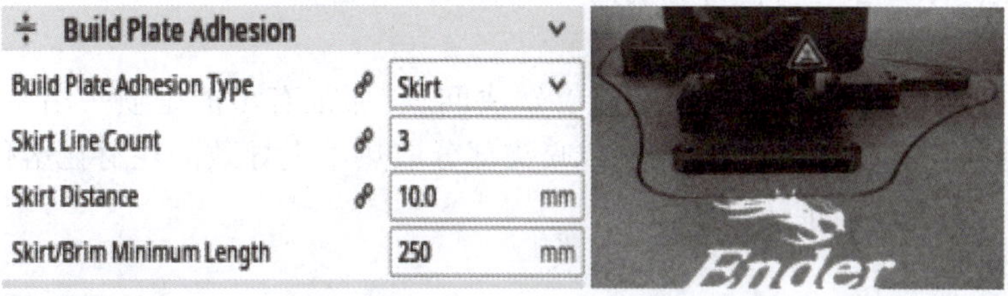

图 8-3　裙边设置

(2)喷嘴距离成型面板太近

问题描述：成型面板上无耗材粘附，甚至被刮出刮痕，平台被喷嘴刮坏；挤出齿轮出

学习笔记

现回弹,导致耗材无法送入。能正常出料但无法判定喷嘴与成型平台距离太远还是太近可参照图 8-4 所示来进行判定。

(a)太近　(b)刚刚好　(c)太远

图 8-4　不同喷嘴位置打印效果

原因分析：喷嘴离成型面板太近,成型面板会将喷嘴堵住,导致耗材无法挤出,如图 8-5 所示。开始两层没有挤出耗材,从第三或第四层才开始挤出正常。

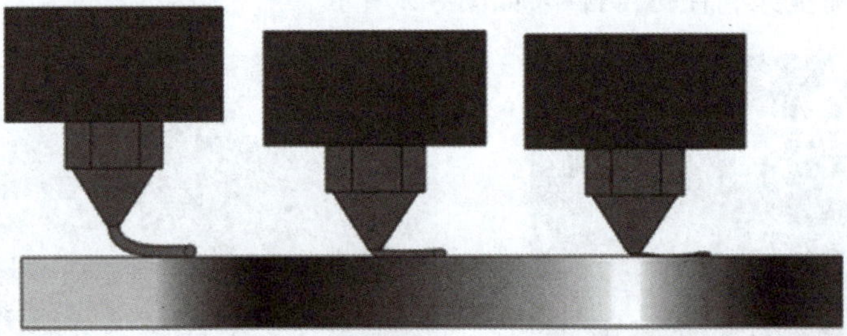

图 8-5　喷嘴位置示意图

解决办法：

①在切片软件里,通过修改 G 代码偏移设置来解决。

②重新调平。

(3)挤出机刨料

问题描述:耗材上被磨损出明显的缺口,同时挤出机上有很多耗材碎屑。

原因分析：挤出机齿轮刨料,将耗材磨损过多,齿轮无法咬住耗材,就无法向前推送耗材。

解决办法:可参考"刨料"部分的内容来解决此问题。

(4)堵料

原因分析:如果以上建议都没有能够解决问题,那很有可能是喷头堵塞了。可能是异物碎屑卡到喷嘴里,导致喷嘴堵料;或喷头部分散热不良导致的耗材在熔化区外变软,进而导致耗材无法往前推送。

解决办法：

①深度清理。打印机堵住之后虽然挤出机在正常转动送料但是喷嘴无法流出耗材,出现这种问题之后需要我们手动进行清理。可选择使用化学溶剂溶解堵在喷嘴里面的线材和杂质,比如用丙酮溶解 ABS、用乙酸乙酯溶解 PLA。

②通针清理喷嘴。先将喷头加热至 220~240 ℃,然后将耗材拔出。再使用通针将喷

嘴孔自下而上的反复疏通，待清理完后再手动将耗材送入直至耗材熔化流出。过程需要注意喷嘴高温、谨防烫伤。

③如上述两种方法依然无法疏通喷嘴，可选择直接对喷嘴进行更换来解决。

2. 模型无法粘到打印平台上

打印模型的底层与打印平台要紧密粘连，只有这样后面的打印才能在此基础上构建出来。如果第一层没有粘牢，会给后边的打印造成很多问题，如图 8-6 所示。

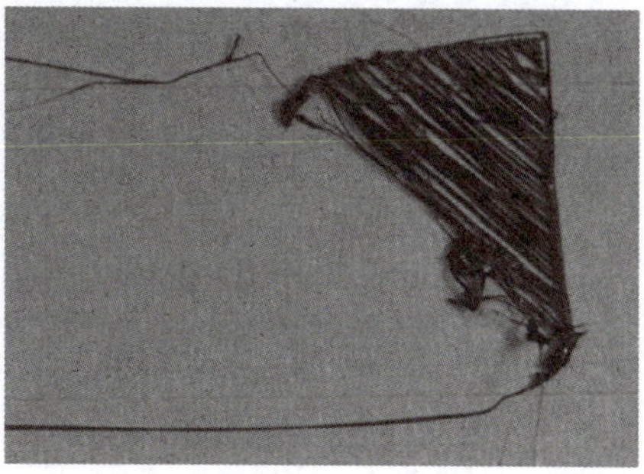

图 8-6　模型与平台脱离

(1)打印平台没有调平

问题描述：打印底层时，成型面板上有些地方没有耗材，有些地方耗材又粘不住。

原因分析：打印平台没有调平，平台的一边与喷嘴之间距离过小，而另一边又与喷嘴之间的距离太远。

解决办法：手动调平。通过 4 个手拧螺母来调节平台与喷嘴之间的距离，合适的距离是喷嘴到打印平台大概一张 A4 纸厚度的距离。

(2)喷嘴距离平台太远

问题描述：打印平台已经调平，但还是粘不住耗材。这在自动调平时比较常见。

原因分析：打印平台与喷嘴之间的距离太大。

解决办法：通过 Z 轴补偿来实现打印平台与喷嘴距离的微调。

(3)第一层打印速度太快

原因分析：打印底层时速度太快，耗材没有足够的时间与打印平台粘合在一起。

解决办法：打印前，在切片软件上降低初始层打印速度，通常设置为 20 mm/s。如果已经开始打印，可以通过调节打印机的打印速度来降低打印速度，如图 8-7 所示。

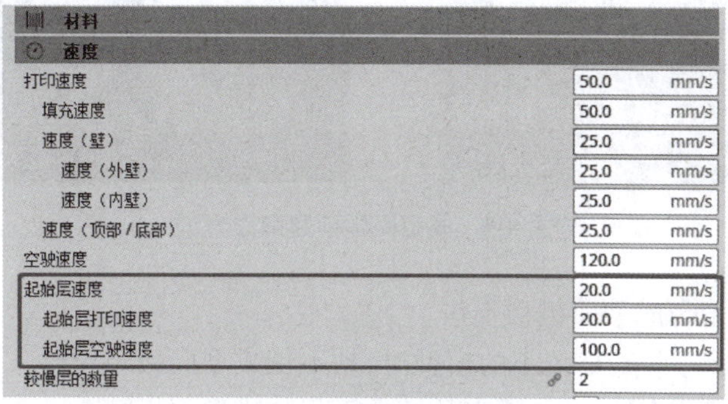

图 8-7　调节打印速度

(4)打印温度或者冷却设置不合理

原因分析：一是喷头或热床温度过低，降低了打印平台对耗材的粘附能力。二是打印底层时开启了模型风扇，会导致模型冷却过快，粘不到打印平台上，如图 8-8 所示。

解决办法：

①通过下位机的控制菜单，分别对喷头和打印平台温度进行设置。

②通过切片软件分别设置喷头和打印平台的温度，不同耗材温度不同。

③打印底层时如果模型风扇开启，请检查模型风扇在主板的接口是否插错，如果没有就检查固件程序。

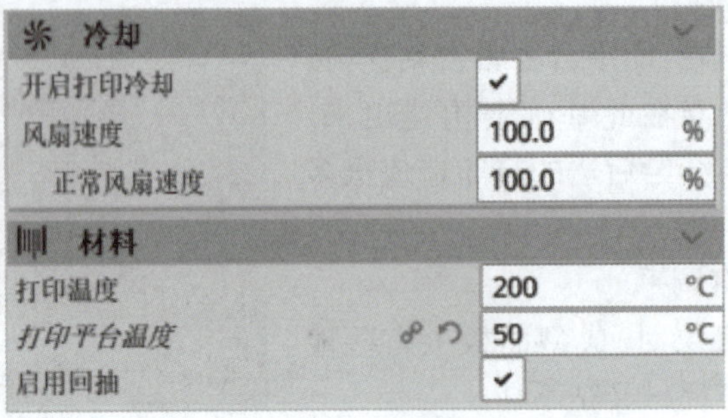

图 8-8　错误的设置

(5)成型面板问题

原因分析：普通钢化玻璃或者玻纤板做成的成型面板，其表面光滑，对耗材的粘附能力差，或者成型面板上有粉尘或者其他脏污，导致打印时模型无法与成型面板充分粘合，造成模型脱落或者位移等情况。

解决办法：

成型面板本身粘附能力差，贴美纹纸或涂固体胶，可以增强成型面板的粘附能力；如果成型面板上有灰尘，或者胶水涂得太多，影响模型与成型面板粘合，要先清理成型面板，如图 8-9 所示。

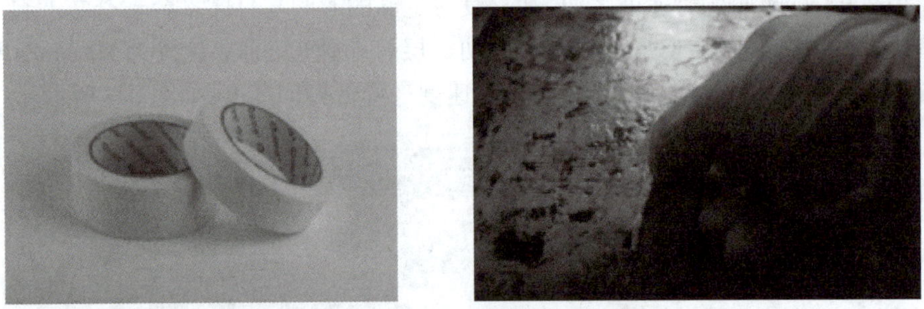

图 8-9　成型面板问题解决方法

(6)打印小模型与成型面板粘不住

问题描述：打印一些底部较小的模型时，粘不住成型面板。

原因分析：底部较小的模型，没有足够的面积与成型面板粘合。

解决办法：在切片软件中设置增加边缘或者底座，来增加模型底部与成型面板的接触面积，从而提高粘附力，如图 8-10 所示。

3. 挤出不足

通过切片软件可以对流量进行设置，但是 3D 打印机本身并没有耗材实际流量的反馈，实际流量少于切片软件上的设置，我们称为挤出不足。检查我们的 3D 打印机是否挤出不足，可以通过以下方式。打印一个边长 20 mm 的方块，至少打印三圈轮廓，看三条边

学习笔记

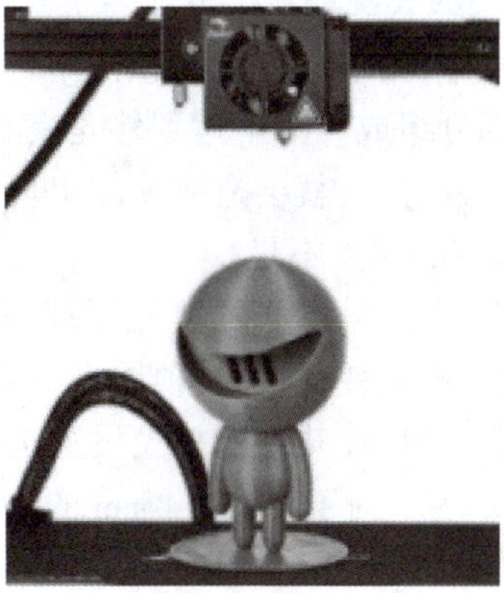

图 8-10　增加边缘和底座

线的粘合情况。如果三条边线之间有间隙，就是流量不足；如果三条边线紧密的粘合在一起，没有间隙，就不存在挤出不足的情况。以下针对如图 8-11 所示挤出不足的原因进行分析。

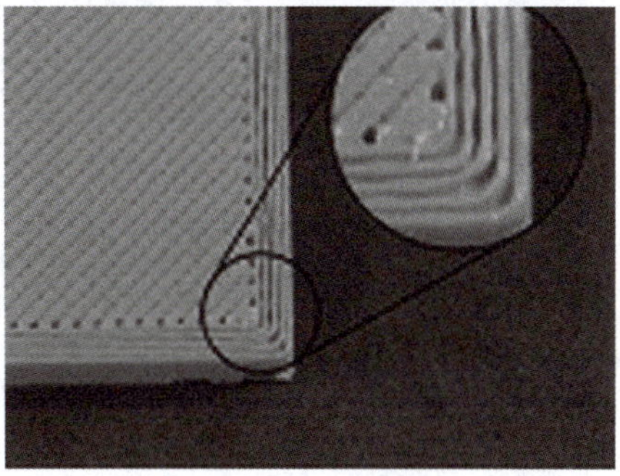

图 8-11　挤出不足

（1）耗材直径不正确

原因分析：目前市面上通用的耗材直径有 1.75 mm、2.85 mm 和 3 mm 三种，我们在软件上设置的耗材直径大于实际直径，会导致挤出不足。

解决办法：核对耗材直径，切片时设置正确的直径。

（2）流量过小

原因分析：

①挤出机步数设置过小，不同款挤出机步数不同，如果步数设置的比挤出机实际步数小，会造成挤出不足。例如 MK8 挤出机步数是 93，双齿轮挤出机步数是 140，当双齿轮挤出机步数设置为 93 时，就会造成挤出不足。可通过进行电机步数校准功能进行校正。

②流量设置过小。

解决办法：

①正确计算挤出机步数，如果不当，校对后保存。

②增加切片工艺参数中的流量，可每次增加 5% 的倍率来进行补偿，查看实际效果，不够再增加。

4. 出料过多

原因分析：打印过程中，耗材的挤出量偏多，打印机将挤出比预期更多的耗材，会直接影响打印模型的成型尺寸和外形，如图 8-12 所示。

图 8-12　出料过多

解决办法：参考“挤出不足”内容中的方法，用相反的方式来解决。一是确认切片软件中设置的耗材直径与打印耗材直径是否一致；二是如果耗材直径设置无误，再校对挤出机，减少流量。

学习笔记

5. 顶部出现孔洞或者缝隙

打印过程中，为了节省耗材和打印时间，3D 打印模型会使用实体外壳加部分中空的内部填充两部分组成。为了达到外壳实心的目标，在切片软件中要设置好顶层和底层的层数。如果设置过少，就会造成顶部出现孔洞，如图 8-13 所示。

(1) 顶部实心层数不足

原因分析：在部分空心的填充顶部打印 100% 实心层时，实心层必须跨越填充物的空心孔洞部分，由于耗材重力，顶层有下垂到填充孔洞的趋势。

解决办法：在切片软件的外壳设置选项中，增加模型的顶层/底层厚度。通常至少打印 3 层顶部实心层，对于直径 0.4 mm 的喷嘴，层高通常为 0.2 mm，顶层厚度至少为 0.6 mm。如果还有孔洞的情况，则增加顶部层厚，如图 8-14 所示。

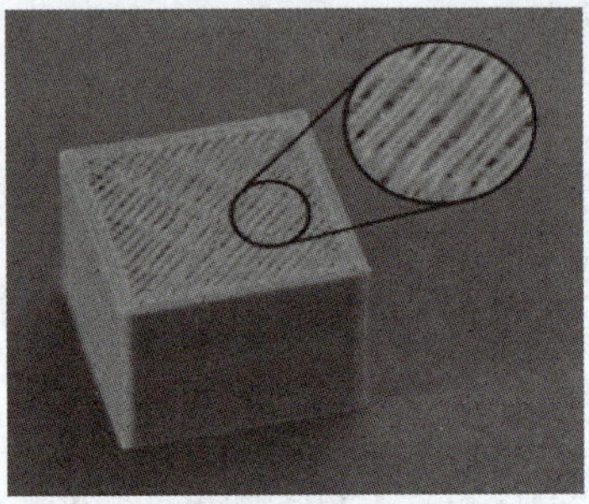

图 8-13　顶部空洞或缝隙

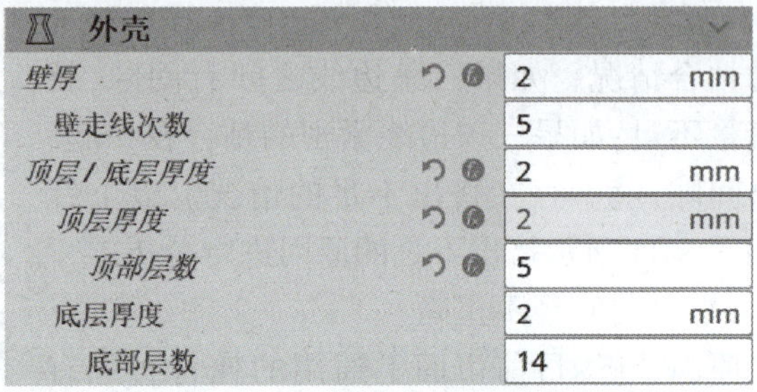

图 8-14　外壳参数设置调整

(2) 填充密度太低

原因分析：部分中空的填充是实心顶层的基础，如果填充密度太低，填充之间的间隙就会很大，实心顶层很容易掉落到间隙中。例如填充密度只有 10%，打印件内部 90% 的地方是空的，顶层将在很大的间隙上打印，导致顶层没有一个稳定的打印基础。

解决办法：增加填充密度，如图 8-15 所示。打印过程中如果顶层已经设置的比较多，但仍然存在孔洞，那需要增加填充密度，保证顶层有一个良好的打印基础。

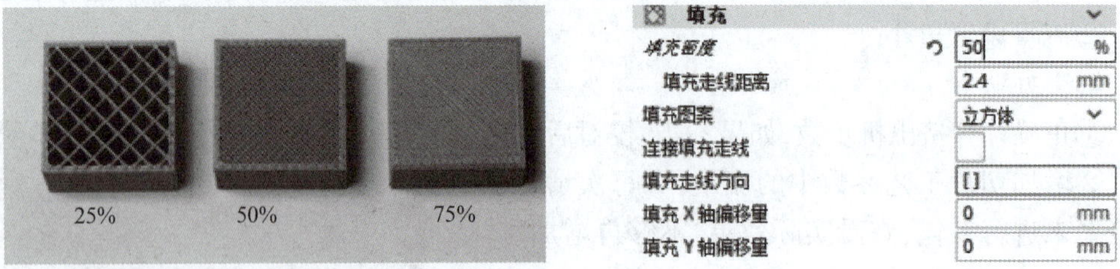

图 8-15　增加填充密度

(3) 挤出不足

通过增加顶部实心层的层数和填充密度，仍然出现了顶部孔洞，那有可能是挤出不足。

原因分析：耗材的实际挤出比软件预期的少，挤出不足，也会引起顶部孔洞。

解决办法：可参考“挤出不足”部分的内容来解决此问题。

学习笔记

6. 拉丝或者垂料

由于打印机在空行程中耗材从喷嘴中流出，进而造成相邻的模型结构之间出现很多细小的残留耗材丝线，对模型最终的打印效果有较大影响，我们称之为拉丝或者垂料，如图 8-16 所示。影响拉丝的因素很多，以下介绍常见的几种。

图 8-16　拉丝或垂丝现象

(1) 回抽距离太短

原因分析：回抽距离决定有多少塑料被抽回喷嘴，回抽距离过短，会导致空行程过程中，耗材流出喷嘴，形成拉丝。

解决办法：增加回抽距离，如图 8-17 所示。一般近端挤出机回抽距离为 0.5~3 mm，远端挤出机回抽距离为 4~10 mm。从原有设置开始，每次向上调整 0.5 mm，直到拉丝消失。回抽距离越大，从喷嘴中拉回的耗材越多，喷嘴越不容易拉丝。但回抽过多，回填的时候会不及时，造成打印误差。耗材种类不同，回抽距离也有差异。

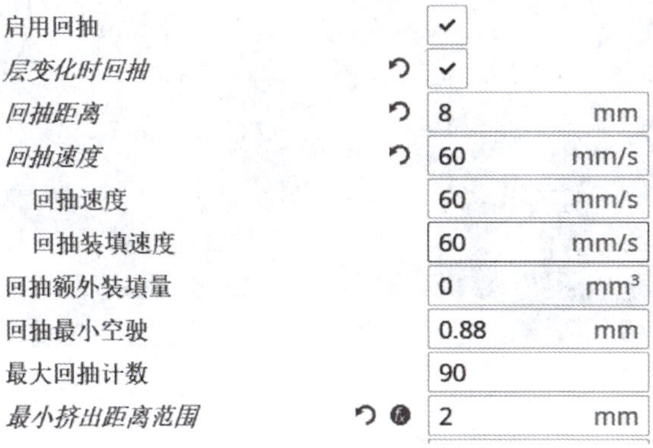

图 8-17　回抽速度调整

(2) 回抽速度太慢

原因分析：回抽速度决定了耗材从喷嘴中抽回的速度，如果回抽太慢，耗材会因重力从喷嘴中自然流出，造成拉丝或者垂料。

解决办法：增加回抽速度，一般回抽速度设置为 20~100 mm/s。如果回抽地太快，耗材可能与喷嘴中的耗材断开，甚至由于驱动齿轮的快速转动刨掉耗材表面的一部分，造成耗材断裂。耗材种类不同，回抽速度也有差异。

(3) 喷头温度太高

原因分析：喷嘴温度太高，打印过程中耗材过度融化会变得过于稀释，粘度降低，由于重力的原因更容易从喷嘴中流出来，形成拉丝。

解决办法：优化喷头温度。PLA 耗材打印温度介于 190~220 ℃之间，一旦发现拉丝，尝试以 5 ℃的增量降低喷嘴温度。

(4) 空行程距离太长

原因分析：两个成型结构之间的空行程距离较长，在喷嘴移动过程中没有进行打印，

学习笔记

耗材由于重力从喷嘴中垂下来，形成拉丝。移动距离短，耗材没有时间从喷嘴中渗出。

解决办法：对于单个模型，开启梳理模式功能，有助于减少模型内部的空行程。如果是多个模型同时打印，排列时尽量缩短每个模型之间的距离，以便减少喷嘴悬空打印的距离。

（5）空驶速度太慢

原因分析：空驶速度太慢，耗材由于重力从喷嘴中垂下来，形成拉丝。加快空驶速度使喷头可以更快地通过空行程，耗材将没有足够的时间渗出。

解决办法：增加空驶速度。

7. 过热

打印过程中，耗材加热到一定温度，熔化后从喷嘴中挤出，然后在空气中迅速冷却凝固并定型。如果温度过高或者冷却不及时，就会造成定型困难，从而导致模型轮廓精度差，甚至出现扭曲，如图 8-18 所示。

图 8-18　扭曲模型和正常模型对比

（1）散热不足

原因分析：耗材喷出喷嘴之后，耗材没有迅速冷却，导致热塑料会在缓慢冷却的过程中自由改变形状。

解决办法：首先确认设备上有模型风扇。其次要在切片软件上开启模型风扇，并设置模型风扇转速比至 100%。

（2）喷头温度过高

原因分析：每种耗材都有适合的打印温度，如果温度设置过高，耗材喷出之后就需要更多的时间来冷却。如果已经使用模型风扇，依然出现过热现象，很可能是喷嘴温度过高。

解决办法：降低喷头温度。首先对比当前打印温度和耗材要求的打印最高温度，然后根据对比结果每次降低 5 ℃，再通过打印效果来确认最佳打印温度。可以通过打印温度塔模型来快速确认最佳打印温度。

（3）打印速度太快

原因分析：打印速度过快，下一层没有足够的时间凝固，又开始在它上面打印新的层，有可能导致下一层变形，最终导致整个模型的精度无法保证。降低打印速度，可以变相增加模型冷却时间，以此来减少过热现象。

解决办法：一是降低打印速度。二是在 Creality Slicer 切片软件里，通过设置“最短单层冷却时间”来调控打印速度，通常设置为 15 s，会在一层的打印时间小于 15 s 的时候自动调低打印速度，如图 8-19 所示。

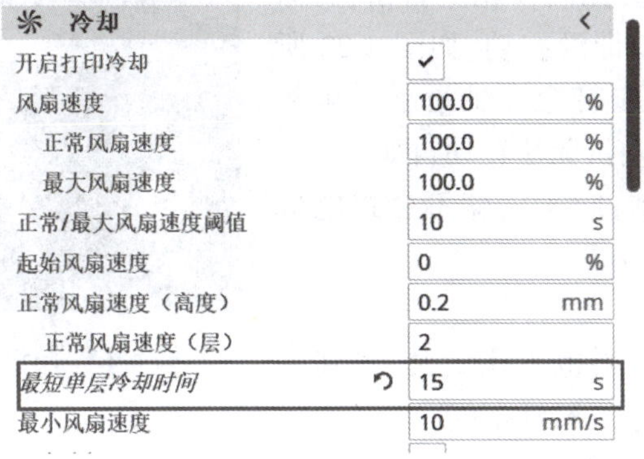

图 8-19　最短单层冷却时间调整

(4)一次打印多个模型

试过上述三个办法，还是出现过热。

解决办法：在切片软件里复制你要打印的模型，或者导入多个模型，然后同时打印。通过同时打印多个模型的办法，能为每个打印件提供更多的冷却时间。当热的喷嘴移到另一个位置去打印第二个模型的时候，会给第一个模型留下更多的冷却时间。

8. 层错位(错层)

桌面级 FDM 3D 打印机多数使用的是开环控制系统，无法对喷头的位置信息进行反馈，只是控制喷头按照软件设置到达需要的位置，然后就默认喷头到达了该位置。如果在打印过程中出现了下层部分位移，而打印机仍按照软件原有的轨迹运动，就会造成模型上下两部分无法完全结合，造成层错位，如图 8-20 所示。

(1)打印速度太快

原因分析：高速打印时，电机会努力保持高速运转，但超出电机所能承受的范围，电机将无法准确地运动到位，通常会伴随“咔咔”的声音，这将会造成打印层错位。

解决办法：

①通过切片软件或者下位机降低打印速度，先尝试降低 50%，如图 8-21 所示。

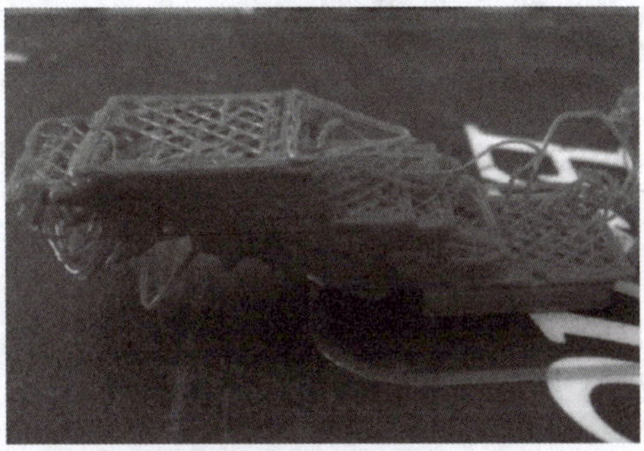

图 8-20　错层

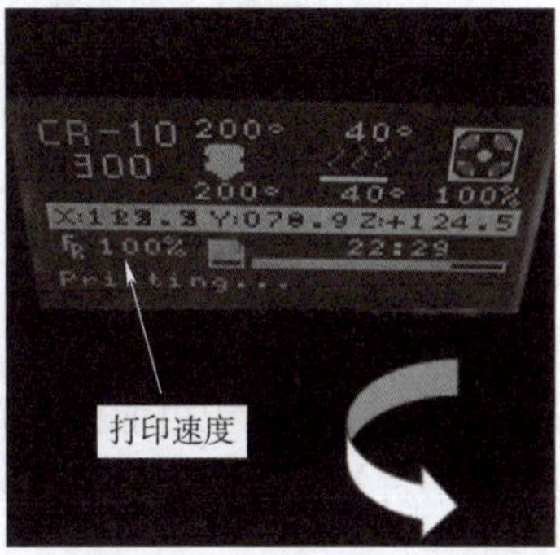

图 8-21　打印速度降低

学习笔记

②修改打印机的固件来降低加速度，使加减速更缓和。

(2) 机械原因

原因分析：

①同步带松弛，就会在同步轮上打滑，意味着同步轮在转但是同步带没有动，如图 8-22 所示。如果装得过紧，同步带会在轴承上产生额外的摩擦力，从而导致电机无法转动自如。

②同步轮顶丝松动，同步轮就不会跟电机轴一起转动，进而引起错层。

图 8-22　同步带在同步轮上打滑

解决办法：

①同步带既不能太松也不能太紧，紧到既不会打滑，也不会引起系统转动不畅。

②确保同步轮顶丝顶紧。

(3) 电气原因

原因分析：

①电机电流不够，导致转动扭力不足，无法提供足够的加速度。

②电机驱动芯片温度过高，导致电机临时停转直到温度降下来，如图 8-23 所示。

解决办法：

①用万用表测量电机的实际驱动电压，与设计值核对，如果小了就调大。

②测量驱动芯片的温度，看是否超过允许值。如果温度过高，可以给电机驱动增加散热片，还可以增加散热风扇。

③调低加速度参数，确保其处于合理范围内。

图 8-23　电气原因

(4) 外力引起层错位

原因分析：

①喷头在移动过程中可能会刮到模型，导致喷头出现位置偏移，进而引起错层。

②打印平台受外力撞击或者成型面板没有夹稳，平台位置偏移而引起错层。

解决办法：

①在切片软件设置回抽时 Z 轴抬升，一般推荐设置 Z 轴抬升 0.2~0.4 mm 即可，如

图 8-24 所示。

②确保成型面板相对牢固。

图 8-24　Z 轴抬升设置

9. 层开裂或断开

3D 打印通过层层堆积的方式来构建模型，每一层都是打印在前一层上，最终生成想要的模型。为了保证打印模型的强度和稳定性，必须确保每一层都充分跟前一层牢固地结合在一起。一旦结合不好，最终的打印件便会开裂或分离，如图 8-25 所示。

(1)层高太高

原因分析：打印过程中，耗材熔化后经喷嘴前端的小孔挤出，在下层上受挤压才能牢固地粘到下一层上。如果层高过大，上层与下层将无法牢固粘合，进而造成层开裂。

解决办法：降低层高，层高最大为喷头直径的 80%，比如喷嘴直径是 0. 4 mm，那么层高最大不能超过 0. 32 mm，否则上下层之间将无法牢固粘合。

(2)打印温度太低

原因分析：温度过低可能导耗材没完全融化，其粘度较低，导致上层与下层之间无法紧密的粘合，造成模型开裂，如图 8-26 所示。

解决办法：在切片软件内调高喷头打印温度或者打印时调高温度。

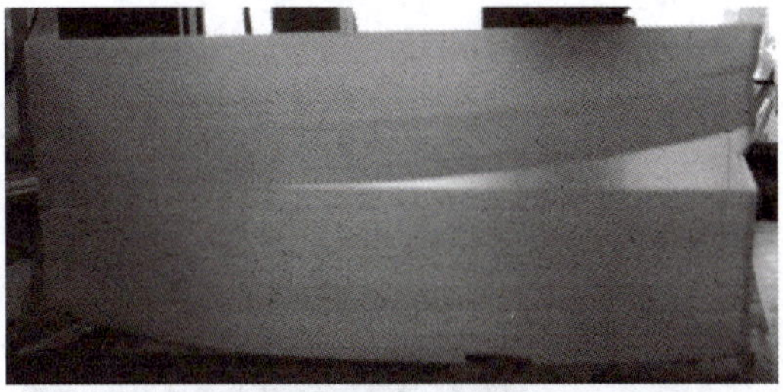

图 8-25　层断开

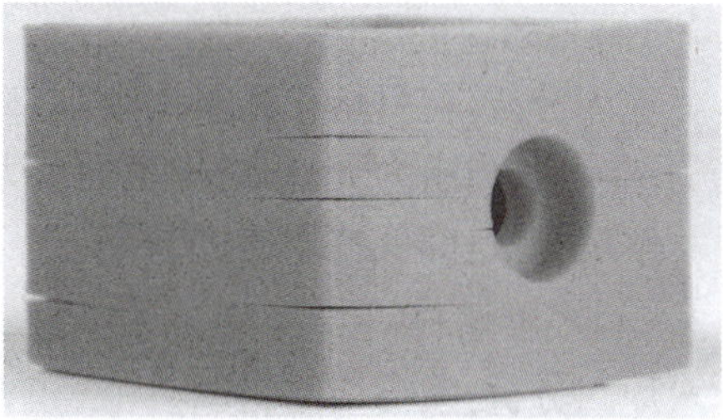

图 8-26　层开裂

(3)打印速度太快或壁厚太薄

原因分析：

①如果打印速度过快，上、下层之间没有足够的时间粘合，容易造成开裂。

②壁厚太薄。0. 4 mm 的壁厚太薄，上下层接触面积小，很容易出现开裂；而 1. 2 mm 壁厚上下层的接触面大，不容易开裂。在冬天比较冷的环境下，薄壁更容易出现开裂。

解决办法：

①降低打印速度。

②增加壁厚，通常设置壁厚为 3 层。

学习笔记

10. 刨料

挤出机的工作原理是使用一个主动轮与一个惰轮相配合，来控制耗材的进退。主动轮有齿，能够和惰轮相互配合咬紧耗材，并通过改变转动方向来推动耗材前后运动。如果耗材卡住了，主动轮仍然转动，耗材就会因为持续的磨损而导致无法再被主动轮咬住。如果挤出机电机转动，耗材却不能往前推送，耗材碎片散落在主动轮周围，则挤出机可能已经出现刨料的情况，如图 8-27 所示。

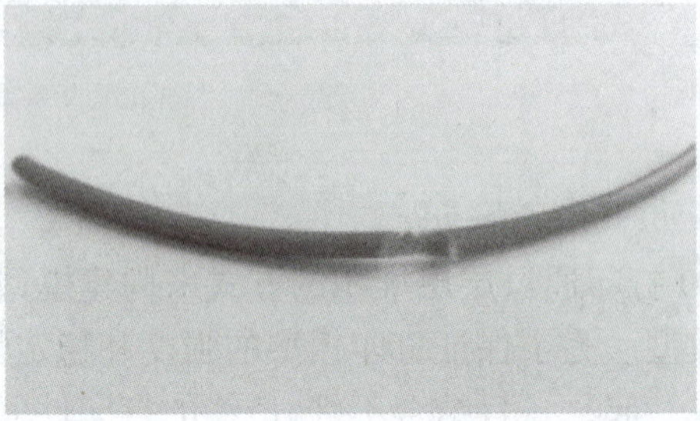

图 8-27　刨料

(1) 挤出回抽参数太高

原因分析：回抽距离过大或者回抽速度过快，会造成给挤出机施加的压力过大，耗材将难以跟上，从而导致耗材被刨掉。

解决办法：减小回抽距离，降低回抽速度。

(2) 打印温度太低

原因分析：如果喷嘴温度太低，耗材在喷嘴里没有充分熔化，挤出不顺畅，给挤出机的压力就会增大，从而导致刨料。

解决办法：升高打印温度，让耗材充分熔化。

(3) 打印速度太快

原因分析：耗材熔化和挤出喷嘴都需要一定的时间，打印速度太快会导致喷嘴出口压力增大，挤出阻力大，给挤出机的压力就会增大，从而导致刨料。

解决办法：降低打印速度。

(4) 喷嘴堵料

原因分析：喷嘴堵塞，耗材无法正常挤出，会造成挤出机压力增大，从而导致刨料。

解决办法：可参考“喷嘴堵料”部分的内容来解决此问题。

(5) 喉管内铁氟龙管碳化

原因分析：长时间的高温环境下工作，铁氟龙管前端会逐渐软化或者碳化，造挤出不顺畅，进而造成刨料。

解决办法：用铁氟龙管切割器，将铁氟龙管变形或者碳化的部分切割，如图 8-28 所示，使用新的一段管重新接入喉管。

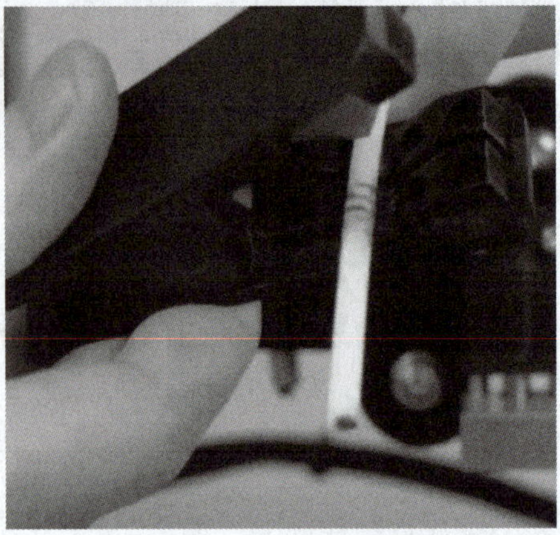

图 8-28　碳化部分切割

学习笔记

11. 喷嘴堵料

打印过程中，打印机需要连续工作几小时甚至几十小时，长时间的高温高压环境工作，喷嘴内部会逐渐磨损或堆积杂质，出现出料断断续续甚至完全不出料的情况，我们称之为喷嘴堵料，如图 8-29 所示。

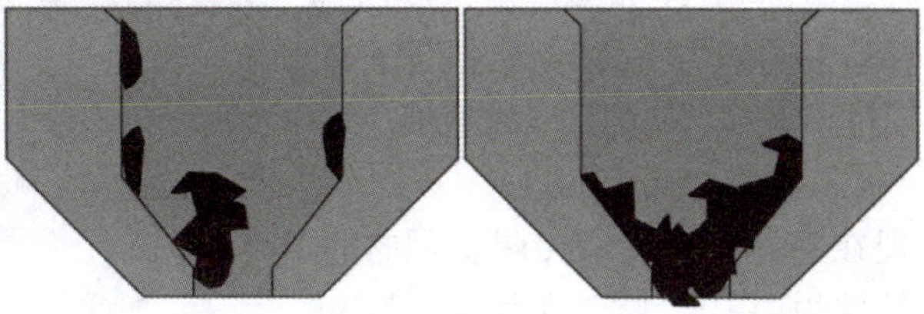

图 8-29　部分堵料和全堵料

(1) 手动推送线材进入挤出机

先将喷头预热到高于正常打印温度 20~30 ℃，然后通过下位机控制挤出机进料 10 mm。如果没有耗材流出，再次进料，且在电机转动的时候，用手稍微用力辅助将耗材推入挤出机，多数情况下，这额外的力量可以使耗材顺利通过出问题的位置。该方法适用于打印过程中喷头组件轻微堵塞的情况。

(2) 重新加载耗材

先将耗材预热至合适的温度，然后卸载耗材，并用斜口钳将耗材上熔化或者损坏的部分剪掉，再重新加载耗材。如果依然无法挤出，将喷头预热到高于打印温度 20~30 ℃，然后手动推料，确认挤出情况。

(3) 清理喷嘴

原因分析：一些杂质或耗材碳化的部分粘在喷嘴内壁上，堵塞了喷嘴通道，造成堵料。

解决办法：预热后，用针灸针疏通喷嘴，如图 8-30 所示。如果疏通时感觉阻力过大，无法疏通，则拆下喷嘴，检查喉管是否堵塞，再次疏通喉管。如果疏通后问题依旧，很可能喷嘴内孔已经磨损，则更换一个新的喷嘴。

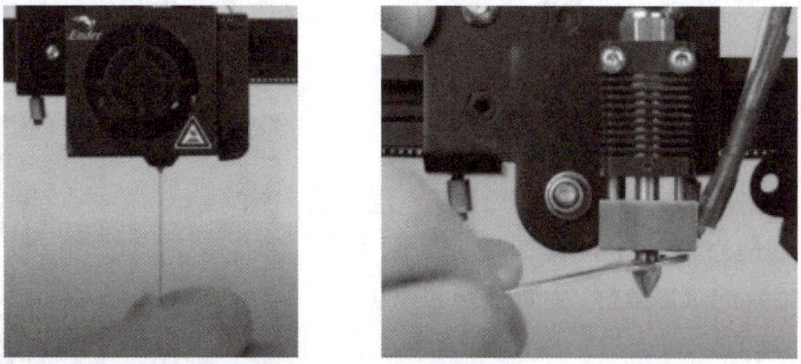

图 8-30　喷嘴清理

12. 斑点或疤痕

3D 打印过程中，当有空行程或上下层切换的时候，挤出机会先停止，然后再开启挤出，理论上会在模型的外表面产生一条一致的线。每次挤出机停止后再开启，会产生明显

学习笔记

的变化。会发现有一些细小的痕迹，出现在挤出开始的区域。这通常被称作斑点或疤痕，如图 8-31 所示。

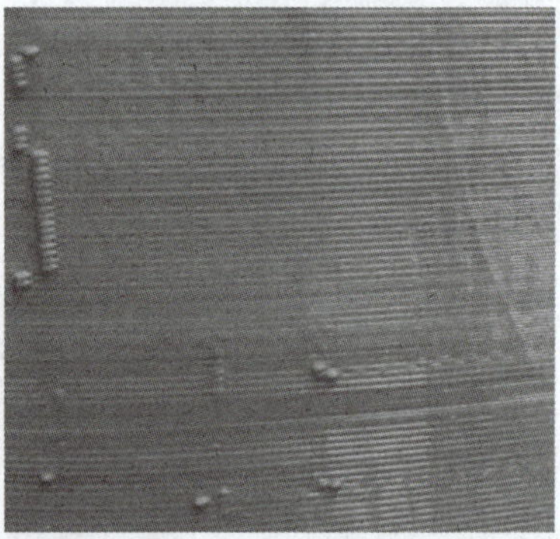

图 8-31　斑点或疤痕

(1) 回抽和滑行设置不合理

原因分析：在空行程或上下层切换的时候，挤出机会进行停止和开启之间的切换，如果疤痕正好出现在一层打印开始或者结束的地方，可能挤出机停止或者开启的时候挤出了过多耗材，在表面形成疤痕。

解决办法：

①如果缺陷出现在挤出机开启处，调整回抽设置。在 Simplify 3D 软件里，单击“修改切片设置”，单击“挤出机”标签，在“额外重启距离”选项里输入一个负值，来减少装填距离。例如，回抽距离是 1 mm，额外重启距离是−0. 2 mm，那么每次挤出机停止时回抽 1 mm 耗材，每次挤出机重启时只需装填 0. 8 mm 的耗材回喷嘴。调整这个设置，直到挤机出开始打印沿边时的瑕疵不再出现。

②如果缺陷出现在挤出机停止处，设置滑行距离。在一层打印结束前，滑行将提前关闭挤出机，以消除喷嘴的回抽压力。单击“挤出机”选项，勾选“滑行”。通常，滑行距离设置在 0. 2~0. 5 mm 之间，就可以获得很明显的效果。

(2) 避免不必要的回抽

原因分析：不必要的回抽，可能导致耗材渗漏在表面上，形成疤痕。

解决办法：

①在切片软件的“移动”栏里，开启梳理模式，在打印遇到某些空行程时能够修改喷头的运动路径，让喷头保持在已打印区域内，来减少空行程，避免不必要的回抽。

②在“移动行为”栏里，勾选“移动时避免穿越外轮廓”，可以使挤出机的移动路径转向，从而避免与轮廓外沿相交。

(3) 回抽不平稳

原因分析：远端挤出机停止运行后，由于内部的压力仍然会挤出一小坨，形成疤痕。

解决办法：在切片软件的“打印设置—外壳—外壁擦嘴长度”里设置擦嘴长度，例如 0. 4 mm，打印时喷嘴仍然在模型内移动 0. 4 mm，而这个距离内没有耗材挤出，将避免空行程时耗材渗漏。

(4) 选择起点的位置

如果疤痕无法避免，可以将其隐藏到模型上看不到的地方。单击“修改切片设置”，打开“层”标签，勾选“选择以最靠近指定位置的地方为起点”，然后输入指定位置的 *XY* 坐标，从而选择起点位置。

13. 填充不牢

3D 打印件中的填充部分，在增加模型强度方面，扮演着非常重要的角色，如图 8-32 所示。在 3D 打印中，填充负责连接外层的壳，同时，也支撑着将要打印其上的外表面。如果填充显得很弱或纤细，则需要在软件中调整几个设置，来增强这部分。

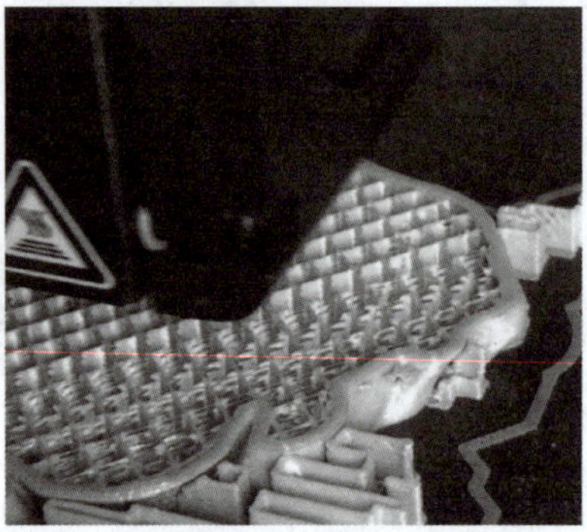

图 8-32　填充

(1)更换填充图案

“填充图案”决定了打印件内部的填充使用什么图案,有些图案结实但需要更长的时间打印,有些图案打印需要的时间短但强度较弱。比如网格、三角和实心蜂巢都是结实的填充图案,线性打印速度快,但强度低。如果打印时强度较低,可以尝试不同的图案。

(2)降低打印速度

原因分析:打印速度太快,挤出机将可能跟不上,打印填充时会出现出料不足的问题,将打印出强度弱、纤细的填充结构。

解决办法:如果更换了几种填充图案,仍然出现填充较弱的问题,可考虑降低打印速。

(3)增大填充走线宽度

在 Creality Slicer 的“质量”菜单里面,增大“走线宽度(填充)”,可以打印出更结实的填充。填充走线宽度,填充时挤出量增加,为了维持填充密度,填充线之间的距离将变远。因此,在增加了填充走线宽度后,可以提高填充密度。

14. 打印中途,挤出停止

打印机开始的打印正常,但是在后面的打印过程中突然停止挤出。

(1)断料或耗材用完

原因分析:由于质量问题或者其他原因打印过程中耗材断裂,或者耗材用完了,而打印机上没有断料检测装置,就很容易造成后续的打印没有耗材挤出。

解决办法:首先选择质量好的耗材打印,避免打印过程中断裂。其次预估剩下的耗材是否能够支持模型打印完成。

(2)刨料

刨料过后,挤出电机在转,但是耗材不能往前推送。请参看”刨料”部分解决问题。

(3)喷嘴堵料

首先确认耗材上是否有灰尘。如果耗材上粘了不少的灰尘,也有可能堆积到喷嘴里造成堵料。详细的原因和解决办法,请参看”喷嘴堵料”部分。

(4)挤出电机驱动温度过高

原因分析:打印过程中,挤出机电机工作强度高,要求较大的电流,如果打印机的电路没有充分散热,会导致电机驱动温度过高。电机驱动带有热熔断器,如果温度太高,电机驱动就会停止工作。这样喷头在继续移动,而耗材没有挤出。

解决办法:关掉打印机电源,允许电路降温。如果持续出现驱动过热的问题,可以给电机驱动增加散热片,还可以增加散热风扇。

15. 填充与轮廓之间存在间隙

打印件的每一层都是由轮廓和填充构成,轮廓构成了打印件结实而精准的外表面,填充则打印在轮廓里面,构成剩下的部分。填充通常使用快速的来回模式,以实现快速打印。填充和轮廓使用的生成模式不同,这对两个部分粘合在一起以形成实体非常重要。如果粘合不好,在填充和轮廓之间就会有间隙,如图 8-33 所示。

图 8-33　填充与轮廓有间隙

学习笔记

(1)轮廓重叠不够

原因分析:轮廓和填充重叠设置不够,填充与轮廓的粘合不充分,就会产生缝隙。

解决办法:填充重叠率在 Creality Slicer 里默认是 30%,这个值是填充和轮廓的重叠量与填充线宽的百分比,对于不同规格的喷嘴,它能够自行调整。如果发现填充和轮廓之间有间隙,可以增加这个值。

(2)打印速度太快

原因分析:通常填充速度比轮廓打印速度快,但如果它们的速度差距过大,会导致填充没有足够多的时间与外轮廓粘合,从而造成两者之间的间隙。

解决办法:降低填充速度或者升高轮廓打印速度。

16. 模型顶部疤痕

3D 打印是逐层打印的,这意味着每层是独立的,喷嘴在打印这一层时,有可能从前一层的表面划过,留下疤痕。打印顶层的时候,如果模型内部有空行程,也会产生疤痕,如图 8-34 所示。

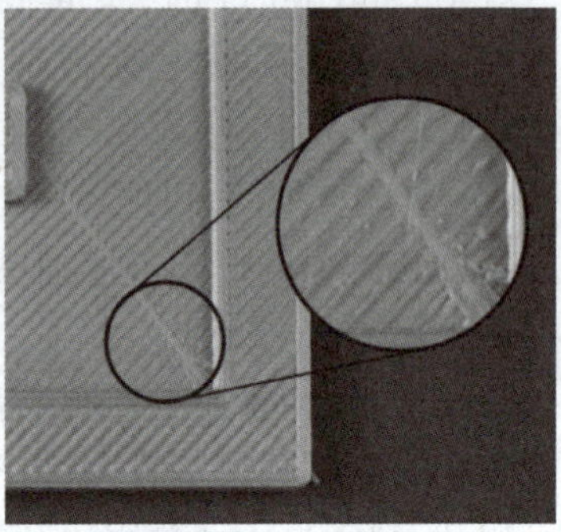

图 8-34　模型顶部疤痕

(1)挤出过多

原因分析:如果挤出过多的耗材,则每一层往往会比预期的稍厚。当喷嘴在每一层上移动时,它可能会刮走一些多余的耗材,产生疤痕。

解决办法:详见“挤出过多”任务内容。

(2)垂直抬升(Z 抬升)

在挤出流量正确的情况下,仍然遇到喷嘴在打印件上表面划出疤痕的问题。开启“回抽时 Z 抬升”选项,打印回抽(空行程)时,打印机会将喷嘴升高或平台下降一定高度,让喷嘴和打印表面之间有一定距离,移动的时候就碰不到打印表面上。通常设置抬升的距离为 0.2~0.4 mm。

17. 侧面线性纹理

3D 打印件的侧面由成百上千个独立的层构成。如果打印正常,侧面会是一个整体平滑的表面。然而只要其中一层出问题,就会在打印件外表面清晰的看到。这些出错的层在打印件的外表面形成线性纹理,如图 8-35 所示。

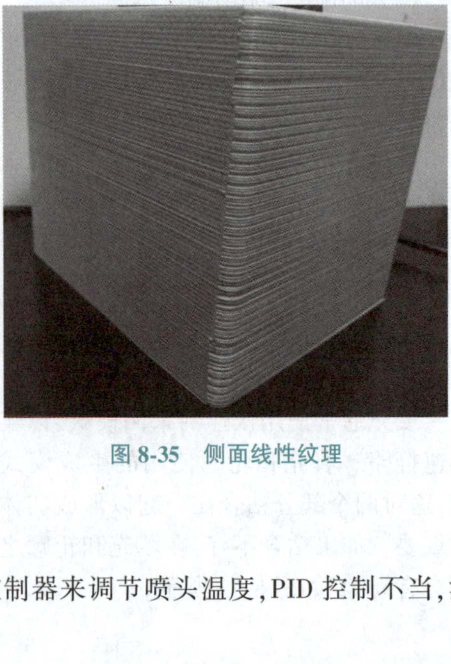

图 8-35　侧面线性纹理

(1)挤出不稳定

原因分析:耗材的质量不好。如果耗材的外径公差大,从喷嘴挤出的耗材的宽度就有明显变化。如果耗材直径过大,打印的层会比需要的更宽,反之会比需要的更窄。最终能看到打印件侧面的线纹。

解决办法:严格控制耗材线径。

(2)喷头温度不稳定

原因分析:FDM 3D 打印机大都使用 PID 控制器来调节喷头温度,PID 控制不当,温

学习笔记

度将会以正弦波的形式变化。温度在高点和低点,耗材的流动性是不同的,这将导致打印的各层挤出不均匀,在打印件的侧面产生可见的棱。

解决办法:调整 PID 参数,将喷头温度变化稳定在±2 ℃范围。

(3)机械问题

原因分析:耗材质量和温度变化都在允许的范围内,那可能是机械方面的原因造成线性纹理。喷头安装在 *X* 轴上,*X* 轴移动时有振动过大,这会导致喷嘴的位置变化。打印平台运动时有异常晃动,会导致模型位置的变化。*Z* 轴丝杆螺母存在配合间隙,导致定位不准,也会影响精度。

解决办法:检查机械方面的问题,及时修正。

18. 模型无细节

3D 打印机大都有一个固定的喷嘴尺寸,它决定了 *XY* 方向的零件分辨率。流行的喷嘴尺寸为直径 0.4 或 0.5 mm。虽然这适用于大多数零件,但打印小于喷嘴尺寸的极薄特征时,会遇到特征打印不出来的情况。例如:用直径 0.4 mm 的喷嘴,打印壁厚 0.2 mm 的特征,就很可能打印不出来,如图 8-36 所示。

图 8-36　模型无细节

解决的办法:

(1)允许打印薄壁特征

在 Creality Slicer 切片软件上的“外壁”菜单里勾选“打印薄壁”,打印机在遇到无法用正常打印的薄壁时,可以通过为薄形状创建单独的拉伸来打印该薄壁。

(2)增加模型厚度

重新设计模型,增加模型厚度,使模型的最小壁厚大于喷嘴直径。

(3)安装孔径规格更小的喷嘴

模型细节成型的基础是挤出丝宽度必须总是比喷嘴直径大或者相等,更换比模型特征壁厚更小直径的喷嘴是最为直接的解决办法。喷嘴直径规格如图 8-37 所示。

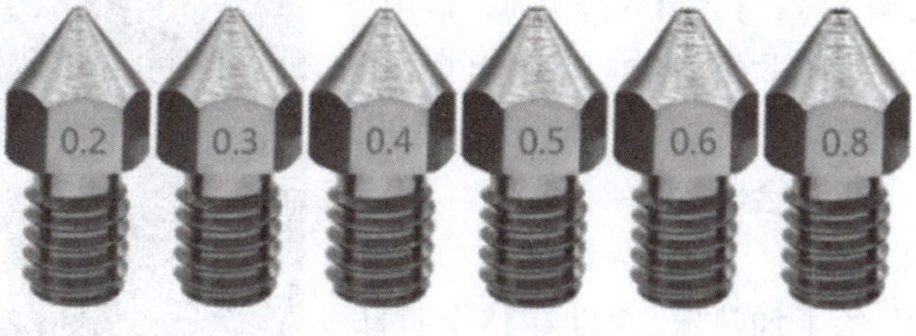

图 8-37　喷嘴直径规格

19. 振动与颤纹

打印机在运行的过程中突然改变方向,例如在转角处,由于振动可能会在打印件表面产生波纹状的纹路,我们称之为颤纹。打印一个 20 mm 的立方体,每次打印立方体的不同面时,它都需要改变方向。当方向突然发生变化时,由于惯性会产生振动,进而产生颤纹,如图 8-38 所示。

学习笔记

图 8-38　振动与颤纹

(1)打印速度太快

原因分析:当打印机突然改变方向时,由于惯性会产生振动,速度越大,惯性越大,振动也越大,从而产生的颤纹越明显。

解决办法:在切片软件里,降低打印速度,减少振动,进而减少颤纹。

(2)加速度过高

原因分析:加速度过高,会导致换向过快,从而产生的颤纹越明显。

解决办法:3D 打印机上运行的固件通常会实施加速控制,以帮助防止方向突然变化。降低加速度,可以让打印机换向前缓慢加速,换向后缓慢减速,从而降低振动,减少颤纹。

(3)机械问题

原因分析:运动机构的螺丝松动或机架损坏等原因,导致打印机运行不稳定,过度振动,进而产生颤纹。

解决办法:在打印机运行时仔细观察,确定振动的来源,然后分析原因再解决。

20. 翘曲

打印大模型时,前几层成功地粘附在打印平台上,稍后模型的边角开始上翘并脱离打印平台,甚至可能导致整个模型脱离打印平台,导致打印失败,我们称之为翘曲,如图 8-39 所示。这种问题在使用高温材料(如 ABS)打印大零件时尤为常见,主要原因是塑料在冷却时会收缩。

图 8-39　翘曲

(1)使用加热床

许多打印机都配备了加热床,帮助在整个打印过程中保持模型底层温度,降低由于温差导致的应力变形。对于 ABS 等材料,通常将加热床温度设置为 100~120 ℃,这将显著降低这些层的塑性收缩量。

(2)禁用模型风扇冷却

模型风扇会让模型快速冷却定型,有助于保证模型表面精度。但对于容易翘曲的模

学习笔记

型来说，模型温度变化太快，会加大热应力，从而加剧翘曲。在用高温材料打印大尺寸模型时，关闭模型风扇。

(3)使用加热保温腔体

打印比较高的模型时，虽然加热床可以使零件的底层保持温度，但很难防止零件的上层收缩。在这种情况下，需要打印机具有能加热的密闭腔体，以便在打印的时候，保证打印的环境温度，降低由于温度差引起的热应力，从而避免翘曲。

(4)增加边缘和底座

如果已经尝试了上述所有办法，模型仍然翘曲，可以在打印时加入边缘和底座。边缘和底座能够增加模型和打印平台的接触面积，而且高度不高，有助于减少模型翘曲。

21. 连桥不良

连桥指的是需要在两点之间挤出而没有来自下方的任何支撑的塑料。而对于较大的桥梁，您可能需要添加支撑结构，但通常可以在没有任何支撑的情况下打印短桥。但如果打印模型的连桥距离较大时，则很容易出现连桥成型部分的下垂或者间隙，如图 8-40 所示。

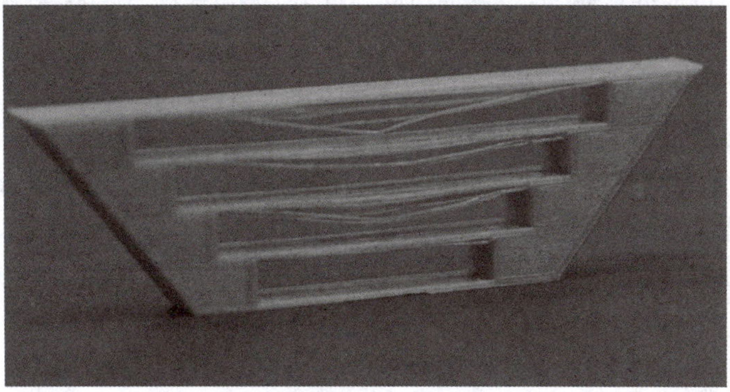

图 8-40　连桥不良

(1)桥墙设置

在 Creality Slicer 软件“打印设置—实验性”里开启“启用连桥设置”。“最小桥墙长度”仅将大于此长度的墙线段视为桥梁；“桥墙滑行”在接近桥的起点时降低喷嘴中的压力，否则墙线在桥的起点往往会下垂很严重；降低“桥墙最大悬垂角”意味着线条不必悬垂在下面的图层上太多，以便使用桥墙设置进行打印。

(2)连桥表面设置

主要进行连桥表面速度、流量、密度、连桥风扇速度的设置，对于不同的材料和打印温度，有不同的设置。

(3)桥梁过长，增加支撑

桥梁过长，连桥很难达到理想的效果，需要增加支撑来避免桥梁下面掉丝。

图 8-41　小车模型

任务实施

小强同学设计绘制了小车的模型(见图 8-41)，他打算将小车分为三个部分来打印组装,分别是车轮、车壳、小车的运动机构。小张同学采用了一级齿轮传动的方法来使小车滚动起来,通过小车车壳上方的观察口来观察小车在运动时齿轮的啮合传动情况。下面是打印过程中遇到的问题及解决方案。

第一个针对模型无法沾到平台的问题:首先要对打印平台进行清洁。使用酒精和无尘布,彻底擦拭平台表面,去除油污和杂质,增强模型与平台的附着力。同时,可以在平台表面涂抹一层薄薄的胶水,进一步改善粘附效果。此外,检查打印平台的平整度和调平情况。利用水平仪等工具,确保平台处于水平状态,避免因平台倾斜导致模型局部无法接触。如果打印机支持自动调平功能,执行一次自动调平操作,让打印机准确获取平台高度信息。

第二个应对模型翘曲问题:为避免模型翘曲,在打印前,对模型进行预处理。在模型边缘添加一圈裙边,增加模型与平台的接触面积,分散应力。在模型底部设置合适的支撑结构,为模型提供额外的稳定性。同时,调整打印环境。使用封闭的打印罩,保持打印空间内温度稳定,减少模型表面因快速冷却产生的应力。降低打印速度,使模型在成型过程中有更充足的时间散热,减少翘曲风险。此外,适当提高平台温度,减缓模型底部的冷却速度,降低应力积累。

第三个处理打印途中挤出停止问题:当打印途中挤出停止时,先检查耗材供应情况。查看耗材是否缠绕或堵塞在送料管中,若有,小心清理或更换送料管。确保耗材在打印机内顺畅输送,必要时调整送料齿轮的压力。若耗材供应正常,很可能是喷头堵塞。将喷头加热到工作温度,使用细针或专用的喷头清理工具,小心疏通喷头。也可以执行喷头自动清洗程序,利用高温融化堵塞物。如果喷头堵塞严重,可将喷头拆解,进行彻底清洗。

第四个关于 FDM 打印机保养问题:

(1)日常保养

①打印头清洁:每次打印后,用酒精棉擦拭喷头表面残留的耗材,避免堵塞;定期使用通针清理喷嘴内部,防止积碳或残留耗材固化;若长期不使用,建议将喷头温度加热至耗材熔点后再清洁。②平台维护:打印前检查平台是否水平,可用 A4 纸测试喷头与平台的距离(纸张能轻微拉动为宜);使用后及时清理平台上的残留胶水或附着力辅助材料(如美纹纸);若平台为玻璃材质,可使用酒精或专用清洁剂去除顽固污渍。③耗材管理:未使用的耗材应密封保存,避免受潮(特别是 PLA、尼龙等易吸湿材料);更换耗材时,确保路径顺畅,避免缠绕或卡顿;定期检查耗材进给齿轮是否磨损,及时更换磨损部件。

(2)定期检查与保养

①机械部件润滑:每月对 X、Y、Z 轴导轨、丝杆涂抹耐高温润滑脂(如锂基脂),减少摩擦;检查皮带张紧度,确保无松动或过度拉伸,必要时调整张力;检查各线材连接是否牢固,避免接触不良导致故障;②电路与散热:清理散热风扇和主板上的灰尘,确保散热正常,防止电子元件过热;③固件与软件更新:定期更新打印机固件,修复已知 bug 并优化性能;检查切片软件设置(如温度、层高)是否与当前耗材匹配。

(3)长期维护

①更换易损件:打印头组件(如喷嘴、加热块)寿命为 500~1 000 h,需定期更换;皮带、导轨等机械部件若出现磨损或异响,及时替换。

学习笔记

②环境控制：保持工作环境干燥、清洁，避免灰尘进入设备内部；环境温度建议控制在 10~30 ℃，避免极端高温或低温影响打印精度。

③预防性维护：每月运行一次空打印测试，检查喷头移动是否顺畅；若长期不使用，建议将喷头降至最低位置，避免弹簧老化变形。

(4)注意事项

①安全操作：维护时务必断电，避免高温部件(如热床、喷头)烫伤。

②耗材兼容性：使用原厂或认证耗材，劣质材料易导致堵头或机械故障。

③记录维护日志：记录每次保养时间和内容，方便追踪设备状态。

任务 8.2　排除光固化 3D 打印故障

任务导入

小强本想用光固化打印机改善小车运动机构的打印效果，可操作时却状况百出。首先，U 盘读取异常，这是 U 盘本身损坏，还是打印机的 USB 接口存在故障？若是前者，更换 U 盘能否解决？要是后者，又该如何修复打印机接口呢？其次，打印出来的物品出现断裂，是模型设计的壁厚太薄，还是光固化树脂材料本身的韧性欠佳？亦或是打印参数，比如曝光时间、层厚设置不合理？再者，时间到了却打印不出任何物体，是光源故障导致无法曝光，还是切片文件在传输过程中出现错误？面对这些问题，小强究竟该采取哪些措施，才能让光固化打印机顺利打印出合格的小车运动机构，让小车运动流畅起来呢？打印结束后怎样做好光固化打印机保养工作？

任务目标

1. 知识目标

(1)了解光固化打印的常见故障。

(2)掌握光固化打印故障的排除分解方法。

2. 能力目标

(1)熟知光固化打印的常见故障及相应可能的原因。

(2)能发现光固化打印过程中的问题并能动手解决问题。

3. 素质目标

(1)提高分析问题解决问题的能力。

(2)具备科学严谨的工作态度。

(3)养成踏实肯干、爱岗敬业的工作作风。

知识准备

8.2.1　光固化打印常见故障及可能原因

光固化打印常见故障及可能原因见表 8-2。

学习笔记

表 8-2　光固化打印常见故障及可能原因

序号	问题描述	可能原因
1	LCD 屏异常检测	LCD 屏有破损、裂痕、屏内有白点
		打印模型时，LCD 屏不透光
		LCD 屏上有许多树脂
2	触摸屏异常	触控失灵，点击屏幕无反应
3	模型打印异常	模型打印完后料头底部有多余的固化层
		打印出来的模型周边有薄片附在上面
4	U 盘读取异常	U 盘插入机器无反应不读卡
5	Z 轴异常	回零时 Z 轴已经到零位但不停止
		Z 轴上下运作时丝杆在左右摆动
6	模型在不加支撑的情况下倾斜变形	模型底部有偏移或者倾斜
		模型打印出来的高度与设计高度不符合
7	打印件有破损断开	耗材或料盘上有杂质遮挡成型区域
		打印屏幕存在坏点或破裂
8	料槽问题	模型底部未粘住打印平台
		料槽离型膜有破洞
9	打印问题	打印出来没有任何东西
		添加的支撑未打出来
		打印出来的模型局部有残缺
		打印出来的模型呈阶梯式
		打印发生翘边
		打印件无法取下
		光敏树脂耗材存在问题

8.2.2　光固化打印常见故障分析及排除方法

1. LCD 屏异常检测

(1) LCD 屏有破损、裂痕、屏内有白点

解决办法：屏幕破损、有裂痕，多为结构设计问题导致（已做设计改善，新屏采用 0.55 mm 的厚度，旧屏还是 0.33 mm 的厚度），而屏幕内有白点多为屏幕不良导致，以上情况可直接更换新的 2K 屏。

(2) 打印模型时 LCD 屏不透光

解决办法：点击“校正”按钮，观察 LCD 屏是否按规定显示图案，若还是如图 8-42 中一样，则拆下机器正面左侧的金属壳，将屏幕排线重新拔插一下。若还是不行，则极大概率为 LCD 屏问题，更换 LCD 屏。反之则可能是切片文件故障。

(3) LCD 屏上有许多树脂

解决办法：此现象主要是离型膜破损导致，可将料槽内的树脂清理干净后，将料槽倒入清水，然后用手指敲击离型膜底部，看是否会有漏水，如果有直接更换新的离型膜即可

学习笔记

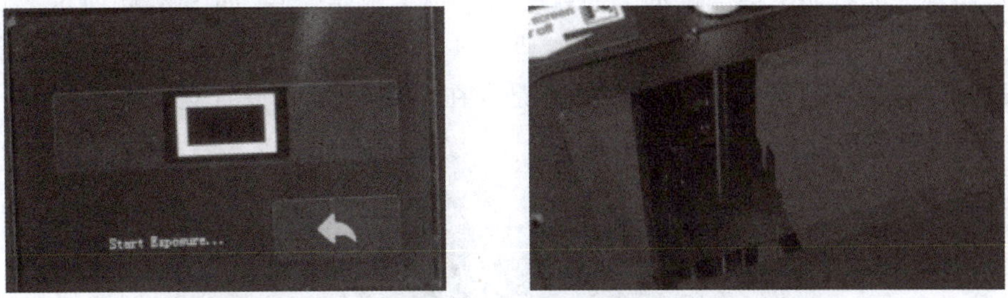

图 8-42 LCD 屏不透光

(也可透着光看,是否有破损的地方)。反之则可能是平时使用不太注意,将树脂弄到 2K 屏上,用酒精将其清理干净即可。

2. 触摸屏异常

发生现象:触控失灵,点击屏幕无反应。

解决办法:检查屏幕排线是否有松动的情况,重新拔插一下。其次检查屏幕螺丝是否锁地太紧,稍稍拧松一些后,若还是存在触摸失灵的情况,则更换新的触摸屏。

3. 模型打印异常

(1)模型打印完后,料槽底部有多余的固化层

解决办法:

①打印模型时发现多余固化层,在现有曝光参数的基础上,可适当降低“底层曝光时间”和“曝光时间”,建议将底层曝光时间设置为 10 s,曝光时间设置为 2 s,看是否还会存在多余固化层的问题,如图 8-43 所示。

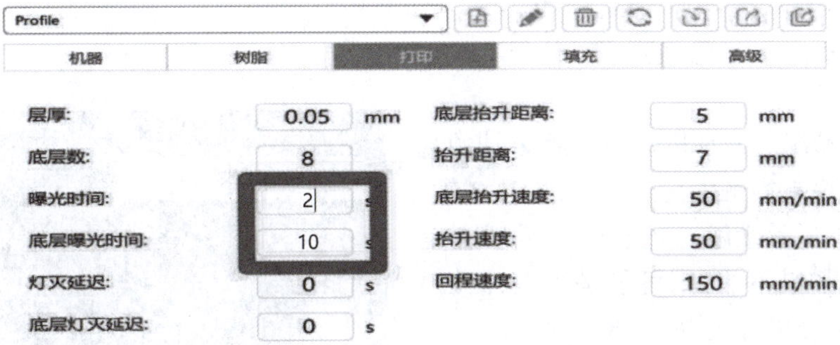

图 8-43 曝光参数调整

② 刷新固件。

③LD-002H 机器 LCD 屏为黑白屏,当出现多余固化的时候,需检查打印耗材是否为黑白屏耗材。若为彩色屏耗材,则会出现多余固化现象。

④更改打印件摆放位置,若之前打印件在中间出现多余固化现象,可将打印件调整到四周打印,观察是否依然存在多余固化现象。若只是中间或者四周存在该现象,则为 LCD 屏问题,需更换一个新的 LCD 屏。

(2)打印出来的模型周边有薄片附在上面

解决办法:模型在切片时,若支撑加的不够,或者模型自身存在问题,则会导致打印

学习笔记

失败，从而部分能打印出来的模型上面就会附上很多树脂薄片，如图 8-44 所示。此种情况可先检测下模型是否存在问题(需要专业软件)，如果无法做模型检测，则可以换一个打印成功的模型试试，重新切片打印，若还是存在该问题，重新设置支撑做排查。

图 8-44　模型周边薄片

4. U 盘读取异常

发生现象：U 盘插入机器无反应，不读卡。

解决办法：尝试格式化 U 盘，若在电脑上能正常读取，机器上还是无法正常读取，则可能是 U 盘携带病毒，可更换新的 U 盘试试(建议内存在 8~16 G，内存过大或 U 盘质量太差可能也会导致无法读取)。

5. Z 轴异常

(1)回零时，*Z* 轴已经到了零位但不停止

解决办法：

①这种情况主要是机器回零后 *Z* 轴的光电限位一直没有被触发导致的，可抬升 *Z* 轴，点击回零，然后手动触发光电开关，看机器是否会停止。如果不能，则可能是光电开关损坏，更换新的光电开关，如图 8-45 所示。

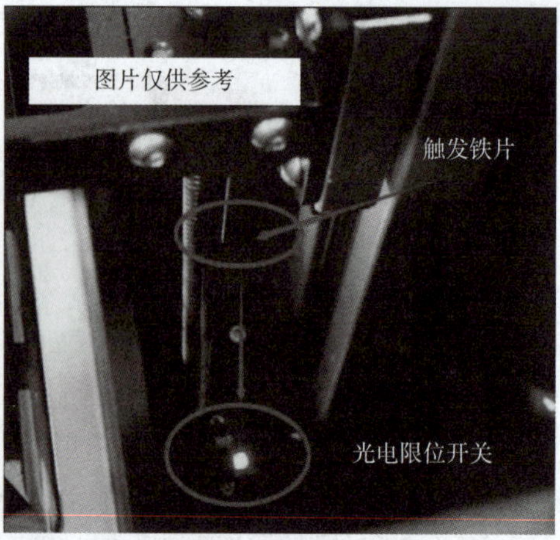

图 8-45　*Z* 轴异常检测

②可重新调平(调平步骤可参考前面任务内容及深圳创想三维官网教学视频)，若调平后还是不容易触发光电开关，可在触发平台的铁片前端贴一点黑色胶带(需要重新调平)，使之可以更好地触发光电限位。

(2)*Z* 轴上下运作时丝杆左右摆动

解决办法：首先检查丝杆联轴器的固定螺栓是否有松动，若松动重新加固一下。其次控制 *Z* 轴上下移动，观察期是否有很明显的左右摆动，如果是，则丝杆弯曲，更换新的丝杆。

6. 模型在不加支撑的情况下倾斜变形

DLP 和 LCD 3D 打印机的底层长时间曝光的作用是让打印模型底层尽量贴紧打印平台,保证模型能够顺利地粘合在平台上。若直接使用打印平台底部打印模型,且没有做任何支撑,这样打印出来的模型问题会有两种情况:

①模型底部有偏移或者倾斜。

②模型打印出来的高度与设计高度不符合。

解决办法:

①在模型底部添加底板并添加模型支撑,支撑高度可设置在 3~5 mm 之间,再打印一次。

②如果因模型要求或客户要求必须要用平台底部打印的,则按照以下步骤操作:

(a)重新调平打印平台,使得模型与平台之间的位置完全吻合,不能压地太紧密,也不能有过多的间隙。

(b)首层曝光时间设置控制在一个刚好能保证模型与打印平台粘住的时间。一般原厂设置的首层曝光时间会比较长,这样有利于模型与平台之间粘合地更加紧密,但可能会影响到模型底部的实际打印尺寸。所以我们可以尝试优化首层曝光时间,以 10 s 为一等级的降低,其他曝光参数不变,用这样的方法尝试打印,首层曝光时间需要根据模型实际情况进行预估。

(c)尝试观察打印,在前两步已经尝试的情况下,模型的底部依然有偏移或者倾斜。我们可以尝试先打印 100 层左右,然后停止机器并观察打印模型是否能粘连在平台上,或者已完成打印的模型在外观表现上是否出现切斜或者变形等问题。如果模型有掉落,就代表首层的曝光时间过少,可以在机器上设置增加首层曝光时间与层数;如果还有变形或者倾斜,就要反过来再次减少首层曝光与打印层数,同时重新调整打印平台。

7. 打印件有破损断开

问题描述:打印件表面有破损不完整或者出现断层断裂的问题,如图 8-46 所示。打印壳体工件时,就像一个倒满水的碗倒扣在液面上,四边的围框在耗材里面呈真空状态并且存储耗材,当工件需要离开液面后会释放出来与其他耗材融合,倒扣打印在打印件离开液面时突然释放里面耗材后呈真空状态,导致打印件纹路与打印不全的问题产生。可能原因有:

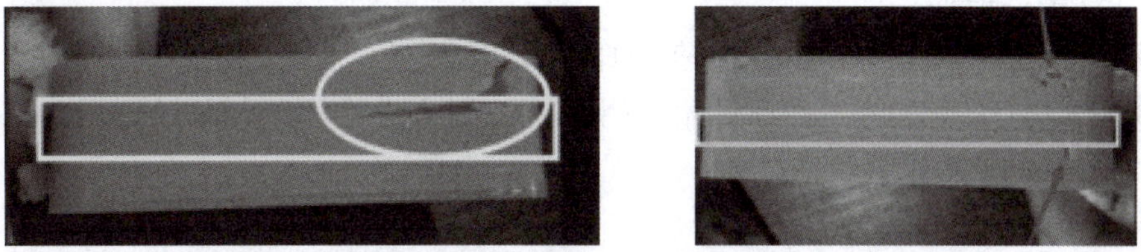

图 8-46 打印件破损或断开

①耗材或料盘上有杂质遮挡成型区域,导致孔洞。

②打印屏幕存在坏点或破裂。

解决办法:

①对打印机的离型膜以及 LCD 屏表面进行清理,确保其表面无任何杂物同时检查离

学习笔记

型膜是否有颗粒凸起或者有其他污渍。如发现有颗粒凸起,可能是打印过程粘连的固化光敏树脂颗粒,也有可能是其他杂物。如果发现离型膜有孔洞,可直接更换离型膜。

②确认料盘离型膜和打印机之间是否有其他遮挡物。例如在正常打印过程中,离型膜与料槽接触的边缘部分容易残留固化的光敏树脂固体,如果不及时清理,可能会影响到下次打印过程中的透光情况。

③如发现 LCD 屏幕出现坏点或者破裂的情况,可以更换 LCD 屏来解决此问题。如果不更换屏幕,我们可以确认 LCD 屏的损坏位置,如依然能正常显像可通过切片软件重新设置将模型件移动至 LCD 屏无坏点无破损的一边来继续打印。

若光敏树脂耗材因为气泡等原因导致的模型表面空洞问题,可以将光敏树脂倒出之后,放置在料槽一段时间,使其因长期储存导致的内部化学反应所产生的气体完全挥发干净。后续的打印过程中,将会减少气泡引起的模型坑洞问题。

8. 料槽问题

(1)模型底部未粘住成型面板

解决办法:

①料槽有杂物没清理干净,或光敏树脂耗光,清理料槽或添加打印所需的光敏树脂。

②打印底部接触面积小时,可以通过调整模型摆放角度、增加裙边或者增加底板来解决。

③打印重量大的模型需要添加顶部接触面积大的支撑或底板。

④使用专用调平卡进行调平操作。

(2)料槽离型膜有破洞

解决办法:

①离型膜属于易耗品,发现问题应及时更换。

②停止倒入光敏树脂,并且停止打印,若有光敏树脂流出,及时清理干净料槽。

③禁止用锋利的物品去接触离型膜,如有破损应直接更换离型膜。

9. 打印问题

(1)打印出来没有任何东西

解决办法:

①曝光时间过短,导致树脂固化时间不够,从而导致打印失败,可适当加长曝光时间(以 2 s 为单位递增)。

②平台不是相对水平的,重新调平打印平台。

③平台与打印屏之间的距离过大,使用官方标配的调平卡纸重新进行调平。

(2)添加的支撑未打出来

解决办法:

①把支撑修改为适合的大小,顶部和底部的接触面积相对加大。

②切片后对支撑部分进行预览确认。

(3)打印出来的模型局部有残缺

解决办法:

①支撑加地太少了,没能有效地拉住模型,重新添加支撑。

②模型壁厚小于 0.5 mm,机器打印出来的效果也会较差,可加大壁厚,保证壁厚至

少在 1 mm 以上,这样能提升模型的质感与结构稳定。

③料槽离型膜磨损严重,导致透光变弱,不能很好地固化树脂,可以更换新的离型膜解决。

(4)打印出来的模型呈阶梯式

解决办法:平台的相关固定螺钉没有锁紧,可检查并紧固一遍。

(5)打印发生翘边

解决办法:

①打印机调平没有调好,一边高一边低的情况下,高的位置容易出现翘边,可以通过重新调打印平台来解决。

②模型为实心模型或者壁厚过厚,一般情况下打印的模型壁厚大约在 1~5 mm 左右,如果超过此厚度,要做抽壳处理以免模型太过厚重导致模型掉落或者严重变形翘边等问题。

③尽量加长首层曝光时间,同时适当增加首层曝光层数,让模型工件的首层能牢固地粘在成型面板上。

④确认模型底部和切片软件显示的平台是否存在空隙,如果有间隙,请修正模型,或者添加支撑使得模型与平台有更紧密的关联。

(6)打印件无法取下

解决办法:

①当打印模型的底部与打印平台接触面积比较大时,可以通过调整模型摆放角度,然后增加底板和支撑来解决。

②适当降低底层曝光时间,底层曝光时间可调节范围为 15~20 s,底层曝光时间要根据模型的实际尺寸、重量来预估。

(7)光敏树脂耗材保存问题

①耗材放置在料槽中的保存。

解决办法:短期内需再次使用的耗材,保存在料槽中,避免紫外光直射,保存时间不可超过一周。

②耗材开封后在原装瓶中保存。

解决办法:长期内没有再次使用的,需要将树脂用过滤网过滤一遍后再装入原有的瓶内,并拧紧瓶盖,开封后的树脂使用时间不可以超过三个月。

任务实施

对于 U 盘读取异常问题,小强首先要检查 U 盘本身。将 U 盘插入电脑,查看能否正常识别与读写。若电脑也无法读取,大概率是 U 盘损坏,需更换新的 U 盘。若 U 盘在电脑上能正常使用,就要检查打印机的 USB 接口。可以使用毛刷或压缩空气罐,清理接口内的灰尘和杂物。若问题依旧,尝试更新打印机的固件,从打印机制造商的官方网站下载最新版本的固件程序,按照说明书进行更新操作。此外,还可以格式化 U 盘,并将文件系统格式化为打印机支持的格式,如 FAT32,再重新拷贝打印文件。

针对打印物品断裂问题,小强要检查模型设计。使用三维建模软件打开模型,查看壁厚是否均匀,适当增加关键部位的壁厚,提升模型的结构强度。同时,调整打印参数。

学习笔记

尝试降低打印速度，让树脂有更充足的时间固化，减少因固化不完全导致的断裂风险。此外，优化曝光时间。通过多次试验，找到适合所用树脂的曝光时长，避免因曝光不足或过度造成的材料性能缺陷。还要关注树脂材料的选择与保存，确保树脂未过期，并密封保存，防止受潮或变质。

针对时间到了却打印不出任何物体的问题，小强要检查光源系统。查看光源是否正常亮起，若光源故障，需联系打印机售后进行维修或更换。检查切片文件的设置是否正确，如模型摆放位置是否超出打印平台范围，层厚、支撑结构等参数是否合理。若切片文件有误，重新进行切片操作。另外，还要排查打印机的通信连接。确保打印机与电脑之间的数据线连接稳定，若采用无线连接，检查网络信号是否正常，避免因通信中断导致打印失败。

对于光固化打印机保养问题：

(1)日常维护

①树脂槽清洁：每次打印后，及时清理树脂槽底部的支撑残留和未固化树脂；使用软毛刷或刮刀轻柔刮除附着在离型膜(或 PDMS 涂层)上的残留物，避免划伤；若树脂槽长期未使用，需彻底擦干并密封保存，防止离型膜老化。

②打印平台维护：打印前用酒精棉擦拭平台表面，确保无灰尘或油脂影响附着力；定期检查平台水平度(建议每次打印前校准)，避免因倾斜导致模型打印失败；若平台为磁性吸附设计，需清理底部金属板上的树脂残留，防止吸附力下降。

③树脂管理：未使用的树脂需密封避光保存(如用铝箔包裹容器)，避免紫外线提前固化；更换树脂时，彻底排空旧树脂，避免不同品牌或型号混合导致性能下降；定期过滤树脂(用滤网或离心机)，去除杂质和未完全固化的颗粒。

(2)定期检查与保养

①UV 光源维护：每月用压缩空气或防静电软布清理镜头表面灰尘，避免光路遮挡；使用专用清洁布擦拭屏幕，禁止接触酒精或有机溶剂，防止涂层损坏；记录 UV 灯使用时间(寿命为 2 000~4 000 h)，到期及时更换以保证固化强度。

②机械部件润滑：每周对 Z 轴丝杆、导轨涂抹低粘度润滑脂(如硅油)，确保升降顺滑；检查 XY 轴皮带张紧度，避免松动导致打印错位。

③电路与散热：清理风扇和散热孔的灰尘，确保光固化模块和主板散热正常；检查线材接口是否松动，特别是 UV 灯和电机的连接线。

(3)长期维护

①耗材与易损件更换：离型膜(或树脂槽涂层)每打印 100~200 次需更换，避免因磨损导致粘底；刮刀刀片若出现卷边或缺口，需及时替换，防止影响树脂刮平效果；定期校准激光功率或 DLP 曝光参数，确保固化均匀。

②环境控制：工作环境需避光、通风，温度建议控制在 20~25 ℃(高温可能加速树脂固化)；避免灰尘进入设备内部，可加装防尘罩或在清洁环境中使用。

③模型后处理优化：固化后的模型需用酒精彻底清洗，避免残留树脂影响表面质量；定期维护后固化箱(如更换 UV 灯、清理内壁)，确保二次固化充分。

(4)注意事项

①安全防护：操作时佩戴手套和护目镜，避免树脂接触皮肤或溅入眼睛，保持通风良好。

②废液处理:废弃树脂需按有害废弃物分类处理,不可直接倒入下水道。

③异常处理:若出现光路偏移、平台卡顿等问题,优先参考设备手册或联系售后工程师。

项目自我评估

一、填空题

1. FDM 打印中,模型无法粘到平台的可能原因之一是__________。
2. 光固化打印中,LCD 屏异常检测的可能原因包括__________。
3. FDM 打印中,层错位的可能原因包括__________。
4. 光固化打印中,U 盘读取异常可能是因为__________。
5. FDM 打印中,翘曲问题可以通过使用__________来缓解。

二、选择题

1. FDM 打印中,以下哪项不是挤出不足的原因?(　　)

A. 耗材直径不正确　　B. 流量设置过小

C. 喷嘴温度过高　　D. 挤出机步数设置错误

2. 光固化打印中,模型打印异常可能是因为(　　)。

A. 支撑设置不合理　　B. 曝光时间过长

C. 料槽离型膜破损　　D. 以上都是

3. FDM 打印中,层开裂的可能原因是(　　)。

A. 层高太高　　B. 打印温度太低

C. 打印速度太快　　D. 以上都是

4. 光固化打印中,打印件无法取下的可能原因是(　　)。

A. 底层曝光时间过长　　B. 支撑设置不当

C. 模型设计问题　　D. 以上都是

5. FDM 打印中,喷嘴堵料的解决方法不包括(　　)。

A. 手动推料　　B. 通针清理

C. 更换喷嘴　　D. 降低打印速度

三、判断题

1. FDM 打印中,层错位只能由机械问题引起。(　　)
2. 光固化打印中,LCD 屏上有树脂可能是离型膜破损导致。(　　)
3. FDM 打印中,增加填充密度可以减少顶部孔洞。(　　)
4. 光固化打印中,U 盘无法读取一定是 U 盘损坏。(　　)
5. FDM 打印中,翘曲问题可以通过禁用模型风扇缓解。(　　)

四、简答题

1. 简述 FDM 打印中模型无法粘到平台的解决方法。
2. 光固化打印中,LCD 屏异常检测的步骤有哪些?
3. 简述 FDM 打印中,层错位的可能原因及解决方法。
4. 简述光固化打印中,打印件断裂的可能原因及解决方法。
5. 简述 FDM 打印中,喷嘴堵料的处理步骤。

学习笔记

知识拓展

精益守正，砺新担当

——记全国技术能手张志强的匠心之路

在沈阳鼓风机集团股份有限公司精密装配车间里，张志强正俯身调整着直径 3 m 的压缩机转子。他手中的百分表刻度微微颤动，0.01 mm 的偏差都逃不过他的眼睛。叶轮与轴的配合公差必须控制在 3 μm 以内，他轻声叮嘱徒弟，这是高速压缩机稳定运行的命门。

2003 年，初入沈鼓的张志强被分配到转子装配岗位。面对这个承载国家重大装备核心技术的岗位，师傅递给他一把游标卡尺：鼓风机的精度，关系的是整座乙烯装置的安全，差一丝，都可能造成上亿元的损失。这句话，从此刻进了他的心里。为了练出手感，他连续三个月每天提前两小时到岗，在报废的转子轴上反复试装。手掌被锋利的叶片边缘划出血痕，却练就了闭着眼也能感知 0.02 μm 误差的绝技。某次承接沙特炼化项目时，外国专家断言中国工人不可能达到国际标准，张志强带领团队连续奋战 72 小时，最终将转子径向跳动值控制在 0.015 mm，远低于国际标准。

2018 年，在研制 120 万吨乙烯压缩机时，张志强遇到了前所未有的挑战：传统装配工艺无法满足新型钛合金叶轮的变形控制要求。他白天泡在实验室研究金属蠕变特性，晚上带着团队在车间反复试装，创新提出“三次预紧法”和“梯度加热装配”工艺。那些日子，张师傅的工位总亮着灯。装配组成员小李回忆。经过 43 次失败，他们终于攻克热变形难题，将装配效率提升 40%。这项成果不仅填补了国内空白，更让沈鼓掌握了百万吨级乙烯压缩机的自主知识产权。

个人技术再高，也造不出世界一流的压缩机。这是张志强常挂在嘴边的话。他牵头成立的精密装配大师工作室，已培养出 26 名高级技师。在带教过程中，他独创五维培养法：从基础操作到故障分析，从理论学习到实战演练，每位学员都要经历观察—模仿—创新的完整周期。疫情期间，当得知某重点工程急需特殊转子装配时，他带领徒弟们吃住在车间，用自制的激光对中仪替代进口设备，提前 15 天完成交付。“师傅常说，守正是匠心的根，创新是匠魂的魂。”徒弟赵亮在日记中写道。

在沈鼓集团荣誉室里，陈列着张志强获得的全国技术能手、辽宁省工匠等证书。但最让他珍视的，是车间墙上那行褪色的标语：“精度决定高度，匠心铸就重器”。二十载春秋，他用坚守与创新，在金属森林里雕刻出中国装备制造业的精度传奇。

参考文献

[1] 刘永利. 逆向工程及3D打印技术应用[M]. 西安:西安交通大学出版社,2017.
[2] 殷红梅,刘永利. 逆向设计及其检测技术[M]. 北京:机械工业出版社,2020.
[3] 刘永利,张静. 逆向建模与产品创新设计[M]. 北京:机械工业出版社,2022.
[4] 刘永利,张奎晓,邱国仙. 3D打印技术[M]. 北京:国防工业出版社,2024.
[5] 张奎晓,贾芸,储逸然. 基于增材制造的点矩阵结构特性与建模方法[J]. 机械工程与自动化,2019(2):221-226.